知识的地方性

蒙古传统马学与日本现代马学之比较

图力古日｜著

上海三联书店

本书由内蒙古师范大学科学技术史研究院
一流学科建设经费资助出版

"共生文丛" 编委会

荣誉主编

钱永祥　莽　萍　蒋劲松　林安梧

主　编

郭　鹏

编　委 （按拼音字母排序）

陈家富　崔庆明　顾　璇　刘　怡　泥安儒　齐文涛
图力古日　王　博　王　珀　王燕灵　一　苇

总 序

　　动物与人类的生活密切地编织在一起，动物始终在人类世界中扮演各种关键的角色。因此，在世界上任何文明里面，动物都有一定的位置。动物除了在各种工具的意义上被人类所使用、所滥用之外，人类也投注了许多文化、宗教、象征、情感，以及审美的复杂意义在动物身上。今天，西方世界的"动物研究"蔚为大宗，横跨哲学、史学、人类学、社会学、法律、文学、艺术、宗教，乃至于电影研究等各种学科，从多个方面探讨人类与动物的关系。非如此，我们对动物的了解注定是偏颇的，从而对人类自己的认识也是残缺的。

　　近年来，在中文世界，很多人也开始思考人类与动物的关系，尤其是从伦理的角度，检讨我们对待动物的方式为什么竟是如此地残酷无情。这时候，我们当然会希望借鉴、吸收中国的文化、宗教、哲学传统。可是真要回顾中华文明在其漫长的历史与广袤的空间中如何对待动物、如何思考动物、如何想象动物的时候，却发现可以参考的材料和著作又非常有限。我们可以轻易地阅读西方学者所撰写的西方动物思想史，了解从古希腊到今天的各种动物伦理学说；也可以读到精彩的历史著作，了解西方各个时代里不同社会对待动物的态度之演变。但是中国或者"东方"类似的主题，却乏人问津，相关的著作也屈指可数。结果，在今天的中文世界，研究和思考动物议题，必须仰赖西方的思想传统和宗教传统，参考当代西方学者的浩瀚著作。这个空白，对所有关心动物议题的人来说，都是莫大的损失。

针对这个情况，我们规划推出"共生文丛"，希望为中华文化传统中的动物议题的研究提供一个出版空间。事实上，近年来一些以中文写作的学者，已经在努力开拓这个领域，取得了一定的成果。旅美的陈怀宇教授也在主编一套"动物与人"丛书，酝酿多个有关动物的议题。我们相信，随着愈来愈多的学者意识到动物议题的重要性，愿意投入这个浩瀚领域，一方面借鉴西方，另一方面面向中国的传统与此刻中国的现实，一定会逐渐让中华文明中的动物生命状态还其本来面目。

钱永祥（著名学者、中国台湾"中央研究院"研究员）

2024 年 2 月

目　录

引言　"多样性的危机"　及其知识根源

　　　　生物多样性对保护和进化生物圈的生命维持系统具有重要意义。一些人类活动正导致生物多样性的减少,保护生物多样性是全人类共同关切的问题。各国有责任保护它自己的生物多样性,并以可持久的方式利用它自己的生物资源。

　　　　　　　　　——《生物多样性公约》(1992 年,里约热内卢)

　　　　文化在不同的时代和不同的地方具有各种不同的表现形式。文化多样性是交流、革新和创作的源泉,对人类来讲就像生物多样性对维持生物平衡那样必不可少。从这个意义上讲,文化多样性是人类的共同遗产。

　　　　　　　　　——《世界文化多样性宣言》(2001 年,巴黎)

　　多样性是自然界以及人类社会的一个根本特征。我们的认识和实践活动需要立足于这一客观基础。多样性也是自然界以及人类社会的活力所在,魅力所在。这些动植物多样性、生态环境多样性、社会文化多样性是我们共同的宝贵财富。正如理查德·施韦德所言:多样性有利于进步,我们把进步可以理解为一种"可用"的事物比较丰富的处境;而把衰退可以理解为一种可选择余地越来越窄的镜框（2010)[208-224]。

但是在当今现代化、全球化浪潮中,多样性受到了前所未有的危机。而且这是一种系统性的危机,它包括动植物品种、生态环境、生活方式、社会文化等多个领域多样性的快速衰退。面对多样性的危机,我们一方面需要加大力度保护自然环境、社会文化的多样性,另一方面也需要深入反思把世界卷入单一发展模式的一些内在机制。例如,权力、资本、知识等重要因素。

一、被掩盖的知识地方性、多样性

在"多样性的危机"中,知识是个特殊而重要的要素。首先,在当今的文化领域,科学技术因为它的理论性、实用性等,获得了前所未有的显耀地位,在一定程度上成了评判其他文化领域的一种尺度。其次,在当今的知识领域,现代科技几乎是独占鳌头,各种传统知识的生存与发展受到严重威胁,出现了高度单一化发展倾向。这些文化领域、知识领域的高度单一化发展是引发"多样性的危机"的一个重要原因。正如席瓦所言:单一的精神文化对世界的理解也是单一的还原主义,它看不到生物多样性和文化多样性,从而威胁生态和文化的进化(2007)[202]。再次,知识不仅具有认识的品格,还具有很强的实践品格。单一知识指导下的生产、改造活动,必然也是单一的。最后,当今的知识往往与权力、资本等绑定在一起,以各种"大项目"的面貌出现,对社会、自然带来了巨大影响。正如齐曼所言:现代科学的工具设备日益复杂、研究团队日益庞大、学科领域日益交错、知识更新日益加快、费用日益昂贵、研究效果日益注重实用性,从此人类进入了大科学时代(2008)[83-87]。所以,深入反思知识领域的单一化发展趋势,深入揭示知识的地方性、多样性特征,是关系到改善多样性危机的一个基础性问题。

当今在知识的发表、传播、教育、应用过程中,知识往往以一种"纯粹"成果的形式出现，其历史、背景、争论、利益等不断被"掩盖"起来。其实，知识作为人类文化"家族"中的一员，它也有自己的地方性和多样性。正如刘兵教授在《关于STS领域中对"地方性知识"理解的再思考》中所言：知识是一种文化的类型，不同的知识体系构成不同的类型，从而形成人类知识的多样性（2014）。但是，知识与其他文化领域相比，它的地方性、多样性更不易于发现。例如，在人类学领域，文化多样性已成为一个常识性观念。但在知识领域，它往往被视为一个与地方性、多样性无关的，纯粹理性的进步过程。其实，不管是传统知识还是现代知识都具有一定的地方性。例如，与传统知识相关的生产活动、师徒关系等，与现代知识相关的实验室、学校教育等，都是知识的地方性。这些地方性共同构成了知识的多样性。

那么，要想认识把世界卷入单一发展模式的内在机制，一个基础性问题就是需要深入揭示知识的多样性。接着，要想认识知识的多样性，一个基础性问题就是深入揭示知识的地方性。这里将选择"马学知识"这个比较特殊的畜牧兽医学知识作为案例，对比分析蒙古传统马学与日本现代马学及其他们各自的地方性。然后，把马学知识的地方性分析，进一步推广到畜牧兽医知识、生物医学知识以及其他知识领域。为了较全面认识马学知识的地方性，选择了知识的认知、历史、情境、发展等四个维度进行讨论。其中，认知维度指向知识自身，情境维度指向知识的环境，历史维度指向知识的过去，发展维度指向知识的未来，它们为研究知识的地方性提供了一种立体分析框架。

二、马学知识案例

人类饲养家畜的历史，可以一直追溯到原始社会。经过漫长的历史发展，很多民族、国家都畜养了一定的家畜品种，都产生了较系统的畜牧兽医学知识，而且由于家畜与人类生活有着密切的联系，所以也产生了丰富的文化习俗。即使到了现在，畜牧兽医学也是现代生命科学的前沿阵地，畜牧产业也是现代经济生产的核心领域之一。这里讨论知识的地方性、多样性，将选择畜牧兽医学中的一个分支领域——马学。

马属于脊椎动物亚门（Vertebrata），哺乳纲（Mammalia），奇蹄目（Perissodactyla），马科（Equidae），马属（Equus）。人类利用马的历史，可以一直追溯到原始社会。早期的马主要成为人类的捕食对象，后来随着被驯服，马成为人类社会的重要动力来源。特别是马在军事上的应用，使很多国家或地区十分重视马学的积累和研究。正如中兽医经典著作《元亨疗马集》中所描述："夫行天莫如龙，行地莫如马。马者，甲兵之本，国之大用，安宁则以别尊卑之序，有变则以济远近之难。"（喻本元 等，1983）[20] 马不仅对东方文明产生了巨大作用，而且对西方文明也带来了重大影响。正如英国历史学家克林顿在其著作《马与人的文化》中认为可以把整个西方的中世纪称为"马的时代"（クラットン·ブロック，1997）[VII]。马在历史上的这种重要政治、经济意义，使马学知识成为很多传统畜牧兽医学的核心性内容："世界各国兽医学术的发展均以马为主要研究对象，然后扩展到其他畜种。对马体解剖、生理、病理、疾病的研究，对马病的预防和治疗的高低，体现着当时兽医学术水平的高低，特别是在以马为交通的主要动力和武备国防的重要组成的古代，兽医学的研究重点始终放在马病防治方面。"（邹介正等，1994）[28] 马的这种重要社会地位延续了数千年时间，直到 20 世纪 50 年代左右逐渐被各种机械代替为止。即使到了现在，由于赛马、马副产品、旅游、动物研究等多种需要，马学依然是现代畜牧兽医学的重要组成部分之一。马学不仅仅是一种特殊的畜牧兽医知识、生物医学知识，而且通过漫长的历史发展与当地的社会生产、日常生活、文化习俗、畜养品种、生态环境等产生了千丝万缕的联系。

不管是蒙古传统马学，还是日本现代马学，都在各自的领域具有较强的代表性。首先，蒙古传统马学和日本现代马学建立了各具特色的知识体系。在传统马学方面，蒙古族有着悠久的养马历史，是世界上最早养马的民族和地区之一（谢成侠，1959）[26]。作为马背民族，蒙古族通过漫长的实践，总结提炼了丰富的养马、训马、相马、医马知识，并且结合当地古老的"寒"、"热"等医学理论，再吸收藏医学、中医学、印度医学等理论，产生了一套有特色的知识系统。在现代马学方面，日本从明治维新时期开始全面学习西方近现代畜牧兽医学，并经过一系列本土化发展过程，建立了一套有特色的现代马学体系，目前日本的现代马学研究已进入世界领先行列。其次，蒙古传统马学和日本现代马学在社会文化方面也分别具有很强的"传统"和"现代"特色。传统蒙古族的衣、食、住、行处处都离不开马，在他们的日常生活、重要仪式、宗教信仰、风俗习惯、文学艺术中，马都占据着非常重要的地位。这种人与马的丰富联系，非常有利于分析传统知识的社会、文化属性。日本现代马学的发展变革，也与日本当时的政治经济发展有着密切的联系。二战之前的日本现代马学研究与军事、农业发展有着密切的联系，二战之后的马学研究主要与赛马经济、畜产品开发有着更密切的联系。再次，在典型性方面可能有一种较流行的观点，认为在现代科学技术方面应该选择欧洲、美洲等地区，而传统科学技术方面应该选择亚洲、非洲等地区。其实这种研究策略本身具有一定的刻板性。总之，蒙古传统马学与日本现代马学的知识、社会文化、历史发展等方面的特殊性，使它们成为研究知识地方性的一个典型案例。

三、主要概念阐释

第一，马学。

在蒙古语中，马学一般分为"相马（ᠮᠣᠷᠢ）""牧马（ᠬᠥᠲᠦᠯᠦᠮᠦᠷᠢ）""训马（ᠰᠤᠷᠭᠠᠮᠤᠷᠢ）""医马（ᠡᠮᠴᠢᠮᠤᠷᠢ）"等领域，属于传统畜牧兽医学的范畴。在汉语中，一般用"养马学"来概括关于马的畜牧学知识，用"马兽医学"来概括关于马的兽医学知识，其中既有现代畜牧兽医学知识，也有传统畜牧兽医学知识。但是在这些领域中较少涉及了关于赛马的运动、生理方面的研究。这可能与中国没有普及赛马运动，没有深入开展赛马研究有关。在日语中常用马学（馬学）、马科学（馬の科学）来统称关于马的相关研究，基本属于现代畜牧兽医学范畴。在英语中一般用马科学（equine science）来指关于马的相关研究，基本属于现代畜牧兽医学范畴。这里为了使概念既包括马的畜牧学知识，也包括兽医学知识；既包括传统知识，也包括现代知识，另外还考虑到表达的全面性、简洁性，专门使用了"马学"（equine knowledge）这一概念。

第二，地方性知识。

地方性知识是个源于人类学，并在人文社会科学领域中产生了广泛影响的重要概念。其主要意义在于突出了文化的特殊性、地方性、多样性特征。人类学关注和强调文化的多样性，并非偶然。在发展早期，人类学曾承担过殖民者的"急先锋"角色。当时的人类学，往往用进化论的观点把落后地区的社会文化形态，视为人类社会发展的早期、蒙昧形态。例如，泰勒在《人类学》中把人类社会看作一种从简单到复杂、从野蛮到文明的线性发展过程。同样摩尔根在《古代社会》中把人类社会分为蒙昧、野蛮、文明等不同类型。但后来随着人类学的发展，它又成为民族或地区文化觉醒，反思主流文化，倡导文化多样性的重要学术阵地。正如迈克尔·赫茨菲尔德在《人类学：文化和社会领域中的理论实践》中所言：人类学有一个特殊的学术立场，它习惯利用社会边缘领域的研究，向社会、文化的权力中心发难（2009）[6]。人类学的这种相对主义、多元主义观点，为地方性知识理论的产生奠定了基础。而地方性知识这一概念是由格尔茨在1981年在美国耶鲁大学法学院所做的一次演讲中提出，并把该演讲稿收入到1983年出版的论文集《地方性知识》之中。格尔茨的地方性知识不仅仅是一个概念，而是一套思想体系，这也是他用这一概念命名整个论文集的原因所在。他的地方性知识概念涉及文化的特殊性、整体性、多样性等多方面的问题。格尔茨提出地方性知识这一概念，一方面与他丰富的田野调查以及他对文化的特殊认识有关，另一方面也与当时的人类学思想有一定的联系。格尔茨正是通过反思和批判当时人类学领域的马林诺夫斯基、拉德克利夫·布朗、列维·施特劳斯等人的功能主义、结构主义、普遍主义理论，并且反其道而行之，强调文化的特殊性、整体性、多样性特征，从而产生了地方性知识概念及相关思想。目前地方性知识这一概念的学术影响已经远远超越了人类学领域，成为人文社会科学领域非常重要的研究视角。这也与当今的时代背景有着密切的联系。因为在当今全球化、现代化大背景下，认识、尊重、保护文化多样性已经变成了尤为迫切的任务。

地方性知识这一概念被运用于科技文化领域，虽然它的研究对象、研究问题有所变化，而其精神实质并没有什么变化，即通过研究科学技术这一特殊领域，展现科学技术的特殊性、整体性、多样性特征。科学技术历来都是人类生活非常重要的组成部分，特别是人类进入科技时代以后，科学技术成为人类生活的核心性组成部分。对人类文化的反思，已经离不开对科学技术的反思。

所以，地方性知识在科技文化领域有着广泛的用武之地。

本书所讲的知识"地方性"，其实就是"地方性知识"的"地方性"。如果说在"地方性知识"中"地方性"还是一个修饰词，那么在"知识的地方性"中它已成为分析的主要对象了。随着地方性知识这一概念不断受到人们的重视，其应用领域的不断扩展，我们需要更深入挖掘"地方性知识"内涵，特别是"地方性"的内涵。这有利于更深入认识知识或文化的特殊性、整体性及多样性特征。

第三，多样性。

多样性，即多元性。学术界一般用多样性、多元性这一概念来批判或反思关于文化的单一性、一元性认识。知识或文化多样性的基础是其地方性。正是不同的地方性，使知识或文化展现出了丰富多彩的多样性。而且，这里的多样性是一个相对的多样性，即"你中有我，我中有你"的多样性；同时也是一个动态的多样性，即"一元变成多元，多元变成一元"的多样性。

四、马学知识地方性的分析框架

为了较全面分析马学知识的地方性，专门选择了知识的认知、历史、情境、发展等四个维度。其中，知识的"认知"和"情境"维度更注重空间方面的分析；而知识的"历史"和"发展"维度更注重时间方面的分析。特别是它们相互关联在一起，成为研究知识地方性的一个较立体分析框架。

知识地方性的认知维度：关注两种马学知识把握马体特征的不同视角、不同侧重点；它们各自特殊的实践基础、理论根据以及相关建构成分；它们各自的合理性、实效性以及局限性。通过这些讨论进一步认识知识的特殊性、建构性、相对性等特征。

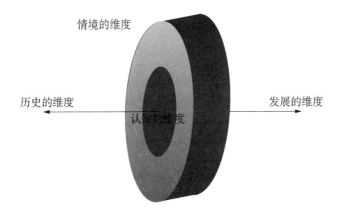

图 0.1 马学知识地方性的分析框架

知识地方性的历史维度：关注两种马学知识各自特殊的生成渊源、经验积累、理论化、体系化、现代化发展过程。通过这些讨论深入认识知识的特殊历史发展、历史变革、历史联系等。

知识地方性的情境维度：关注两种马学知识各自特殊的认识情境、实践情境、社会情境、文化情境、生态情境等；并关注它们与这些情境之间的相互影响、相互塑造关系。通过这些研究进一步认识知识的各种特殊情境以及它们之间的互动关系，从而进一步认识知识的整体性。

知识地方性的发展维度：关注两种马学知识传承与交流之间的张力；现代化与本土化之间的张力；背后不同权利之间的张力。通过这些研究进一步认识知识的开放性、发展性、权利性等特征。

这种多维度的研究视角，有利于深入认识知识的地方性，有利于不同知识的多元共存。正如桑德拉·哈丁所言：以往那种较单一的认识论，往往被认为是探索和发展文明的唯一途径，同时它还会限制其他的知识探索事业（2002）[219]。知识的地方性及多样性意味着，不同知识体系应该彼此尊重、充分交流、和谐共存，从而为动植物、生态环境以及人类文化的多元共存，提供更多的智力和文化支撑。

　　总之，动植物、自然环境、社会文化的多样性，关系到人类共同的福祉，也关系到整个生命圈的生机和活力。面对多样性的危机，学者们从权力、资本、文化等多个角度不断进行了反思。其中，在文化方面格尔茨的地方性知识观，提供了一个重要研究方向。但这还是一项远未完成的事业，我们不仅需要研究文化各个领域的地方性、多样性，还需要研究知识等重点领域的地方性、多样性。希望本书的出版，能够为这些方面提供一些绵薄之力。

第一章　认知的方式

譬如有王告一大臣："汝牵一象，以示盲者。"尔时大臣受王勅已，多集众盲，以象示之。时彼众盲，各以手触。大臣即还而白王言："臣已示竟。"尔时大王即唤众盲，各各问言："汝见象耶?"众盲各言："我已得见。"王言："象为何类?"其触牙者，即言象形如芦菔根；其触耳者，言象如箕；其触头者，言象如石；其触鼻者，言象如杵；其触脚者，言象如木臼；其触背者，言象如床；其触腹者，言象如瓮；其触尾者，言象如绳。

——《大般涅槃经》

在认知方面，盲人摸象的故事很有启发意义。面对无知领域的"大象"，我们就像"盲人"，产生着"如芦菔根、如箕、如石、如杵、如木臼、如床、如瓮、如绳……"等一系列的知识。这些知识既有一定的合理性，又有各自的局限性。较理想的做法就是发挥它们各自的长处，达到一个较全面认识事物的目的。

知识地方性的一个重要根源是来自它自身，即知识的认知特殊性。因为每一种知识的产生都是具体的、特殊的。例如，面对相同的马体，蒙古传统马学与日本现代马学的认识角度、侧重点、方式、内容等，都存在一定的差异。如果说前者把握了马体的众多状态性、关联性、整体性特征，那么后者把握了马体的众多功能性、结构性、还原性特征。它们各自都具有一定的合理性，而且又不能完全代替彼此。这意味着需要充分认识它们各自的特色，发挥它们各自的长处。下面通过对比研究蒙古传统马学和日本现代马学，对马外貌、肌肉与骨骼、感觉器官、内脏器官、血液、汗液等六个方面的不同认识，来展示知识的地方性及多样性。

一、外貌

外貌，即外在相貌，是马体最明显的特征。蒙古传统马学与日本现代马学对外貌的认识，有着各自不同的侧重点。蒙古传统马学主要把握了马的外貌所表现出来的多种形状特征，并根据这些特征归纳出马的不同类型。而且这些形状、类型，都具有较强的整体性意义。而日本现代马学在把握马的外貌特征时，进行了较系统的测量，并制定了相关测量标准，建立了一些标准模型。而且这些测量标准、模型，都具有明显的结构性、机械性特征。在这些蒙古传统马学外貌类型和日本现代马学外貌模型背后，都有各自特殊的实践基础、理论依据，它们体现了对家畜、动物以及生命的不同认知活动。

（一）蒙古传统马学中的外貌

第一，认知特点。

蒙古传统马学在认识马的外貌时，主要关注了其形状、颜色、触感等方面的特征，并且通过这些特征来判断马的整体状态或性质。这类似于传统医学中的望、闻、问、切等认识方法。值得注意的是，在传统医学诊断方法中"望"往往排在第一位。例如，老中医只要看上病人几眼，就能够对病情做出几分判断。同样的道理，蒙古族老练的训马师，只要看上几眼就能够大体判断出马的奔跑潜力、当前状态。除了详细观察之外，蒙古族还通过触摸、骑乘等多种方式来认识马的品质特征。

形状是马外貌非常明显的特征。蒙古族对马体外貌形状的观察非常全面，而且这些特征往往与马之优劣有着重要联系。例如，巴图宝鲁德的《相马术解析》中认为：善于奔跑之马的鼻梁像雕，项像公牛，颈像鹅，鬐甲像牦牛，肩像狮子，前胸像海东青，背像狐狸，腰像黄鼠狼，肋像黄羊，胫像骆驼，股端像秃鹫，股像公狍子，系像母盘羊，蹄像野驴，尾像狼等（2006）[50-51]。又例如，芒来、旺其格的《蒙古人与马》中，除了关注上述内容之外，还认为：善于奔跑之马的鼻孔像喇叭，额头像青蛙，上膊像雕，腹像茶壶，蹄像倒扣的锅，蹄尖像剪刀等（2002）[146]。

从这些相马知识中，可以看到蒙古族对马外貌的观察非常全面而生动，除了把握四肢、腰、背、肩、颈等与奔跑直接关联部位的形状之外，还关注了头、尾等一些间接关联部位的形状。它们都是生命整体在某些方面流露出的一些特殊信息。这方面在蒙古地区流传着很多脍炙人口的故事。

详细案例 1.1　蒙古族训马师绍荣格尔慧眼识名马

塔木沁塔拉是位于锡林郭勒盟的一片广袤的草原。这里也是蒙古族世代繁衍生息，盛产名马的摇篮。话说 20 世纪三四十年代，这里驯马师人才辈出，其中有一位佼佼者，名叫绍荣格尔（ᠱᠣᠷᠣᠩᠭᠤᠸᠠ）。有一次，绍荣格尔放牧马群顺路到一户人家做客。喝完茶正准备上马离去的时候，他注意到马桩上拴着一匹臀部生虫子，又瘦弱的马。他越详细观察这匹马，越引起兴趣。他赶紧再次进屋，向这户人家询问这匹马的详细情况。他们给绍荣格尔介绍到："这是一匹用于夜间放马时骑的赖马，没有多少耐力。"当绍荣格尔表示用自己的坐骑交换这匹"赖马"时，这户人家大为惊奇，想直接送给他。绍荣格尔坚决留下自己的坐骑，牵走了这匹马。后来，经过绍荣格尔的训练，这匹马成了远近闻名的一代名驹。当人们问起他是如何辨别这匹名马时，绍荣格尔说："这匹马的肛门周围非常特殊，又大又深"。蒙古传统相马知识之丰富和特殊，可见一斑。

资料来源：摘自嘎林达尔的《塔木沁快马》（蒙古文，2005 年），155 页至 158 页。

在较全面观察基础上，蒙古族还对马体多个部位的外貌形状，进行了更详细的分类。而且这些类型也与马之优劣有一定的联系。例如，蒙古族根据外在形状，把马蹄分为六大类："碗蹄"（ᠣᠶᠣ ᠬᠠᠷᠠᠢ ᠲᠤᠭᠤᠷᠠᠢ），与野驴蹄相似，蹄叉细长，蹄长，蹄口宽；"肉蹄"（ᠮᠢᠬᠠᠲᠤ ᠲᠤᠭᠤᠷᠠᠢ），蹄口宽，蹄短而立，蹄尖长，蹄叉大；"禽蹄"（ᠰᠢᠪᠠᠭᠤᠨ ᠲᠤᠭᠤᠷᠠᠢ），蹄薄而短，蹄口宽，蹄叉突出；"牦牛蹄"（ᠰᠠᠷᠯᠤᠭ ᠤᠨ ᠲᠤᠭᠤᠷᠠᠢ），蹄冠粗，蹄口深而收缩，蹄边锋利，立蹄，蹄叉干燥；"快蹄"（ᠬᠤᠷᠳᠤᠨ ᠲᠤᠭᠤᠷᠠᠢ），与禽蹄相似，但较长而且蹄叉干燥等（岱青，1998）[15-16]。在这些蹄形中，蒙古族比较重视"碗蹄""牦牛蹄""快蹄"等类型。除了马蹄之外，蒙古族还对马的头、颈、胸、腰、腹、臀、四肢、尾等其他部位，也都进行了非常详细的观察和分类。

蒙古传统马学也注重从整体上把握马体所展现出来的形状。蒙古族根据马的外貌、性情等方面与某一动物之间的整体相似性，把它划归为这一动物类型。例如，他们从整体的角度，把马划分为龙类（ᠯᠤᠤ ᠬᠡᠯᠪᠡᠷᠢᠲᠦ ᠮᠣᠷᠢᠨ）、狮类（ᠠᠷᠰᠯᠠᠨ ᠬᠡᠯᠪᠡᠷᠢᠲᠦ ᠮᠣᠷᠢᠨ）、狼类（ᠴᠢᠨᠤ᠎ᠠ ᠬᠡᠯᠪᠡᠷᠢᠲᠦ ᠮᠣᠷᠢᠨ）、兔类（ᠲᠠᠤᠯᠠᠢ ᠬᠡᠯᠪᠡᠷᠢᠲᠦ ᠮᠣᠷᠢᠨ）、狐类（ᠦᠨᠡᠭᠡ ᠬᠡᠯᠪᠡᠷᠢᠲᠦ ᠮᠣᠷᠢᠨ）、蛙类（ᠮᠡᠯᠡᠬᠡᠢ ᠬᠡᠯᠪᠡᠷᠢᠲᠦ ᠮᠣᠷᠢᠨ）、禽类（ᠰᠢᠪᠠᠭᠤᠨ ᠬᠡᠯᠪᠡᠷᠢᠲᠦ ᠮᠣᠷᠢᠨ）、麝类（ᠬᠦᠳᠡᠷᠢ ᠬᠡᠯᠪᠡᠷᠢᠲᠦ ᠮᠣᠷᠢᠨ）、鹿类（ᠪᠤᠭᠤ ᠬᠡᠯᠪᠡᠷᠢᠲᠦ ᠮᠣᠷᠢᠨ）、野驴类（ᠬᠤᠯᠠᠨ ᠬᠡᠯᠪᠡᠷᠢᠲᠦ ᠮᠣᠷᠢᠨ）、羚羊类（ᠵᠡᠭᠡᠷᠡᠨ ᠬᠡᠯᠪᠡᠷᠢᠲᠦ ᠮᠣᠷᠢᠨ）等多种类型。

表 1.1　蒙古传统马学中马外貌的整体性特征及其分类

类别	外貌特征
龙类	头大，额宽而突，眼突，眉大，耳根粗，鼻孔扩张，下颚宽，项大，颈长，鬐甲高，胸低而突，肩胛斜而长，腰直，肋骨弯曲，腰荐结合处高，荐斜，股斜而宽，臀低而宽，善于在雨水天气奔跑
狮类	眼红，呼吸快，走路张着嘴，腰背直，站立时伸展身子，肌肉结实，筋骨粗壮，蹄厚，蹄尖锋利，马体中等
狼类	鬐甲高，驼背，胸和臀较窄，荐和臀较斜，尾稀疏
兔类	头比鬐甲低，鬐甲比腰和肩结合处低，前肢短后肢长，驼背，马体前倾
狐狸类	头小，额宽，颈细，嘴唇直，躯体细长，肋短而曲，鬐甲较平，腰直，四肢短
蛙类	头短，额宽，鬐甲较低，腰直而平，四肢粗而短
禽类	头干燥，嘴唇细，低头，项粗，胸突出，腰背直，四肢细长，前后肢间距远
麝类	马体矮小，四肢细而直，头高，颈细，肩胛立，鬐甲低，胸突出，腰驼，前后肢间距较小
梅花鹿类	头高，颈细长而后倾，四肢长而直，肋弯曲，背腰直，胸部方形
羚羊类	头大而低，腰驼，颈粗，四肢筋坚韧
野驴类	头干燥、大而高，蹄尖不锐利，鬐甲低，腰背凹，腰和荐结合处高，荐短而斜，四肢直细，胸突出，厚臀
驼鹿类	头大，鬐甲高，四肢长而坚固，颈厚，肩大，关节粗
马鹿类	头高，颈长而后倾，四肢长，股大，胸宽，荐斜

资料来源：整理于巴图宝鲁德的《相马术解析》（蒙古文，2006 年），55 页至118 页。

这些不同类型的马，有着各自的特殊性。这些分类知识，也较好展现了生命的特殊性和多样性。

色泽也是马非常显著的外貌特征。马鬃毛的色泽、眼睛的神色、唇齿口腔的颜色等，都是蒙古族关注的重要特征。以马的体毛为例，蒙古族认为体毛色泽鲜艳，有毫毛为上等；毛软而密，色泽鲜艳为中等；毛稀疏，粗糙为下等（岱青，1998）[19-20]。这些色泽特征及其相关变化是生命体特有的性质，而且具有明显的整体性意义。它们从某一特殊角度展现了马这一复杂生命系统的信息。色泽不管是人类医学还是兽医学领域，至今具有很强的实用价值。在很多临床治疗中都会关注到人体、动物身体多个部位的色泽特征。

蒙古族除了观察之外，还通过触摸来把握马的某些外貌特征。例如，他们可以通过触摸鬃毛、尾毛来辨认马之优劣。他们认为尾毛有捻力，色泽鲜艳者为上等马；毛丝粗，有捻力，直顺者中等马；毛丝软，扁形，上面有颗粒者为下等马（岱青，1998）[19-20]。蒙古族通过触摸获得的这些生命特征，也具有很强的整体性意义。马鬃毛、尾毛的粗糙程度、柔软程度、质地均匀程度，并不完全取决于遗传，它还要受到马体生长历程、生存环境、日常劳役等多方面的影响。

第二，知识建构。

蒙古族对马外貌特征的认识过程，离不开他们的生产、生活实践活动，离不开他们的各种感觉器官的参与。蒙古族日常生活实践中的各种经验以及他们对马体的亲身体会，以多种方式融入了马学之中。例如，在一篇古代蒙古马经中较全面描绘了马体的多种外貌特征，而且这些描述与蒙古族的日常生活有着密切的联系。

表 1.2　一篇古代蒙古马经中马的各种外貌特征

马体	外在特征	马体	外在特征
头	像骆驼	鼻孔	像喇叭
嘴唇	像驼鹿	眼睛	像青蛙
项	像骆驼	颈	像狮子
上膊	像雄鹰	前膊	像摔跤手的前膊
鬐甲	像犏牛	系	像母盘羊
下颚	像摔跤手的下颚	脖筋	像野马
肋	像公牛	腰背	像摔跤手
荐	像三块灶石	臀	像雕的翅膀
股	像公狍子	尾	像箭筒
蹄	像倒扣的锅	体毛	像黄羊
尾毛	像搓绳	四肢筋	像三股搓绳

资料来源：整理于《无标题马经》//罗布桑巴拉丹的《相马》（蒙古文，1998 年），
156 页至 162 页。

在上述相马知识中，首先，值得注意的是蒙古族为什么选择
这些部位？他们关注的这些部位，是在其日常生产生活过程中能
够直接和经常观察到、感受到的部位。而且在这过程中，蒙古族
充分发挥了自己的视觉、嗅觉、听觉、触觉等多种感觉能力。其
次，值得注意的是蒙古族如何描绘自己的观察？在这里出现了很
多他们常见的日常事物、自然事物以及常有的感受和体会等。再
次，蒙古传统马学还有一个较显著特点是用其他动物来比喻、划
分马的外貌。这种用"生命体"来把握"生命体"的方式，在精
确把握一些生命特征的同时，较好展现了生命的特殊性。可见蒙
古传统马学在一定程度上是蒙古族在游牧实践中孕育出的一种特

殊知识体系。离开了游牧社会背景，这些知识的很多具体含义就会有所损失。这就像格尔茨在《作为文化体系的艺术》中讨论尤鲁巴人的雕刻艺术时所指出，雕像很多部位上的线条都有一定的特殊内涵，具有一定的特殊性，与尤鲁巴人的生活有着密切联系 (2000)[121-158]。可见，知识与艺术一样都是源于社会实践，它们从一些特殊角度反映了人们不同的生活方式。

　　蒙古传统马学对马外貌特征的认识，除了受到日常生活实践的影响之外，还受到蒙古族传统畜牧兽医学理论的重要影响。正是寒热、三根、七素、五元、阴阳、五行、脏腑、脉络等传统畜牧兽医学理论，使马体一些局部的形状、色泽、触感等特征具有了整体性意义。正如科塔克在《文化人类学：领会文化多样性》中提到：我们不应该用简单的外界文化观点来评判某个社会行为，而是应该把它放在其文化脉络中加以评价 (2014)[54]。人类学领域的这种文化整体性观念，同样适合于科学技术领域。在这些传统理论视野下，蒙古族对马的经验知识不再显得杂乱无章，而是有了某种关联性、整体性。例如，三根、七素理论是蒙古传统畜牧兽医学的重要理论之一。三根分别指赫依（ᠬᠡᠢ）、希拉（ᠱᠠᠷ᠎ᠠ）、巴达干（ᠪᠠᠳᠠᠭᠠᠨ）等三种"能量"或"物质"。它们是对众多生命现象的高度总结：其中的"赫依"主要对应轻、涩、动、凉、微、坚等六种性质；"希拉"对应锐、热、腻、轻、臭、泻、湿等七种性质；"巴达干"对应重、寒、腻、钝、软、固、黏等七种性质（巴音木仁，2006)[141-145]。这些特征以及它们的组合对应着千变万化的生命现象。例如，在 1749 年翻译成蒙古文的《马经医相合录》（大藏经《丹珠儿经》的一百三十一函）中就用赫依、希拉、巴达干等三根理论来归纳马的一些外貌特征，并把马分为相关类型：赫依性质的马，鬃毛和尾毛粗糙、稀疏，飞节松，力量小，步伐散，睡眠小；而希拉性质的马，易于出汗，好斗，耐力弱，耐寒；巴达干性质的马，毛色光亮，力量大，声音悠扬，易于驯服，记忆力强，性情温顺，耐力强等（1749）[27下-28下]。又例如，蒙古古代马经《相马明鉴》就根据三根理论，把握了马的一些外貌特征，并归纳为相关类型："赫依"性质的马，鬃毛稀疏、粗糙，关节松弛，力量小，记忆力差，活泼，容易绊腿；"希拉"性质的马，脾气暴躁，汗液多，力量小，耐力小，耐寒；"巴达干"性质的马，性情温顺，记忆力强，耐力强，力气大，能适应潮湿的环境（清代抄本）[10-13]。在这些认识中，突出了"赫依"性马的轻、涩、动等方面的特征，突出了"希拉"性马的锐、热、泻等方面的特征，突出了"巴达干"性马的重、寒、钝等方面的特征。有了这套三根理论，马的多种外貌特征就有了较强的整体性、关联性，它们分别归属于三种基本类型的马。马的这些整体性特征是生命特有的属性，也是传统畜牧兽医学较擅长的领域。

五元、五行理论也起着类似的建构作用。其中，五元理论主要受到藏医学、印度医学的影响，五行理论主要受到中医学、藏医学的影响。"五元"包括土元（ᠰᠢᠷᠣᠢ）、水元（ᠤᠰᠤ）、火元（ᠭᠠᠯ）、气元（ᠬᠡᠢ）、空元（ᠬᠣᠭᠣᠰᠤᠨ）等，是从众多自然事物、生命现象中抽象出来的概念。其中，"土元"的主要属性为硬、强、重；"水元"的主要属性为湿、润；"火元"的主要属性为热；"气元"的主要属性为轻、动；"空元"的主要属性为空、虚等（巴音木仁，2006）[109-123]。与此类似，五行包括木行（ᠮᠣᠳᠣ）、火行（ᠭᠠᠯ）、土行（ᠰᠢᠷᠣᠢ）、金行（ᠲᠡᠮᠦᠷ）、水行（ᠤᠰᠤ）等，也对应一系列从自然万物中抽象出来的属性。其中"木行"对应生长、升发、条达舒畅；"火行"对应温热、升腾；"土行"对应生化、承载、收纳；"金行"对应清洁、肃降、收敛；"水行"对应寒凉、滋润、向下等属性（巴音木仁，2006）[109-123]。有了这些抽象概念及其对应的属性、含义之后，就能够对马的外貌特征起到归纳、分类、总结的作用。例如，水元（水行）的马（主要强调了臀部），荐高，后肢长，齿坎深，牙垢蓝色，耳长，毛顺，善于跑下坡地，适合夏季骑乘；木行的马（主要强调了颈部），驼背，体大，眼大，颈长而圆柱形，鬃尾毛稀疏，不适于雨水天气，适于秋季骑乘；火元（火行）的马（主要强调了胸部），胸宽，舌薄，毛硬，四肢短，腰背长，牙垢红，气质急躁，适合冬季骑乘；气元的马（主要强调了肋部和腹部），胸部宽，肋骨弓起，腹部椭圆形，口大，牙龈干燥，肌肉结实，耳立，牙垢绿色，善于跑逆风，适于四季骑乘；金行的马（主要强调了头和蹄），头部干燥，鼻孔大，蹄口收缩，蹄叉小，适于春季骑乘等（岱青，1998）[10-12]。在这里通过五元、五行理论，不仅把马体的多个部位相互关联起来，并且与不同的季节、气候等都建立了一定的联系。蒙古传统马学中的寒热、三根、七素、五元、阴阳、五行、脏腑、脉络等基础理论如同于"生命体"这所建筑的框架，赋予其关联性、整体性、系统性。很多经验知识附着在它的上面，并从中获得了某种整体性意义。

第三，优缺点。

蒙古传统马学，不仅关注了马外貌的形状特征，还关注了其色泽、触感等多种特征。而且马外貌的形状、色泽、触感等特征，往往与马之优劣密切相关，具有较强的整体性意义。

蒙古传统相马知识还是一种经过多次实践检验的知识。蒙古族通过这些知识确实能够辨别出良马。这些马外貌知识除了应用于相马实践之外，还应用于马的繁殖、培育等实践。例如，他们在选择种马、母马时，不仅注重其外貌特征，而且还注重它们之间的搭配关系。具体来讲，柔韧性差的马与柔韧性好的马相调和，体型大的马与体型小的马相调和，脊背突出的马与脊背平直或凹下的马相调和，年龄大的马与年龄小的马相调和等（芒来等，2002）[326]。另外，蒙古传统马学把马外貌特征分为不同的类型，而且这些类型各有利弊，蒙古族并没有追求某种唯一类型的马。这种分类知识，有利于马品种多样性的保护与发展。可以说，蒙古传统马学中，没有所谓"最好"的马，只有不同类型的马。

蒙古族通过寒热、三根、七素、五元、阴阳、五行、脏腑、脉络等传统畜牧兽医学理论，把握了马体的很多状态性、关联性、整体性特征。而且有些状态性、整体性特征不能简单地还原为一些马体局部特征，而是马作为一个生命整体所表现出来的综合性特征。当然，蒙古传统马学对一些马外貌特征的具体关联机制、详细作用机制存在一定的模糊性。例如，《相马明鉴》中认为：巴达干盛行于皮肤，则生白色的马；希拉盛行于皮肤，则生黑色的马；赫依盛行于皮肤，则生青色的马，还有三根不同比例则生其他多种毛色的马（清代抄本）[9-10]这里缺少关于马毛色遗传机制方面的深入认识。而在这些方面现代生物医学具有重要的补充意义。

（二）日本现代马学中的外貌

第一，认知特点。

日本现代马学也同样关注马的外貌特征，但具有较强的结构性、功能性、还原性等特征。对马外貌特征的很多认识，具有明显的骨骼、肌肉方面的指向性。例如，早在 1891 年翻译出版的法国养马学重要著作《马学教程》，特别强调马体胸部的长、广、深等特征。因为这里主要考虑了胸部骨骼、肌肉的发育情况以及肺部的大小问题（バロン，1891）[上卷四,123-124]。对马的四肢等部位的认识，也主要从结构的角度考虑了它的倾斜度、长度等特征（バロン，1891）[上卷五,13]。日本现代马学不仅接受了西方现代马学的这些结构性、功能性、还原性认识，并按照这一模式开展研究。例如，日本现代马学在认识马蹄的时候，主要关注它的弹力结构、硬度、角度、面积等因素，而不是像蒙古族那样把马蹄分成碗蹄、肉蹄、快蹄、禽蹄、牦牛蹄等类型。在马蹄的弹力结构方面，日本现代马学主要考虑了跖枕、蹄软骨、蹄叉等部位的结构特征。其中，跖枕是一种富有弹性的组织，蹄踵下面的空隙也具有弹力作用。马蹄在落地的时候向外压扁，提起的时候又恢复原状。在马蹄的硬度方面，日本赛马保健研究所的荒木贞胜专门测量了41匹马的黑色左前蹄蹄角质硬度，发现肖氏硬度的最大值为55，最小值为38，平均值为45（荒木贞胜，1965）。可见，日本现代马学对马蹄等部位的认识具有明显的结构性、功能性、还原性特征，具有明显的解剖学、机械力学等背景。两种马学相比较而言，蒙古传统马学对马蹄的认识具有特殊化、多样化的倾向；而日本现代马学对马蹄的认识具有标准化、单一化的倾向。

　　日本现代马学除了从结构性、功能性、还原性角度把握马体多个部位的外貌特征之外，还把这些特征相互组合在一起，建构了某种较标准的理想模型。例如，1936年日本学者增井清在借鉴国外多种马外貌测量方法的基础上，总结出了马外貌需要测量的37项指标。具体包括：体高、背高、尻高、体长、胸深、胸长、胸围、胸宽、腰宽、尻宽、尻长、肩长、上膊长、前膊长、前管长、前系长、股长、胫长、后管长、飞节宽、后系长、前膝宽、前蹄冠宽、前膊围、前管围、后管围、肩与上膊夹角、上膊与前膊夹角、肩倾斜角、股骨与胫骨夹角、胫骨与管骨夹角等（增井清，1936）。日本现代马学的这些测量标准通过不断发展完善，形成了一套较完整的测量体系。例如，日本现代马学重要著作《概说马学》中，对马外貌给出了较系统的测量指标。

表 1.3　日本现代马学中的一些重要外貌测量项目、指标及内容

测量项目	测量指标	测量内容
马体高度	体高	鬐甲到地面的距离
	背高	背部最凹处到地面的距离
	尻高	尻的最高处到地面的距离
躯干长度	体长	胸最前端到臀端的水平距离
	胸长	肩端到季肋骨后边
	颈长	第一颈椎翼突起前端到颈础的中央部
躯干厚度	胸深	鬐甲最高处到胸下边的垂直距离
躯干宽度	胸宽	左右两肩端之间的距离
	腰宽	腰角间的距离
	尻宽	股关节之间的距离
躯干围度	胸围	鬐甲顶端垂直面的边长
四肢长度	肩长	肩胛软骨最上边缘到肩端的长度
	上膊长	肩端到肘关节中心的长度
	前膊长	肘关节中心到膝关节中心的长度
	前管长	膝关节中心到球节中心的长度
	前系长	球节中心到蹄冠中央的长度
	尻长	肠骨翼到臀端的长度
	股长	股关节中心到膝关节中心的长度
	胫长	膝关节中心到飞节中心的长度
	后管长	飞节中心到球节中心的长度
	后系长	球节中心到蹄冠中央的长度
四肢围度	前膊围	前肢根部的围度
	管围	管中央部位的围度
	胫围	胫最粗部位的围度

测量项目	测量指标	测量内容
	后管围	后管中央部位的围度
关节角度	肩倾斜角	肩长测量线与水平线的夹角
	肩关节角	肩长测量线与上膊长测量线的夹角
	肘关节角	上膊长测量线与前膊长测量线的夹角
	股关节角	腰角和股关节中心的连线与股长测量线的夹角
	膝关节角	股长测量线与胫长测量线的夹角
	飞节角	胫长测量线与后管长测量线的夹角

资料来源：整理于野村晋一的《概说马学（概説馬学）》（日文，1997 年），143—144 页。

　　在这些测量标准中，高度、长度以及角度更多体现了骨骼结构，而厚度和围度则更多体现了肌肉的发育情况。例如，外貌测量的体高、背高、尻高，反映了前肢、胸椎、腰椎、后肢等骨骼的发育情况；体长、胸长、颈长，反映了肱骨、肩胛骨、椎骨、胸骨、髋骨、股骨、肋骨、胸部肌肉、臀部肌肉的发育情况；躯干厚度，反映肱骨、肩胛骨、肩和胸部肌肉的发育情况；胸宽、腰宽、尻宽，反映了肋骨、四肢骨，胸和臀部肌肉的发育情况；躯干围度主要指胸围，反映了前肢骨，肩和胸部肌肉的发育情况等。可见现代马学的外貌测量具有明显的结构性、功能性、还原性特征，特别是具有明显的肌肉、骨骼方面的指向性。这种标准化、模型化、单一化的认识，明显不同于蒙古传统马学中特殊化、类型化、多样化的认识。

　　日本现代马学除了关注马体的宏观结构以外，还关注其一些微观的结构特征，包括生物组织结构、细胞结构、分子结构、化学成分等方面的内容。一方面这些研究也具有明显的结构性、功能性特征，是马体宏观结构观点的进一步细化；另一方面这些研究具有明显的还原性特征，把马体宏观结构还原为生物组织结构、细胞结构、分子结构、化学成分等不同的层次。例如，为了进一步了解马蹄的弹性，现代马学详细测量了其中的水分。日本赛马保健研究所的宫木秀治等研究人员对61匹马的马蹄水分进行测量，发现前蹄的蹄壁平均值为 26.6％，蹄底平均值为 33.3％，蹄叉平均值为 38.4％（宫木秀治 など，1974）。马蹄的水分与它的弹性、硬度等特征有着直接的联系，使蹄底、蹄叉等部位更富有弹性。又例如，日本现代马学在认识马的鬃毛、尾毛的特征时，也需要测量其中的钙、磷等化学物质及其变化。而这些鬃毛所含的钙、磷的含量，会关联到马骨骼中的钙、磷等物质的含量（Yuhzo NAGATA，1971）。这种对马体更微观结构的探索，一方面与现代生物医学的解剖分析、显微观察技术的进步有关，另一方面，更重要的是与现代生物医学中的还原论观点有着密切联系。还原论认为生命现象决定于更微观的结构，所以特别热衷于探索生命体的更微观组成要素。这种还原主义在把握生命体一些微观基础的同时，也容易忽略一些整体性特征。

第二，知识建构。

日本现代马学对马外貌的详细测量，对马蹄、鬃毛的结构性、功能性、还原性认识，都离不开各种生物医学实验。

详细案例1.2　日本兽医学家增井清关于马外貌的测量研究

1936年日本学者增井清进行了详细的马外貌测量方面的研究。测量对象：主要来自日本国有种马、母马，以及来自宫内省、小岩井、东北、社台牧场的一部分马。测量部位：体高、背高、尻高、体长、胸深、胸长、胸围、胸宽、腰宽、尻宽、尻长、肩长、上膊长、前膊长、前管长、前系长、股长、胫长、后管长、飞节宽、后系长、前膝宽、前蹄冠宽、前膊围、前管围、后管围、肩与上膊夹角、上膊与前膊夹角、肩倾斜角、股骨与胫骨夹角、胫骨与管骨夹角等 37 个部位。测定方法：在马自然站立状态下进行测量，并尽量控制测量的误差。测量内容：平均值、标准偏差、变异系数。测量获得的数据（日本产的纯血种马 40 匹）：体高的平均值为 158.775±0.272，标准偏差为 2.554±0.193，变异系数为 1.609；背高的平均值为 150.125±0.327，标准偏差为 3.607±0.231，变异系数为 2.043；尻高的平均值为 158.225±0.324，标准偏差为 3.045±0.229，变异系数为 1.924……

资料来源：摘自增井清的《马外貌的生物学测量与遗传学研究（馬匹體格體型の生物測定學及び遺傳學的研究·第一）》（日文，1936 年），78 页至 165 页。

这里首先，值得注意的是日本现代马学为什么专门研究了马体的上述 37 个部位的数值？其实，在这些选择背后具有明显的解剖学背景。有了解剖分析以后，马外貌知识从马体外在的形态特征转变为马体内部骨骼与肌肉的结构性特征了。随着实验技术的发展，科学家能够观察到马体更微观的结构了。可以说生物医学知识的很多进步，与它们实验手段的进步有着密切的联系。这方面显微镜很有典型性。随着显微技术的发展，现在一些电子显微镜已经能够观察到分子结构了。除此之外，还运用多种化学实验、生物学实验方法，展现了马体多种微观结构、微观生理机制。其次，值得注意的是上述实验研究中为什么要测量平均值、标准偏差、变异系数等数值？其实，在这些方法背后具有明显的标准化、模型化特征。虽然生命体具有一定的共性，但是也存在一定的差异性，而且这种差异性是正常的、有意义的。

　　除了解剖、生理等实验之外，日本现代马学还借助一些机械力学、化学、生物学等理论把握马体。可以说，现代生物医学是整个现代科学技术的有机组成部分，与其他物理、化学、数学等领域有着密切的联系。在认知生命的过程中，这些理论发挥着重要基础作用。例如，日本现代马学热衷于详细测量马体的各个关节角度：肩关节为 115°—125°；肘关节静止角度为 145°，运动幅度 100°；腕关节静止角度为 180°，弯曲时 50°；指关节静止角度为 215°，运动幅度 120°；股关节静止角度为 115°，外旋 25°，内旋 5°；膝关节静止角度为 150°等（日本中央競馬会競走馬総合研究所，1996）[48-50]。这种角度计算明显受到了物理学中的运动距离、运动频率、杠杆关系、受力、施力等理论的影响。这里马的奔跑运动，被简化为一种力学作用过程。但是我们不能简单地认为这些机械性分析就是绝对性知识、唯一性知识。而是应该把它也理解为对马体的一种特殊建构。从这些分析可以看到，所谓马的外貌测量标准体系，从表面看来是对马体的一种整体性把握，而实质是一种把整体进行拆解基础上再组建的特殊模型。这种模型化认识，有利于马的标准化、批量化生产，但也容易忽略生命体的多样性、不断进化等特征。

第三，优缺点。

日本现代马学，较多从结构性、功能性角度把握了马体多个部位的外貌特征。而且在此基础上，一方面在宏观层面进行整合，建立了一些统一的马外貌测量标准，具有一定的机械性；另一方面向微观方向延伸，探索了生物组织、细胞、分子等更细微的结构，具有一定的还原性。

在实践方面，日本现代马学制定的统一马外貌测量标准等，确实达到了马的批量化生产、提升品质等目的。而且这些标准化的知识，特别有利于在军事或企业生产中进行普及推广。例如，根据《日本马政史（日本馬政史）（卷四）》记载，1886 年 2 月日本制定了军用乘马标准，分为躯干、四肢、年龄、体高、气质、肥瘦等六个方面。其中要求体高在四尺七寸到五尺二寸左右（帝国競馬協会，1982）[324-326]。日本现代马学对马外貌的"标准化"认识，也有一定的弊端。其最大问题是在一定程度上忽略了生命体的特殊性、多样性。因为某些马虽然按照现代马学的测量标准来讲，得分并不高，但是可能具有很强的奔跑能力。我们人类也是一样，并不是谁的腿长、肌肉发达就能成为田径运动员。所以用某种单一理论来把握复杂的生命特征，必然存在一定的局限性。特别是这些标准化的知识，不利于马品种的多元共存。它在鼓励日本引进外来马种的同时，对日本本土马种带来了灾难性影响。例如，日本本土马大多个子矮小，非常适合于山地，但是在现代马学的测量标准下，这些本土马种很快走向了衰落。可见在这样一套统一标准下，马就像物品一样被整齐划一对待，在一定程度上破坏了马的多样化进化过程。

在理论方面，日本现代马学以详细的解剖分析为基础，而且结合机械力学、化学成分、生理机制、遗传机制等现代科学理论，能够详细解释马体多个部位的具体结构、功能、作用机制等。例如，日本现代马学认为，决定毛色的遗传因素主要有三种类型，分别是优质因子 ABC 和劣质因子 abc。其中 A 因子关系到毛色的浓淡，B 因子给毛色附着黑色，C 因子关系到体现颜色等（野村晋一，1997）[129]。这里日本现代马学确实把握了马鬃毛的重要遗传机制，并可以对马的毛色进行一定的人工干预。但是这些知识还不能完全代替蒙古传统马学对鬃毛的认识。因为鬃毛的韧劲、捻力、开叉等情况，一方面取决于生命体非常复杂的遗传机制，另一方面它体现着生命体从出生到现在的整个成长过程。

二、肌肉与骨骼

相对于马的外在相貌，肌肉、骨骼是马体内在重要组成部分。面对相同的肌肉、骨骼，蒙古传统马学主要关注了其形状、形态，并赋予其一定的整体性意义。而日本现代马学则重点关注了肌肉骨骼的结构性、功能性特征。

（一）蒙古传统马学中的肌肉与骨骼

第一，认知特点。

虽然古代蒙古族缺乏一些详细的解剖学分析，缺乏一些机械力学知识，但是他们以自己的方式把握了这些肌肉骨骼以及它们之间的关系。他们首先从形状、形态的角度把握了马的肌肉与骨骼。例如，在一篇古代蒙古马经《马的三十一个良相》中专门记载了马的十八处肌肉，并对它们的形态分别进行了详细的描述：一双额头肌肉像草地上的蛙，一双腮上的肌肉像撑住口袋的手推磨，下嘴唇的肌肉像沾上了泥巴，颈部肌肉像绳索，胸部肌肉像妇女的乳房，肩膀肌肉像倒挂着几把镰刀，前肢肌肉像上劲的搓绳，腰部肌肉像卷起的毡子，肋部肌肉像站立的人，臀部左右肌肉像公牛的角，腹部肌肉像装上了水，两个股部肌肉向外突出，两个胫部肌肉像黑蛇滑行，两个后肢里侧肌肉像脾脏，膝部四个肌肉像手镯等（1999）。这里蒙古族通过这些观察、触摸等方式把握了马体肌肉骨骼的多种形态特征。

蒙古族还特别关注了一些特殊肌肉、骨骼的形态，并根据它们的特征来判断马的整体性能。例如，牙齿是马比较特殊的骨骼，特别是它裸露在外面，便于观察。而且"相牙"也是蒙古传统马学一个非常独特的领域。蒙古族可以根据牙齿特征，推测马的很多整体性信息，并出现了多部专门的相牙马经。在一篇"无标题"古代蒙古马经中把马的牙齿分为野驴牙（ᠬᠤᠯᠠᠨ ᠰᠢᠳᠦ）、骆驼牙（ᠲᠡᠮᠡᠭᠡ ᠰᠢᠳᠦ）、绵羊牙（ᠬᠤᠨᠢᠨ ᠰᠢᠳᠦ）、麦子牙（ᠪᠤᠭᠤᠳᠠᠢ ᠰᠢᠳᠦ）、猪牙（ᠭᠠᠬᠠᠢ ᠰᠢᠳᠦ）、牛牙（ᠦᠬᠡᠷ ᠰᠢᠳᠦ）、野马牙（ᠲᠠᠬᠢ ᠰᠢᠳᠦ）等七大类，而且进一步细分为野驴牙 13 种、骆驼牙 2 种、绵羊牙 6 种、麦子牙 5 种、猪牙 4 种、牛牙 14 种、野马牙 3 种等（1999）[92-101]。在这些牙齿分类知识中，主要观察了马牙齿的色泽、斑点、纹理、沟槽、裂痕等多方面的特征。甚至对牙缝肉这一非常细小的部位也进行了异常详细的观察，做了多种分类。例如，他们把牙缝肉分为六种："长鸭舌"（ᠤᠷᠲᠤ ᠨᠤᠭᠤᠰᠤᠨ ᠤ ᠬᠡᠯᠡ），有凹槽，是善于奔跑的特征；"钢针尖"（ᠭᠠᠩ ᠵᠡᠭᠦᠦ ᠶᠢᠨ ᠦᠵᠦᠭᠦᠷ），锥形，细长，是有耐力的特征；"麻雀舌"（ᠪᠣᠷᠤᠭ᠎ᠠ ᠶᠢᠨ ᠬᠡᠯᠡ），薄而牙龈干燥，是有耐力的特征；"羊拐正面"（ᠬᠤᠨᠢᠨ ᠰᠢᠭᠠᠢ），粗而有棱边，是善于奔跑的特征；"凤喙"（ᠭᠠᠷᠤᠳᠢ ᠶᠢᠨ ᠬᠤᠰᠢᠭᠤ），直顺，有良驽两种；最后牙龈松软，较厚是无耐力的特征（车布米德，出版年不详）[48]。与此类似，蒙古族也可以从某些特殊肌肉推测出整个马体肌肉的发育情况以及力量情况。例如，蒙古族认为马在尿的时候，撒尿能够超过前肢则认为是有耐力、速度快的马。这是从马阴筒肌肉的力量推测出全身肌肉的发育状况。除了特殊骨骼、肌肉之外，还可以根据鬃毛、头部等特征，判断马肌肉骨骼方面的发育特征。例如，古代蒙古马经《相马四要篇》中记载：鬃毛硬的马，肌肉肯定优良；头部干燥的马，骨骼肯定优良等（1999）。这些知识说明我们对生命体的认知存在多种途径。

蒙古族除了观察之外，还通过触摸来把握一些肌肉与骨骼的特征，并解读相关整体性意义。蒙古族虽然没有 X 光摄像、红外摄像等现代医学设备，但是通过触摸韧带等，来把握马的爆发力、耐力方面的特征。他们主要根据韧带的粗细、棱角、捻力、缝隙等特征，来大体判断马的奔跑能力。例如，在蒙古传统马学中把韧带分为四种类型："骆驼筋"（ᠣᠷᠬᠦᠨ ᠰᠢᠷᠪᠦᠰᠦ），两边有棱角，较短，速度快，有耐力；"蛇筋"（ᠮᠣᠭᠠᠢ ᠰᠢᠷᠪᠦᠰᠦ），圆柱形，较圆，适于方形马，有耐力；"黄羊筋"（ᠵᠡᠭᠡᠷᠡᠨ ᠦ ᠰᠢᠷᠪᠦᠰᠦ），细而紧，较长，适于体长的马，速度快，有耐力；"套马杆皮绳筋"（ᠣᠷᠭᠠᠨ ᠰᠢᠷᠪᠦᠰᠦ），缝隙小，近距离速度快，无耐力（岱青，1998）[35-36]。虽然筋的弹力、长短、粗细、缝隙等可以用现代力学角度去理解，但是筋的棱角、捻力等特征是生命体表现出来的特殊性质或者整体性质。

蒙古族还关注了肌肉与骨骼的生长发育特征以及相关整体性意义。这些特征是生命体特有的重要性质。例如，蒙古族一般只允许 7 岁以上的马参加正式比赛。他们认为马到 7 岁时，才真正发育成熟，其重要特征是牙齿的颜色、犬齿发育完整等。蒙古族认为 6 岁的马，犬齿还没有发育完整，即使比赛中获得好的成绩，也不能长久保持其奔跑能力。所以民间有 "6 岁马只能快跑一次" 的说法（芒来等，2002）。正因为蒙古族让马充分成熟之后，才参加长距离比赛，所以蒙古赛马的奔跑能力能够延续十几年左右，蒙古地区也出现了很多被称为 "常胜将军" 的名驹。

详细案例 1.3　能够长久保持奔跑能力的蒙古赛马

20 世纪 60 年代左右，有个叫巴图宝音的老人，春季把自己的二岁黄马卖到远方。但是过了若干月，深秋的一个早晨人们在附近的草场发现了这匹马。当时这匹黄马非常瘦弱，显然经过了长途跋涉，逃回了自己的故乡。后来，这匹马在七八岁的时候参加苏木（乡）级比赛，9 岁获顶级赛事第一名，10 岁获顶级赛事第四名，11、12 岁参加苏木（乡）级比赛，13 岁获顶级赛事第一名，14 岁获得顶级赛事第一名，15 岁参加苏木（乡）级比赛，18 岁获顶级赛事第四名，19 岁获顶级赛事第三名，20 岁还获得了顶级赛事第二名等，成为远近闻名的一代名驹。

资料来源：摘自巴雅尔芒奈的《万骏之首》（蒙古文，2005 年），65 页至 66 页。

可见，蒙古传统马学对马的发育成熟方面有着自己特殊的判断标准。而且这些知识，在深入挖掘、开发马的奔跑潜力方面有自己的独特价值。

第二，知识建构。

蒙古传统马学中的很多经验性知识、体验性知识，与当地人们的饮食、医疗以及畜牧等生产生活实践有着密切的联系。蒙古族对马肌肉骨骼的认识中也融入了他们很多特殊的实践内容或体验。例如，在一篇古代蒙古马经《马的三十一个良相》中记载了马的二十种骨骼及其外在形状：寰椎为骨骼之帝王，眼眶要突出，头骨像愤怒的黑青蛙，额骨像倒扣的小笋筐，肩胛骨像涂上泥巴的木筐，颈椎像漫步的鹤，鬐甲骨像走山路的牦牛，腰椎像重叠的金币，肱骨像壮年的牦牛，肋骨像阻挡野兽侵袭，荐骨像绵羊，尾骨像石壁上的钉子，四肢骨像愤怒的摔跤手，四蹄像倒扣的碗等（1999）。在这些关于骨骼的描述中出现了笋筐、木筐、钱币、钉子、碗等生活中常见的事物，以及青蛙、牦牛、绵羊、鹤等较常见的家畜或者野生动物。蒙古族就是用他们最熟悉的事物，去描述、把握了马体。

蒙古族除了从经验的角度描述马肌肉、骨骼的特征之外，还借助寒热、三根、七素、五元、阴阳、五行、脏腑、脉络等传统畜牧兽医学理论，为具体的肌肉与骨骼赋予了整体性意义。其实，传统医学中也存在一定的解剖分析，但是其内容与现代医学存在较大的差异。例如，传统医学曾详细解剖过人体，并关注过肌肉骨骼。蒙古传统医学典籍《甘露四部》中记载：肉（男的五百把，女的五百二十把），骨三百零六，关节一百二十，肌腱十六，筋九百（伊希巴拉珠儿，1998)[2]。对蒙古传统医学产生重要影响的《四部医典》中也详细记载了人体多个组成部分的数量：赫依一个膀胱，希拉一个精囊，巴达干为三捧，血和粪各七捧，尿和黄水各四捧，色泽和精液各一把，脑一捧，肉五百把，女性的大腿和乳房多出二十把，骨二十三种，脊椎二十八，肋骨二十四，牙齿三十二，全身骨骼三百六十块，大关节十二种，细小关节二百一十，肌腱十六，筋九百等（元丹贡布，2010)[54-56]。而这一数字与古代印度医学有密切的联系。在古代印度医学典籍《阁罗迦集》和《妙闻集》都认为男性身体上的肌肉为 500 块，女性身体上的肌肉为 520 块（库吞比亚，2008)[137-138]。蒙古族通过宰杀家畜等实践活动也能够观察其一些重要骨骼和肌肉。但是在这些解剖实践中并没有形成一些严密的结构性观点。这与他们的认识背景直接相关。因为当时的印度、藏族、蒙古族都没有系统的现代解剖学、机械力学等知识背景。但是蒙古传统马学通过寒热、三根、七素、五元、阴阳、五行、脏腑、脉络等传统理论建构出了另一种马体。特别是七素理论与肌肉骨骼的认识有着密切的联系。七素理论认为肉和骨分别是构成身体的七素之一。在 1749 年翻译成蒙古文的《丹珠儿经》（大藏经）的一百三十一函《马经医相合录》中明确记录着身体的力量源于七个方面，分别是食物精华（ᠵᠤᠮᠮᠢᠷᠠᠯ）、血（ᠴᠢᠰᠤ）、肉（ᠮᠢᠬᠠ）、脂（ᠥᠭᠡᠬᠦ）、骨（ᠶᠠᠰᠤ）、骨髓（ᠴᠢᠮᠦᠭᠡ）、红白精（ᠰᠢᠷᠠᠯᠢᠭ）（1749)[198下]。有了七素理论之后，蒙古族就能够从整体的角度把握肌肉与骨骼的特征。例如，他们关注了肌肉骨骼的盛衰问题。在 17 世纪传入蒙古地区的印度医学经典著作《医经八支》就记载了人体肌肉骨骼的盛衰特征：肉盛的特征是脸、胸、大腿粗大；肉衰的特征是眼、体、脸变瘦，器官衰退；骨盛的特征是骨多、牙多；骨衰的特征是牙齿、指甲、毛发脱落（苏和等，

2006)[146]。这些肉盛、肉衰、骨盛、骨衰等特征，都是生命体的整体性特征。在蒙古传统医学基础理论中，七素分为基本七素和营养七精华两大类。基本七素是指食物的精华、血、肉、脂、骨、骨髓、精液；营养七精华是指七素分解产生的精华之精华，血之精华，肉之精华，脂之精华，骨之精华，髓之精华，精液之精华（巴音木仁，2006)[150-151]。七素不仅仅是生命体的构成要素，而且它们之间有着重要的依次生成关系：食物精华→（食物精华之精华）→血→（血之精华）→肉→（肉之精华）→脂→（脂之精华）→骨→（骨之精华）→骨髓→（髓之精华）→精液→（精液之精华）→滋养生命。通过这种七素之间的依次生成关系，蒙古族把身体的各组成部分相互关联起来，使这些部分成为整个身体的有机组成部分，并使它们具有了一定的整体性意义。七素理论不仅把肌肉和骨骼，同食物精华、血、脂肪、骨髓、精液等马体的其他构成要素相互关联起来，而且它与寒热、三根、阴阳、脏腑等理论相结合，形成了对身体的更系统性认识。例如，蒙古传统兽医学认为："齿为骨之余，主肾，由脉络与胃、肠、肾相连。"（巴音木仁，2006)[222]具体来讲：牙齿燥而有光，则胃巴达干之阴尚未枯竭；若齿枯燥而无光，则多为肾巴达干枯竭之象（巴音木仁，2006)[222]。若齿龈赤而燥，则多为胃肠有热；若色白而湿润则多为胃肠有寒等（巴音木仁，2006)[223]。这里骨骼与脏腑之间建立了密切联系。

"阴"和"阳"概念也起着类似的建构作用。"阴"这一概念包括了静止、内守、向下、寒凉、晦暗、减退、抑制、有形、虚弱等多种性质，而"阳"这一概念包括了运动、向外、上升、温热、明亮、亢进、兴奋、无形、强壮等一些相反的性质（巴音木仁，2006)[98]。蒙古族根据阴阳理论，把马体的多种特征划分为相互对立、相互依赖的两大类型。例如，蒙古传统马学根据阴阳概念把马的牙齿分为阴阳两大类。"阳性"牙齿，在色泽方面主要有黄带、红丝、光泽、白色槽痕等特征；在形状上有牙齿短、粗、相互交错等特征。而"阴性"牙齿，在色泽方面主要有黑色斑点、黑丝等特征；在形状上有裂缝等特征（车布米德，出版年不详）[39-42]。在阴阳理论的影响下，马体多种肌肉、骨骼的特征具有了相互对立、相互依靠、相互转化等关联性，成为整个生命体的有机组成部分。

第三，优缺点。

蒙古传统马学不仅关注了马体多个肌肉和骨骼的形状、形态、色泽、触感等特征，还关注了其生长、发育等特征。而且从这些骨骼和肌肉的特征，"窥探"了马体的一系列整体性属性。

在实践方面，蒙古族根据这些肌肉与骨骼知识，不仅能够判断马的优劣，也可以较长久保持马的奔跑能力。例如，蒙古族主要根据马的犬齿发育特征、牙齿颜色等特征来判断马是否发育成熟。而且这些知识能够使马的奔跑能力保持十几年。而日本现代马学主要根据骨骼缝隙对接情况，认为马3岁时已基本成熟，所以较注重3岁马的比赛。这背后，既有现代骨骼发育方面的实验证据，也有节约饲养、培育成本，缩短马的商品化过程等方面的考量。但是赛马过早参加比赛，其巅峰时期往往只有几年时间。这也从一个侧面体现了蒙古传统马学有自己的特殊价值。另外，蒙古族通过观察、触摸等方式把握马体状态，对马体的人为干预非常有限。

在理论方面，蒙古族运用七素、阴阳等传统医学基础理论，把握了马体的一些关联性、整体性、系统性特征。例如，肌肉和骨骼通过七素理论，与食物精华、血、脂肪、骨髓、精液等马体的其他构成要素相互关联起来；它们还通过寒热、三根、阴阳、脏腑等理论，与马体更多部位建立了联系。蒙古传统马学对肌肉、骨骼认识，也有自己的局限性。它虽然关注了一定肌肉、骨骼的特殊性、多样性特征，但是对其具体机制不太熟悉；虽然关注了一些整体性、综合性特征，但是对肌肉骨骼的微观构造不太熟悉。而这些方面正是现代马学的特长所在。这也是当今的蒙古马学，不断吸收各种解剖学、生理学知识的原因所在。

（二）日本现代马学中的肌肉与骨骼

第一，认知特点。

日本现代马学更注重肌肉与骨骼的结构组合、生物构造、化学成分等特征。例如，在1852年出版的日本最早的现代兽医学著作——菊池东水的《解马新书》（1852年），已经附有较详细的马体骨骼解剖图。

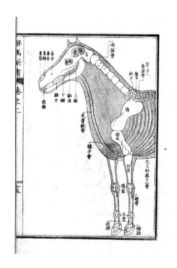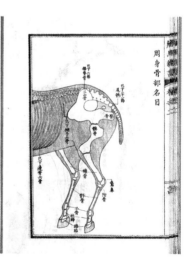

图1.1　日本最早现代马学著作中的骨骼解剖图

资料来源：摘自菊池东水的《解马新书（解馬新書）》（日文，1852年），卷二，内外诸图。

　　在这本书中日本学者不仅进行了一定的解剖分析，并把骨骼或肌肉看作马体的基本框架。日本现代马学在这些解剖分析基础上，结合机械力学等相关自然科学，形成了一套结构性、功能性、还原性认识。例如，日本现代马学也关注马骨骼的形状，并分为长、短、扁、不规则等类型，但这些认识有明显的结构方面的指向性。这些具有特殊形状的骨骼，在马运动过程中起着不同的作用。其中，骨骼的粗细主要影响其承重，最典型的是马的管骨。在高速奔跑过程中，管骨接受来自地面的冲击力较大，最容易发生骨折。而骨骼长度主要关联到步伐的距离和频率问题。所以有些骨骼必须足够长，以保证步伐的距离；有些骨骼必须足够短，以保证运动的频率。最典型的就是马四肢骨骼中，肱骨和股骨比较短，适合高频率的摆动；桡骨、掌骨、胫骨、跖骨比较长，能够产生较远的奔跑距离。与骨骼的认识类似，日本现代马学对肌肉的认识也具有明显的结构性、功能性、还原性特点。例如，它比较关注肌肉的位置、形状、厚度等问题。这些都是机械力学中不可忽视的重要影响因素。特别是，这里的形状指的是一种力学意义上的形状。肌肉位置、形状主要影响着力的作用方式及其效率；而肌肉的厚度主要影响着力的大小。例如，日本赛马综合研究所对经常参加比赛和不经常参加比赛的两种马进行比较研究，发现前者的斜方肌、三角肌、股阔筋膜张肌等三块肌肉较显著发达（日本中央競馬会競走馬総合研究所，1986）[66]。而且这些肌肉直接影响着马四肢的前后摆动。日本现代马学除了重视肌肉与骨骼各自的结构之外，还特别重视它们之间形成的组合关系。这种组合关系既包括骨骼之间、肌肉之间的关系，也包括肌肉与骨骼之间的关系。它们对马的运动起着重要作用。例如，骨骼之间的关联方式主要有相互连接，相互构成一定的角度，相互形成一定的比率等。其中，有些骨骼的连接高度灵活，像肢骨，有利于运动；有些骨骼的连接很紧密，如脊骨，起着固定作用等。特别是肌肉与骨骼之间的组合关系更为复杂。它们之间形成各种杠杆关系，在马的运动过程中发挥着至关重要的作用。

　　除了关注肌肉与骨骼的宏观结构之外，日本现代马学也非常重视它们更微观的特征。这些知识也具有明显的结构性、功能性、还原性特点。在生物组织层面上，现代马学把骨骼继续分解为致密质、海绵质、骨膜、骨髓、骨细胞等成分。其中，骨骼的致密质与马体的承重直接相关，海绵质有利于缓解冲力。例如，日本学者通过解剖分析发现，很多发生骨折的马匹其海绵质受到了一定损坏（JRA 競走馬総合研究所，2006）[123]。在化学物质层面上，日本现代马学为了深入认识骨骼的硬度和韧性，进一步研究了骨骼中的各种化学成分。例如，通过化学检测发现骨骼的三分之一左右是有机物质，包括蛋白质、脂肪等；三分之二左右是无机物质，包括钙、磷、钾、镁、铁、硫磺等物质（野村晋一，1997）[89]。日本现代马学对骨骼中的众多化学元素进行比较研究，逐渐认识一些元素的具体作用。例如，日本赛马综合研究所专门对比研究了发生骨折的掌骨和没有发生骨折的掌骨中的化学成分。通过比较发现，所找到的二十个矿物质中，铁元素具有明显的差异性，从而认识到铁在骨骼坚硬方面的重要意义（Toyohlko YOSHIHARA et al，1990）。这里日本现代马学把骨骼的结构特征，还原到化学元素等更微观的结构了。与对骨骼的认识相似，现代医学、畜牧兽医学也把肌肉还原为更微观的结构。例如，1970 年布洛克和凯撒用染色方法区分了肌肉纤维的三种类型，把肌肉研究带入一个新的层次（Brooke M H et al.，1970）。日本现代马学也把肌肉组织详细划分为慢肌纤维、易疲劳的快肌纤维、不易疲劳的快肌纤维等多种类型，从而把整块肌肉的收缩还原成各种肌肉纤维的收缩活动了。在划分肌肉纤维基础上，日本赛马综合研究所还进一步研究了肌肉的分子结构，特别是详细研究了肌球蛋白的结构，分析肌球蛋白中快肌性 H 链、快肌性 L 链、慢肌性 H 链、慢肌性 L 链等的所占比重（Mamoru YAMAGUCHI et al.，1993）。这样日本现代马学把肌肉的结构特征，从组织层面还原到分子水平上了。

详细案例 1.4　日本现代马学对肌肉的还原性认识

用显微镜观察马的肌肉，可以看到它是一种很多肌肉纤维聚合在一起构成的组织。如果再用电子显微镜观察肌肉，会看到肌肉纤维是由很多肌原纤维组成，而且还会看到肌原纤维再由更加细微的纤维蛋白组成。最近，国内外较多关注着肌肉纤维相关的生物酶研究。而且主要研究了中殿肌、半腱肌等与马的运动直接相关的肌肉组织。在这些研究中，把肌肉纤维根据收缩速度分为快肌纤维和慢肌纤维两种。并且再把快肌纤维进一步分为易疲劳的 FT 纤维和不易疲劳的 FTH 纤维。而慢肌纤维具有收缩速度慢，不易疲劳等性质。不同马的肌肉组织，具有明显的个体差异。

资料来源：摘自赛马综合研究所的《马科学（馬の科学）》（日文，1986 年），68—70 页。

日本现代马学除了重视肌肉与骨骼的结构特征之外，也重视它们的生长发育特征。马作为一种生命体，不能完全用物理、化学方法达到彻底认识的目的。肌肉、骨骼还有发育、生长等较独特的生命特征。为了掌握这些特征日本学者进行了长期的跟踪观察。例如，日本赛马综合研究所详细观察了马在不同时间段的桡骨发育情况：出生第 5 日骨端线明显；第 2 月骨端线出现锯齿状；第 3 月骨端线出现大的波浪状；第 5 月骨端线变得更加复杂；第 8 至 16 月骨端线开始结合；第 23 月骨端线完全闭合（吉田光平など，1982）。虽然骨骼发育等是属于生命体特有的现象，但是也受到结构性、功能性认识的影响。例如，日本现代马学之所以特别重视四肢骨骼是因为这些骨骼在奔跑过程中起着重要作用。而且日本现代马学主要从形状的角度认识骨骼的发育，认为骨端线闭合是发育成熟的重要标志。这也是现代赛马活动开展三岁马比赛的重要依据。但这一认识具有一定的机械性。因为骨骼的成熟不仅表现在形态的完整上，而且也需要考虑其性质方面的特征。

第二，知识建构。

日本现代马学对肌肉与骨骼的认识，主要依赖详细的解剖分析和一些现代物理、化学、生物学知识。前者把生命体"拆解"为各种"零件"，而后者说明这些"零件"之间的相互关系及其具体作用。早在文艺复兴时期，西方生物医学就非常重视解剖分析，对人和动物的肌肉、骨骼都进行了详细的解剖分析。例如，维萨留斯在 1543 年出版的《人体结构抄本（De Humani Corporis Fabrica Librorum Epitome)》中重点解剖分析了人的肌肉与骨骼。该书的开篇内容就是对骨骼和软骨的解剖分析，书中认为："骨骼和软骨是支撑人体的重要结构，人体其余部分都依赖骨骼固定在一起。"（ヴェサリウス，1994)[9]该书接下来的第二章内容介绍了肌肉组织。以大腿为例，书中认为影响大腿运动的肌肉组织主要包括：从肠骨外侧和尾骨后方至大腿骨突起后面的肌肉（大殿肌），从肠骨前方至大腿骨突起的肌肉（中殿肌），从肠骨、腰骨后面至大腿骨突起的肌肉（小殿肌）等（ヴェサリウス，1994)[26-27]。和人类医学发展相似，当时著名兽医解剖学家卡洛·瑞尼（Ruini Carlo）在 1598 年出版的著作《马的解剖、疾病及其治疗（Anatomia del cavallo, infermità, et suoi rimedii)》中，对马的肌肉与骨骼组织做了详细的解剖分析。

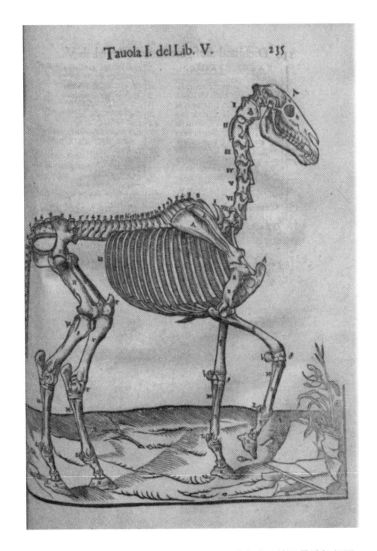

图 1.2　文艺复兴时期欧洲著名兽医解剖学家瑞尼的马骨骼解剖图

资料来源：摘自卡洛·瑞尼的《马的解剖、疾病及其治疗（Anatomia del cavallo, infermità, et suoi rimedii）》（意大利文，1618 年），235 页。

图 1.3   文艺复兴时期欧洲著名兽医解剖学家瑞尼的马肌肉解剖图

资料来源：摘自卡洛·瑞尼的《马的解剖、疾病及其治疗（Anatomia del
cavallo, infermità, et suoi rimedii）》（意大利文，1618 年），235 页。

日本现代马学不仅继承了西方这些解剖学传统，而且随着解剖技术的进步，对马的肌肉与骨骼进行了更详细、更系统的解剖分析。他们几乎把马体的每一个动作都分解为与之相对应的一组肌肉组织。仅仅以马的大腿为例，在日本马学经典著作《概说马学》（1997 年）中进行了非常详细的解剖分析：影响大腿向内运动的肌肉主要有外闭镇肌、薄肌、内转肌；影响大腿向外运动的肌肉主要有肠腰肌、内闭镇肌、双子肌、方形肌、缝工肌；影响股关节伸展运动的肌肉主要有中臀肌、副臀肌、深臀肌、梨状肌、方形肌、大腿二头肌、半腱样肌、半膜样肌；影响股关节弯曲运动的肌肉主要有浅臀肌、大腿膜张肌、缝工肌、关节囊肌等（野村晋一，1997)[119-120]。现代马学除了辨别整块肌肉组织及其作用之外，还详细研究了肌肉的横断面、纤维数等问题（Nobuyoshi Uehara et al.，1985)。可见，解剖分析是现代马学认识马体的重要基础，它具有明显的结构性、功能性、还原性特点。

随着观察手段、解剖手段、实验手段的进步，现代马学从更微观的层次去建构马的肌肉与骨骼，寻找更"基础"的要素、结构。例如，在组织层面，从致密质、海绵质、骨膜、骨髓、骨细胞等角度认识骨骼，也从慢肌纤维、快肌纤维等角度把握肌肉。在分子层面，从蛋白质、脂肪、钙、磷、钾、镁、铁、硫磺等化学物质的角度认识骨骼，同时也从肌球蛋白及其分子结构的角度把握肌肉。现代马学即使达到了如此细微的程度，也存在一定的局限性。因为生命体作为一种复杂系统，它具有微观层次没有的一些新属性、新特征。正如贝塔朗菲所指出：不能仅仅通过构成要素就能够达到认识生命体的目的，因为生命体的各个层面都具有一些它的组成要素所没有的一些特殊性质（1999)[16]。其实这些微观结构分析与宏观的解剖分析具有异曲同工之妙，即它们都是从结构性、功能性、还原性角度认识生命体。

现代生物医学除了"拆卸"生命体以外，还要说明这些"零件"之间的相互关系。在这过程中，一些现代物理、化学、生物学等知识发挥着重要作用。特别是机械力学是理解马体运动、肌肉骨骼具体作用的重要基础。早在 17 世纪，博雷利在《论动物的运动（On the movement of animals）》一书中用多种物理、数学方法分析研究过人体和动物身体的结构、功能。还有 18 世纪的拉·美特里在《人是机器》中指出：整个动物界，无数不同的器官有着各种相同的目的，而这些器官是严格按照几何学构造的。并认为人类和整个宇宙的构造都贯穿着这种一致性（2009）[50]。西方这种对生命现象的物理、数学等方面的解释，近代也传入了日本。例如，1891 年翻译成日文的法国养马学著作《马学教程》，用三种杠杆结构来分析马体的一些肌肉骨骼关系。其中，第一种杠杆结构是支点在施力点和受力点中间，马的后肢向后伸展运动就属于这种结构。第二种杠杆结构是受力点位于支点和施力点的中间，马在站立过程中后肢的受力就属于这种结构。第三种杠杆是施力点位于支点和受力点的中间，马的后肢向前弯曲运动就属于这种结构（バロン，1891）[上·卷一,59-64]。

A为支点，P为施力点，R为受力点

图 1.4　马后肢运动的杠杆分析

资料来源：摘编自《马学教程（馬学教程）》（日文，1891 年），上册，卷一，59 页至 64 页。

虽然日本现代马学对肌肉骨骼的认识，已经远远超越了近代这些简单的结构性、功能性观点，但不可否认这些观点的基础性地位。现代马学用这些物理原理、机械力学原理来认识生命体，也是属于一种特殊建构。

第三，优缺点。

日本现代马学，不仅关注马肌肉和骨骼宏观层面的结构、功能性特征，还关注其微观层面的结构、功能性特征，具有较强的还原性特点。另外，日本现代马学所关注的肌肉和骨骼生长发育特征，也具有较强的结构、功能性背景。

在实践方面，日本现代马学的结构性、功能性、还原性认识，为后来养马实践中的人为干预奠定了基础。例如，化学层面的还原，为人工添加或减少某些含有化学成分的饲料提供了理论基础。而且这些人为干预确实具有一定的效果。但是也存在忽略生命体复杂性、自然属性的风险。目前很多企业化生产的家畜，其自然生存能力降低，与这种简单还原论认识以及相关人为干预模式有着直接联系。

在理论方面，日本现代马学以详细的解剖分析和相关物理、化学、生物学理论为基础，确实详细把握了很多肌肉与骨骼的具体作用机制。例如，日本现代马学在认识韧带的时候，首先通过解剖认识它们的形状特征，然后再逐一切断来认识它们的具体功能（土江義雄 等，1943）。但是这些认识，也存在一定的机械性。正所谓机械论思想试图把生命现象还原到机械力学的层次，这在一定程度上会抹杀生命与非生命的界限（曾健，2007）[189]。其实，马的奔跑是一种非常综合的生命现象，是多种身体器官相互作用的结果，特别是解释马的耐力等综合性生命特征方面，需要考虑更多的因素。

三、感觉器官

感觉器官是人和动物身体中，能够与外界环境发生联系，感知周围事物变化的一些特殊器官。蒙古传统马学和日本现代马学都非常重视对感觉器官的认识，但是认识角度、认识方式存在一定的差异。蒙古传统马学较注重感觉器官的多种状态特征，试图从中解读出马体的一些整体性信息；而日本现代马学更注重感觉器官的结构性、功能性特征，把感觉器官放在一个个具体生理系统中理解它们。

（一）蒙古传统马学中的感觉器官

第一，认知特点。

传统蒙古族在认识感觉器官时，充分发挥了自己的感官能力，捕捉了一系列重要特征，并从中解读出很多整体性意义。感觉器官是他们认识人或家畜身体状态的重要信息"窗口"。对蒙古医学产生重要影响的藏医经典著作《四部医典》中认为：可以根据人的五官、五态，能够认识人体。这里的五官是指眼、耳、鼻、舌、体；五态是指形、声、气味、味道、触感（元丹贡布，2010)[165]。蒙古传统医学经典之作《甘露四部》中也认为：诊断疾病时需要参考形状、声音、气味、味道、触感等五态；流涎、呕吐、拉稀、尿液、血液等五污秽；眼、耳、鼻、舌、身等五官（伊希巴拉珠儿，1998)[68]。可见，感觉器官及其特征是传统医学认识人体状态的重要信息来源。与此基本相同，感觉器官也是传统畜牧兽医学认识马体状态的重要途径。这其实就是中医学中所说的"见微知著"，即从某些感觉器官的细微变化，可以推测整个身体的情况。蒙古族通过长期的实践训练，并在相关理论的引导下，练就了一套善于捕捉感觉器官呈现出来的各种形状、色泽、行为、神情等特征，并解读出相关整体性意义的本领。

蒙古族首先详细观察了马感觉器官的各种形状、状态及其变化，并解读出相应关联性、整体性意义。例如，蒙古传统马学可以根据眼睛的形状来判断马之优劣：眼窝凹陷，红色，像羚羊为良马；眼睛突而黑，眼仁清晰为良马；眼细，眼角长而有红丝为良马等（岱青，1998）[16]。除了形状之外，他们还关注眼睛是否有神，是否流泪，眼眵有什么变化等感觉器官表现出来的状态变化。例如，在蒙古传统兽医学看来，眼眵多属于赫依热，浓性的眼眵多属于希拉热，浆液性白眼眵多则属于巴达干热，眼泪多属于赫依寒等（巴音木仁，2006）[210]。蒙古传统兽医学认为，眼睛与内脏器官之间具有重要对应关系：眼睛的内眦与外眦血络对应于心，称之"血轮"；黑珠对应于肝，称之"风轮"；白珠对应于肺，称之"气轮"；瞳仁对应于肾，称之"水轮"；眼胞对应于脾，称之"肉轮"等（巴音木仁，1989）[140]。蒙古传统兽医学在这方面明显受到了中兽医学的影响。在《元亨疗马集》中有一篇《骨眼论》，专门讨论了眼睛各部位的整体性意义："眼目乃五脏之门户，一身之珍宝，内通五脏六腑，外应五轮八廓；五轮应之五行，八廓合之八卦，亦按金、木、水、火、土。故云：五轮者，其黑睛内应于肝，属木，号曰风轮；白睛内应于肺，属金，号曰气轮；而二眦内应于心，属火，号曰血轮；二胞内应于脾，属土，号曰肉伦；瞳伸内应于肾，属水，号曰水轮。"（1983）[515-516]。蒙古传统马学对马感觉器官特殊形状、状态的认识以及所赋予的意义，更多体现了生命体的整体性、综合性信息，有些内容不能简单还原成解剖学或生理学知识。

蒙古族还非常重视马各个感觉器官的色泽特征以及相应关联性、整体性意义。观察马口色的一般方法是站在马的右侧，一手抓住笼头，另一只手的食、中二指从口角伸入，感觉口内的温度、湿度，然后撑开二指，观察舌色、舌苔、舌形，再将舌体拉出口外详细观察（巴音木仁，1989）[153]。蒙古族对感觉器官色泽变化的观察也非常详细。例如，口色包括舌、唇、卧蚕、排齿、口角等多个部位的色泽变化。在蒙古传统兽医学看来，舌头的青色意味着受了寒邪，红色意味着赫依或希拉偏盛，黄色意味着肝、胆、胃的希拉功能失调，白色意味着气血不足，黑色意味着濒临死亡（巴音木仁，2006）[225-226]。舌头上的舌苔颜色也具有类似的整体性意义。白苔对应寒证，黄苔对应热证，灰苔对应湿证，黑苔对应严重病情等（巴音木仁，2006）[227-228]。蒙古传统兽医学认为，家畜口部与内脏之间具有重要对应关系，即舌色应心、唇色应脾、金关应肝、玉户应肺、排齿应肾、口角应心包等（巴音木仁，2006）[221]。甚至舌头的不同部位也分别与内脏器官建立了一一对应关系：舌尖对应心和小肠，舌中对应脾和胃，舌根对应肾和膀胱，舌左侧对应肝胆，舌右侧对应肺和大肠等（巴音木仁，2006）[221]。蒙古传统兽医学的这些理论，受到中兽医理论的重要影响。早在清代翻译成蒙古文的中兽医经典著作《马经大全》（《元亨疗马集》的蒙译本）对舌色、唇色、眼睛色泽都有系统的论述。具体来讲：寒证的特征是耳鼻俱冷，口色青黄，回头觑腹，浑身发颤；热证的特征是精神短少，耳搭头低，唇舌鲜红；虚证的特征是毛焦肉减，抽搐难行，鼻流浓涕，咚嗽连声，耳搭头低，口色无光，精神短慢；表证（外感风邪）的特征是眼吊惊狂，口内涎垂，耳紧尾直，牙关紧闭，不食水草；里证（热积）的特征是精神恍惚，喘粗鼻咋，毛焦眼赤，水草迟细等（赤峰市古籍整理办公室，1996）[464-480]。可见，感觉器官的色泽等特征通过这八证理论等，获得了一定的整体性。而现代生物医学也关注人或家畜感觉器官的一些色泽变化，但是更多是一种器质性、局部性信息。

蒙古族除了观察之外，还通过触摸感觉器官的温度来判断家畜身体状态。他们主要触摸家畜的嘴唇、鼻子、耳朵等部位的温度，来判断其状态。具体来讲，健康家畜的口，一般温和而湿润；如果是口温偏低，津多滑利，则属于寒证；如果是口温偏高，则属于热证（巴音木仁，2006）[250-251]。关于鼻子，主要看呼吸的状态。如果感觉较热则属于热证；如感觉冰凉则属于寒证（巴音木仁，2006）[251]。耳朵的温度也有类似的含义。健康家畜的耳根温热，耳尖稍凉；如果耳根、耳尖都热，则属于热证；耳根、耳尖发冷则属于寒证等（巴音木仁，2006）[251]。感觉器官的温度高，一般与热证有密切的联系；而温度低，一般与寒证有密切的联系。其实，现代医学、现代兽医学中也沿用了不少传统诊断知识。可见，现代知识也不是铁板一块，而是一种混合型知识，其中也包括不少古老的医学智慧。

蒙古族也关注感觉器官所表现出来的嘶鸣、饮水、采食等动态特征以及相关整体性意义。例如，如果马的嘶鸣声音如同麻雀一样，细而有劲则属于上等马；如果嘶鸣声音如同老鹰的叫声一样有劲，则属于中等马；如果嘶鸣声音如同猪叫一样，响鼻子，则属于劣等马（岱青，1998）[20]。这些嘶鸣声可能反应了马的精神气质，也可能反映了声带肌肉等方面的特征。在这方面，蒙古地区流传着一些有趣传说。

详细案例 1.5　蒙古族训马师普日布扎布闻声识马

1900 年左右，有位久负盛名的驯马师，名叫布日普扎布（ᠪᠦᠷᠢᠨᠪᠠᠲᠤ）。有一次他到外旗办理公务，当时天色已晚，牧民们正在收拢家畜，往家赶。这时远处他看到一匹掉队的马，追赶自己的马群。普日普扎布注意到这匹马的嘶鸣声如麻雀一般细而有劲，他赶忙吩咐当地人去辨认这匹马。那个人回来告诉他："只是一匹三岁种马，颜色为褐色"。普日普扎布赶紧问："明天你还能辨认出来吗？"那个人满口应承走了。第二天，普日普扎布来到马群，详细观察这匹马，并判断出这是一匹具有奔跑潜力的马，于是就从主人那里买了下来。这匹褐色马后来成为一匹非常著名的赛马。普日布扎布不仅请画家画下这匹马，而且他的后人至今保存着这匹马的画像。

资料来源：摘自巴雅尔芒奈的《万骏之首》（蒙古文，2005 年），41 页至 42 页。

　　除了嘶鸣声之外，蒙古族还关注马的饮水状态，例如在饮水过程中的间断次数等。这可能与它的机警程度有关联。有的马在饮水时，不间断地一直喝水，这可能说明它不太机警。在具体养马实践中，蒙古族一般综合考虑马各个感觉器官所表现出来的状态特征。例如，蒙古族训马师认为训练到位的马，眼睛明亮而有神，鼻子血管突出，牙龈变白，粪便变硬，愿意拴吊，舔嘴唇，做梦，突然醒来，睡后伸腰，偷着看旁边的马，流涎呈现彩色而且有苦味等（岱青，1998）[50-51]。从上述描述中也可以看到，蒙古驯马师具有非常敏锐的感觉能力，并较全面观察了马各个感觉器官所表现出来的状态特征。其实，传统马学与驯马师的感觉能力之间有着重要的相互促进关系。一方面，传统马学开发并训练了蒙古驯马师的感觉能力，另一方面蒙古驯马师通过敏锐感觉能力，捕捉了马感觉器官的多个状态特征，进一步丰富着传统马学。

　　第二，知识建构。

　　蒙古传统马学对感觉器官的认识，受到了游牧实践的重要影响。例如，蒙古族把马的嘶鸣声，形容为麻雀、老鹰、猪等自己比较熟悉的多种动物。又例如，他们还对马的眼神明亮有神、口水彩色而味苦、愿意拴吊、做梦等特征进行了详细观察。这些都和他们"与马为伴"的生活实践有着密切的联系。可以说，蒙古族对马感觉器官的认识，是把自己生产生活中的体会、认识，进行不断总结的结果。

蒙古族在马感觉器官的局部特征与马体的整体性质之间建立联系时，寒热、三根、七素、五元、阴阳、五行、脏腑、脉络等传统医学基础理论发挥了重要作用。例如，在三根理论方面，蒙古传统兽医学认为，希拉（热性）疾病的特征是家畜精神不振，高热，结膜黄染，口臭而有粘痰；巴达干（寒性）疾病的特征是家畜精神倦怠，口流清涎，眼泡浮肿，口色青白，苔白滑利等（巴音木仁，2006)[267-268]。在三根理论的指导下，家畜感觉器官的这些状态分别属于不同的疾病类型，并有了明显的整体性意义。这方面较多受到藏医学、印度医学的影响。早在 1749 年翻译成蒙古文的《丹珠儿经》（大藏经）的一百三十一函《马经医相合录》，用三根理论来总结人体感觉器官所表现出来的各种特征。该经文中记载：赫依性疾病的特征是身体冷，打颤，头晕，口渴，头、腹、肋部疼痛，肤色以及指甲、粪便、尿液的颜色变黑，口中有异味；希拉性疾病的特征是身体热，口渴，出汗，唇、鼻孔长泡，易愤怒，眼、指甲、皮肤、粪便、尿液的颜色变黄；巴达干性疾病的特征是流泪、呕吐，嗜睡，身体沉重，眼睛、皮肤、粪便、尿液的颜色发白（1749)[214,下-215,上]。虽然这段文字描述的是人体特征，但是该经文的前半部分讨论了马兽医学，后半部分讨论了人类医学，两者都用三根、七素、五元等理论来把握了生命体。正是在这些传统医学基础理论的作用下，家畜舌头、嘴唇、鼻子、眼睛、耳朵等感觉器官的色泽、温度、状态等特征具有了整体性意义，才成为认识生命体的重要"信息窗口"。

蒙古传统马学对感觉器官赋予的整体性意义，也有不同的版本。这也从一个侧面体现了传统兽医知识的建构性。例如，巴音木仁的《蒙古兽医研究》中认为：心与舌、肺与鼻、肝与目、脾与口、肾与耳等之间存在一一对应的关系。这一对应关系的具体内容是：心赫依盛则舌红干涩，心希拉盛则舌苔黄干燥，心巴达干盛则舌淡青；肺病则鼻塞、流涕、喷嚏；肝血不足则视物不清，希拉盛则目赤；脾热则唇肿色红，脾阳衰则唇下垂；肾盈则听觉灵敏，肾虚则听力衰退等（2006）[158-169]。而岱青的《相马经略》中认为：在耳与肾、目与心、鼻与肺、舌与肝、牙龈与脾等之间有一一对应的关系。其具体内容为：耳薄而细则肾小，有耐力；耳厚则肾大，无耐力；眼大则心大，有耐力；眼小而且颜色花白则心小，胆小，容易受惊；唇长、鼻翼大、鼻孔大则肺小，有耐力；鼻翼窄则肺大，无耐力，易惊；舌薄而小，牙龈发白则肝小，有耐力；舌红、厚、大则肝大，无耐力；牙龈发白，干燥为好；牙龈松厚则脾大，无耐力等（1998）[8-9]。可以看到上述两套对应关系存在着一定的出入。前者把心和舌对应起来，而后者把心和眼对应起来；前者把眼和肝对应起来，而后者把舌和肝对应起来；前者把口和脾对应起来，而后者把牙龈和脾对应起来。虽然传统马学的不同建构版本之间存在一定的差异，但是这些知识在实践中各自都发挥了一定的指导作用。其实，在这些具体对应关系中的一些"瑕疵"，并不太影响蒙古传统马学对马体整体性、关联性特征的把握。因为这些对应关系，比起具体内容，更重要的是反映了生命体的关联性、状态性、整体性特征。

第三，优缺点。

蒙古传统马学，不仅关注了马感觉器官的形状、状态特征，还关注了其温度、行为等特征。而且从这些感觉器官的特征中，解读出一系列关联性、整体性意义。

在实践方面，蒙古族对马感觉器官的认识，在他们牧马、训马、相马、医马等社会实践中确实发挥了重要作用。例如，他们可以根据感觉器官的一系列特征，能够判断赛马是否训练到位。

训练到位的赛马目光锐利、毛色鲜艳、鼻子血管明显、上颚发白、呼吸舒缓、肌肉结实、粪便变硬等（岱青，1998）[50]。另外，蒙古族关于感觉器官的很多知识源于他们的日常实践，便于操作，成本低，对马体的干预小。例如，蒙古族仅仅根据耳朵的特征，就能够对马形成一定的认识：两耳距离近则烈马，耳尖翘起的马合群，奔跑过程中两耳前后交错的马近距离速度快，两耳前倾的马易惊，耳桶状细长的马有耐力等（岱青，1998）[14-15]。这些实效性及操作性较强的知识，至今都具有重要价值。

在理论方面，蒙古族对马感觉器官的形状、状态、色泽、温度、动作的详细感知，结合寒热、三根、阴阳、脏腑、脉络等兽医基础理论，把握了马体大量的状态性、关联性、整体性信息。以心脏与舌头的对应关系为例，蒙古传统兽医学认为"心开窍于舌"：心热则舌头生疮，心血受阻则舌头青紫，心虚则舌头瘦，心赫依偏盛则舌头红、干涩，心希拉偏盛则舌苔黄、干燥，心巴达干偏盛则舌头淡青等（巴音木仁，2006）[158-169]。其中，有些知识能够用现代生物医学知识进行解释，而有的不能直接套用现代生物医学知识。当然，蒙古传统马学在感觉器官的具体结构、具体生理机制方面具有明显的模糊性、局限性，这也是传统畜牧医学不断吸收现代解剖学、生理学知识的原因所在。

（二）日本现代马学中的感觉器官

第一，认知特点。

日本现代马学，首先通过解剖分析认识了感觉器官的多种结构特征。在日本最早的现代兽医学著作《解马新书》（1852年）中，对马的眼睛、耳朵等感觉器官进行了解剖分析。例如，关于眼睛的记载是："夫眼球者一双之圆球，而居额两侧。以鉴视万物。盖以六膜三液为其质。而六筋具其后，底连与鉴神经，而在骨空之内。"（1852）卷二，眼球篇第一关于耳朵的记载是："夫耳者听闻之原力专在内，具其见于外者唯有助听之用也。"（1852）卷二，耳及鼻第二这些解剖分析意味着日本马学对家畜感觉器官的认识方式发生了根本性的变化，从注重整体性的传统马学，转变为注重解剖学、生理学特征的现代马学。

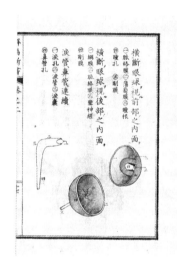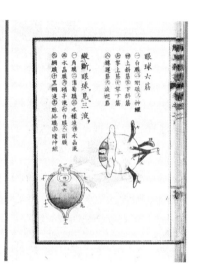

图 1.5　日本最早现代马学著作中的眼睛解剖图

资料来源：摘自菊池东水的《解马新书（解馬新書）》（日文，1852 年），卷二，内外诸图。

日本现代马学在《解马新书》中已经把眼睛详细解剖为眼球、视神经、膜组织、眼部肌肉组织、眼帘、出泪组织等组成部分。日本现代马学对耳朵的认识也是如此，比较注重其结构特征。例如，早在 1891 年翻译成日文的法国养马学重要著作《马学教程》，从解剖学的角度把耳分为外耳、中耳、内耳三部分，并把外耳再分为耳壳和耳管，把中耳再分为鼓膜和鼓室，把内耳再分为蜗牛壳、前庭、半圆规沟等三部分（バロン，1891）上卷二，61-64。日本现代马学对感觉器官的认识过程中，不仅关注了它们的形状，还关注了其组成要素、组合关系等方面的特征，具有明显的结构性特征。显然在这过程中解剖分析发挥了重要作用。

日本现代马学除了关注感觉器官的结构特征之外，还关注了它们的具体功能。例如，结合光学原理来认识眼睛的视觉功能。具体来讲，眼球（前房、晶状体、玻璃体）有折光作用，视网膜成像；视神经传递视网膜感受到的光刺激；眼球壁（巩膜、脉络膜、网膜）中脉络膜给网膜提供营养；网膜接受光的刺激；角膜传递光；睫状突改变晶状体折光率，调整眼球焦点；虹膜通过收缩，调整进入眼睛中光的多少；眼睑保护眼球，遮蔽光线；出泪组织（泪腺、排除路）湿润和保护眼球等（日本中央競馬会競走馬総合研究所，1996）[93]。可见，光学理论是认识眼睛视觉功能的重要基础。又比如，日本现代马学结合一定的声学原理，解释耳朵的听觉功能。具体来讲，外耳包括耳廓、外耳道，耳廓像漏斗，有利于收集声音，外耳道向里传递声音；鼓膜是一种弹性纤维膜，向内传递空气振动；中耳包括鼓室、耳管，传递鼓膜振动；内耳包括半规管、耳蜗，耳蜗接受声音，半规管掌握平衡感等（日本中央競馬会競走馬総合研究所，1996）[94]。可见，日本现代马学在认识耳朵听觉功能的过程中，声学等发挥了非常重要的作用。这里日本现代马学，确实看到了眼睛和耳朵等感觉器官的重要生理机制，但是也在一定程度上忽视了眼睛的色泽、耳朵的形状等一些整体性方面的特征。

日本现代马学除了关注感觉器官本身的特征之外，还特别重视它们与某些生理系统之间的联系。例如，把口部划入消化系统来认识，把鼻子划入呼吸系统来认识，把眼睛和耳朵划入神经系统来认识等。这在一定程度上不同于蒙古传统医学把感觉器官与整个身体关联起来。前者更多是一种器质性联系，后者更多是一种哲理性联系。具体来讲，口是消化器官的最前端，嘴唇的作用是采摘食物，牙齿的作用是嚼烂食物，舌头的作用是翻动、输送食物，唾液的作用是吞入食物等。虽然这些功能都是家畜口部的重要功能，但是在一定程度上也忽略了口部的一些整体性特征。在呼吸方面，日本现代马学受到现代生理学的影响，主要从输送氧气的角度考虑呼吸的次数、容量等问题，在一定程度上忽略了呼吸的复杂性。例如，岗部利雄等人详细研究了马的呼吸次数与奔跑速度、奔跑距离之间的关系，以及奔跑之后呼吸次数的变化等问题（1944）。可见，日本现代马学在认识感觉器官的过程中，往往与局部生理机制关联起来，具有较强的局部性特征。

日本现代马学在日常饲养、训练、临床诊断过程中也比较重视马感觉器官所表现出来的形态、色泽、温度等方面的特征。例如，马的临床检查过程中一般需要查一查体温、呼吸状态、鼻黏膜、口黏膜、眼睑、眼球、口腔等部位的一些特征。但是这些检查与蒙古传统马学对感觉器官的整体性认识有所不同。日本现代马学对体温、黏膜、眼睑等部位特征的认识，更多是建立在一系列生理实验、病例分析的基础上。例如，马因大量出血，出现急性贫血，则会出现发汗、可视黏膜苍白、呼吸紧促、步态不稳、心跳紊乱等症状，较严重则会出现四肢冰冷、体温低下、肌肉痉挛等症状（日本中央競馬会競走馬総合研究所，1996）[94]。这里感觉器官的一系列特征，被解读为贫血的生理反应。可见，相似的生命特征，在不同的医学知识中可以解读出不同的意义。

第二，知识建构。

日本现代马学对感觉器官特征的把握，在很大程度上依赖解剖学实验、生理学实验等。从其源头上讲，西方医学、兽医学非常注重对感觉器官的解剖分析。例如，文艺复兴时期著名兽医解剖学家卡洛·瑞尼（Carlo Ruini）的著作《马的解剖、疾病及其治

疗（Anatomia del cavallo, infermità, et suoi rimedii)》中，对马的
感觉器官做了详细的解剖分析。

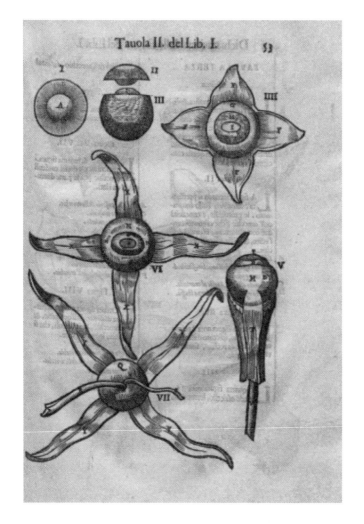

图 1.6　文艺复兴时期欧洲著名兽医解剖学家瑞尼的马眼睛解剖图

资料来源：摘自卡洛·瑞尼的《马的解剖、疾病及其治疗（Anatomia
del cavallo, infermità, et suoi rimedii)》（意大利文，1618 年），53 页。

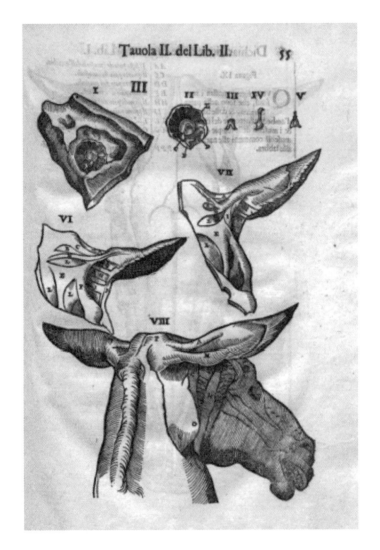

图 1.7　文艺复兴时期欧洲著名兽医解剖学家瑞尼的马耳朵解剖图

资料来源：摘自卡洛·瑞尼的《马的解剖、疾病及其治疗（Anatomia del cavallo, infermità, et suoi rimedii）》（意大利文，1618 年），55 页。

可以看到，卡洛·瑞尼详细解剖分析了马眼部多个肌肉组织以及马眼球构造；详细解剖分析了马耳部多个肌肉组织以及马耳蜗构造等。后来的西方兽医学、养马学，对马的感觉器官进行了更详细的解剖。例如，1891 年翻译成日文的法国马学重要著作《马学教程》，把眼睛解剖为：不透明角膜、透明角膜、光彩、脉络膜、网膜、水样液、水晶体、硝子体、视神经、眼睑、拭膜、泪器、眼肌肉、眼垫、眼鞘等多个组成部分（バロン，1891）[上卷二,75-89]。日本现代马学在继承这些西方兽医学解剖分析传统的基础上，对感觉器官进行了更详细的分析。可以说，这些知识与解剖实验有着密切的联系。

日本现代马学对感觉器官功能的认识，还与一定的光学、声学等自然科学知识的发展密切相关。例如，亨姆霍兹（Hermannvon Helmholtz）在 1856—1857 年出版的《生理学光学（physiological optics)》和杨（Thomas young）在 1801 年出版的《眼睛的结构（on the mechanics of the eye)》，奠定了色觉理论的基础（P. ローズ，1990）[108-109]。日本现代马学在理解眼睛的结构和功能时运用了一定的光学原理，而理解耳朵的结构和功能时运用了一定的声学原理。

这里在认识视觉形成机制时，运用了光学中的透镜成像原理。这些自然科学知识，确实大大简化了感觉器官等身体组织的复杂性，能够明确解释它们的生理机制，但是这种建构也在一定程度上割裂了生命体的整体性。因为在把生命现象看作一种特殊的物理现象或者化学现象，并捕捉相关物理、化学特征的时候，也容易忽略一些特殊的生命特征。

现代马学对感觉器官的建构性还体现在把这些感觉器官，分别归入身体的某一局部生理系统。例如，把嘴唇、口腔等归入消化系统，鼻子归入呼吸系统，耳朵和眼睛归入神经系统等。例如，

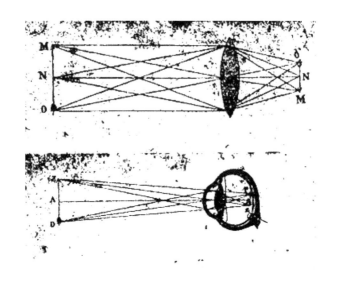

图 1.8　早期日本现代马学中对视觉的光学分析

资料来源：摘编自《马学教程（馬学教程）》（日文，1891 年），
上册，卷二，95 页至 97 页。

1974 年熊埜御堂等人专门研究了马的鼻涕，并且主要关注了其中
的抗体活性测量问题（Takeshl KUMANOMIDO et al., 1974）。在
该研究中主要突出了鼻涕与呼吸系统健康之间的密切联系。其实，
这些感觉器官一方面是身体某些生理系统的组成部分，但另一方
面也是整个身体的"窗口"，有一定的整体性意义。

　　第三，优缺点。

　　日本现代马学，不仅把握了感觉器官的诸多结构性特征，还
把握了其很多功能性特征。而且把这些感觉器官的特征，放在相
对应的一些局部性生理系统中去认识它们的生物医学意义。

　　在实践方面，日本现代马学对感觉器官的认识在日常饲养、
赛马训练、临床诊断过程中发挥着重要作用。例如，马的眼结膜
充血，往往与急性眼炎、脑炎、脑充血、热射病、疝痛、蹄叶炎、
麻痹性肌红蛋白尿症、炭疽等疾病有关（農文協，1983a）[541]。但这

些畜牧兽医知识也不是唯一的，它也是对生命这一"黑箱"的一种不断摸索和近似建构。

在理论方面，日本现代马学详细把握了感觉器官的结构性特征，而且这些认识远远详细于传统医学知识。例如，对蒙古传统医学产生过重要影响的印度医学经典《妙闻集》来看，人的眼睛、耳朵、舌头只不过是一块特殊的"肉"，但是现代解剖学认为人的眼睛由 14 块肌肉构成，舌头由 17 块肌肉构成，耳朵由 18 块肌肉构成（库吞比亚，2006 年）。但是日本现代马学对感觉器官色泽、形状、状态的观察却不如蒙古传统马学那样详细。这也说明对身体可以存在多种解读方式，而且都具有一定的合理性。正如伊芙琳·凯勒在《生命的秘密与死亡的秘密》中所言：对自然的理解除了现代科学之外，还存在其他的认识方式。现代科学技术只是人类认识世界的多种方式之一（エヴリン F・ケラー，1996）[48]。日本现代马学对马感觉器官功能的认识，也是优劣参半。其优点在于明确了感觉器官的一些重要生理机制；其缺点在于这些认识也具有一定的机械性。例如，把眼睛理解为光线通过角膜发生曲光，然后再通过房水、瞳孔、水晶体、玻璃体在网膜上成像，最后这些景象通过视神经传达到大脑，并且在视觉形成过程中视网膜通过不断的物质代谢来维持图像的不断变化（原岛善之助，1907）[333]。在这样的认识下，眼睛的色泽、形态等整体性方面的特征就相对弱化了。这意味着不同生物医学知识有着各自特殊的一些价值。

四、内脏器官

内脏器官是位于体腔内，并通过各种管道与体内外相连的一些特殊器官。面对相同的内脏器官，蒙古传统马学比较注重内脏器官与外在感觉器官之间的一一对应关系，并在这些关系中把握其整体性功能。其实，这里内脏器官在一定程度上已经不是一种器质性意义上的内脏器官了。而日本现代马学比较注重内脏器官的器质性特征，并特别重视通过解剖实验或者生理实验把握内脏器官的具体结构与功能。

（一）蒙古传统马学中的内脏器官

第一，认知特点。

蒙古族在家畜宰杀、医疗等实践活动积累了很多关于内脏器官的知识，而且通过脏腑、脉络、寒热、三根、七素、五元、阴阳、五行等传统医学基础理论，形成了一套关于内脏的关联性、整体性认识。例如，蒙古传统兽医学认为心在普行赫依的作用下推动着血液，滋养七素。血液承载的精华使动物精神振奋、色泽鲜艳、身体强健（巴音木仁，2006）[158]。这里所关心的重要问题是心脏与七素之间的滋养关系，而不仅仅是现代生物医学意义上心脏的泵血功能。与此类似，蒙古族对其他内脏器官的认识，也注重其关联性、整体性特征。例如，蒙古传统兽医学认为肝的主要功能是疏泄，该功能受阻则气血不畅、脉络受阻，而过于发达则出现目赤、口红等不正常的现象。脾脏的主要功能是消化食物的精华。马体的这些运化功能旺盛才能身体精力充沛，反之则出现消瘦倦怠等特征。

蒙古族还特别重视内脏器官与马体其他部位之间的联系。而且这种联系更多是一种"普遍联系"，有别于现代马学中的解剖学、生理学意义上的器质性联系。他们建构的"普遍联系"主要包括内脏器官与感觉器官之间的联系，脏腑器官之间的联系以及内脏器官之间的相互联系。在蒙古传统兽医学中，内脏器官与感觉器官之间存在着一一对应关系。例如，心开窍于舌，肾开窍于耳，肝开窍于目，脾开窍于口，肺开窍于鼻等。蒙古族正是通过这些"内外联系"来把握马体内部发生的一些情况。除了身体内外的联系之外，也存在身体内部的重要联系。例如，脏与腑之间也存在一一对应关系，具体来讲，心和小肠、肺和大肠、脾和胃、肝与胆、肾与膀胱相互对应（巴音木仁，2006）[156-157]。另外，五脏之间也存在一定的联系。具体从心脏的角度来讲，心和肺之间是血与气的关系，心和脾之间是血液的生成和运行的关系，心和肝之间是血液的运行和调节关系，心与肾之间是调节阴阳的关系（巴音木仁，2006）[170-171]。在蒙古传统兽医学中，这些联系都是蒙古族对生命这一"黑箱"的一种推测或把握。虽然这些内脏与感觉器官之间、脏腑之间以及内脏之间的对应关系，与现代解剖学、生理学知识存在一定的出入，但是传统理论的重要价值在于建立了一种相互关联的整体性生命观。

蒙古传统马学能够把内脏器官与马体多个部位相互关联起来，还依赖于对马体脉络的认识。这些脉络就是身体相互关联的重要"通道"。蒙古传统兽医学中的脉络，主要包括黑脉和白脉两部分。黑脉是指血液运行的血管网络，白脉相当于现代医学中的神经网络。蒙古传统兽医学认为黑脉在阴阳属性上属阳，五元属性上属于空元和火元，三根属性上是希拉所在之处（巴音木仁，2006）[184]；认为白脉在阴阳属性上属阴，在五元属性上属于水元（巴音木仁，2006）[185]。内脏器官就是通过这些脉络，与身体其他多个部位建立了联系。具体来讲，希拉运行的一条白脉，把肝、胆、脑连成一体；巴达干运行的另一条白脉，把脑、脾、胃连成一体；还有一条巴达干运行的白脉，把脑、肾、膀胱连成一体；另外还有肺的白脉连接大肠，心脏的白脉上通于舌，肝的白脉上通于目等（巴音木仁，2006）[159-168]。虽然蒙古传统马学没有系统掌握这些脉络的血液循环机制、神经调控机制等，但是这些脉络知识为他们建立关于生命体的整体性观念，奠定了某种物质性基础。而且这些脉络在蒙古传统医学中的作用，与现代医学中的血液流通、神经传导、营养传输线路等认识有所不同，它们是建立身体普遍联系的重要方式，是寒热、三根、五元、阴阳、五行等属性相互平衡、相互依存的重要通道、枢纽、连接点。

"动态平衡"问题，在蒙古传统马学对内脏器官的认识中占据非常重要的位置。它是生命是否健康、内脏是否正常运作的重要特征，也是蒙古族判断马体整体状态、采取某些外在干预措施的重要依据。以内脏器官的盛衰问题为例，如果心赫依偏盛，则舌红涩，僵硬，抽搐等；如果心希拉偏盛，则舌苔黄厚，干燥，口臭，高温等；如果心巴达干偏盛，则舌淡青，绵软，黏腻，低温，舌苔淡厚等；肝希拉偏盛则出现目赤、瘙痒、疼痛等状况；如果肝血不足则出现视物不清等情况；脾希拉、巴达干之热偏盛则出现嘴唇发红、肿胀；脾寒盛则出现嘴唇下垂、不灵活等情况（巴音木仁，2006）[159-167]。可见，马内脏各个重要属性是否平衡、稳定、充足是传统医学认识、医治马体的重要依据。而且这些盛衰、关联、平衡等特征，基本上都属于整体性生命特征。

第二，知识建构。

蒙古族对家畜生命现象的理解，与他们日常生产生活经验有着一定的联系。例如，"盛"与"衰"，"过"与"不足"，"损"与"养"，"畅通"与"受阻"等问题，与他们身边的自然现象、生命现象、乃至自己的身体现象等都有着一定的联系。另外，这些知识也与蒙古族的古代有机整体自然观、传统医学基础理论等有着密切的联系。他们认为自然界、人体、乃至各种生命体之间存在某种同构性、关联性、整体性。特别是蒙古族以寒热、三根、七素、五元、阴阳、五行等理论为基础，对家畜脏腑有了更系统的把握。蒙古传统兽医学中五脏器官的具体功能分别是：心支配血脉和精神活动；肺支配呼吸和气、水的代谢，肝支配疏通和造血，脾支配运输和消化，肾支配繁殖和水代谢等（巴音木仁，2006）[158-169]。在现代生物医学中，心的主要功能是血液循环，肺的主要功能是呼吸，肝的主要功能是代谢，脾的主要功能是储藏、过滤血液，肾的主要功能是代谢、内分泌等。两者之间存在一些明显的差异性。例如，心脏方面，传统蒙古医学比较重视血液在普行赫依的作用下对身体的各种连接作用；这明显不同于现代医学关注血液在心脏收缩的作用下循环运动。所以，传统蒙古医学看来脉象反映的不仅仅是心脏的机械性跳动，而是马体的整体状态。又例如，传统蒙古医学认为肝除了负责疏泻功能之外，也与情志有一定的关联。这可能是因为疏泻功能受阻，情志就会产生波动；反过来情志波动也会影响肝脏的疏泻。所以肝不仅仅是现代解剖生理学意义上的消化、代谢、防御器官，而是有一些其他的特殊功能。所以蒙古传统马学中的内脏器官与其说是实质性器官，还不如说是具有一定整体性功能的一种特殊建构物。

内脏器官与马体的各种联系也具有明显的建构性特征。蒙古传统马学在建构内脏器官与马体多个部位之间普遍联系的过程中，寒热、三根、七素、五元、阴阳、五行、脏腑、脉络等理论发挥着基础性作用。例如，从三根理论的角度来讲，心是总赫依所驻处之一，也是普行赫依和能成希拉的处所；肺为巴达干所驻之处；肝脏为希拉的所在之处；脾是正常巴达干的居所，也是病变巴达干的通道；肾是正常巴达干的居所，也是病变巴达干的通道等（巴音木仁，2006）[158-168]。又例如，从五元理论的角度来讲，心脏属于空元，肺脏属于气元，肝脏属于火元，脾脏属于土元，肾脏属于水元（巴音木仁，2006）[158-168]。又例如，从五行理论的角度来讲，心脏属于火行，肺脏属于金行，肝脏属于木行，脾脏属于土行，肾脏属于水行等（巴音木仁，2006）[158-168]。有了这些属性、联系之后，内脏器官成为调节整个马体寒热、三根、阴阳、五元、五行等属性的重要组成部分，从而也成为调整马体整个生命状态的重要组成部分。值得注意的是，这些建构的关系也有着不同的"版本"。例如，蒙古传统医学经典之作《甘露四部》记载：五脏开五花，心之花为舌，肺之花为鼻，肝之花为眼，脾之花为唇，肾之花为耳（伊希巴拉珠儿，1998）[11]。而对蒙古传统兽医学产生过重要影响的中兽医经典《元亨疗马集》中记载："五经者，心、肝、脾、肺、肾也；五应者，眼、耳、口、鼻、舌也。是故舌如朱砂，心之疾也；眼不见物，肝之疾也；蹇唇似笑，脾之疾也；鼻流脓涕，肺之疾也；垂缕不收，肾之疾也。"（喻本元等，1983）[596]两个典籍中的马体内外联系，内容大体一致，但有一些细微的差异。不过这些细微差异并不妨碍它们各自把握马体的普遍联系。可见，不同的传统医学对身体联系及其特殊意义，存在不同的说法，甚至存在一些矛盾，但并不影响它们对具体实践的指导意义。因为传统医学更有价值的地方在于强调了生命体的整体性、关联性特征。

第三，优缺点。

蒙古传统马学更多从关联性、整体性角度把握马的内脏器官；并通过脉络系统，在内脏器官与马体其他部位之间建立了一系列联系；而且还注重内脏器官相关重要属性之间的动态平衡关系。

在实践方面，蒙古传统马学关于内脏器官的认识，是蒙古族判断马体状态、医治疾病的重要根据。这是一种见微知著、由外知内的知识。而且这些知识便于在生产生活实践中应用。

在理论方面，蒙古传统马学依赖寒热、三根、五元、阴阳、五行、脏腑、脉络等传统医学基础理论，在马体内脏与其他多个部位之间建立了联系，并为内脏器官赋予了整体性意义。可以说，脏腑理论是蒙古传统马学进入理论化、体系化发展阶段的重要标志之一。同时也需要看到蒙古传统马学对内脏器官的具体功能、具体联系的认识，确实存在不少模糊之处，而这方面现代马学具有很强的补充意义。

（二）日本现代马学中的内脏器官

第一，认知特点。

日本现代马学主要从结构、功能的角度认识内脏器官。而且这方面的知识已成为现代畜牧兽医学理论的基础性内容。日本现代马学较系统继承了西方关于内脏器官的知识以及认识方法。早在日本第一本兽医解剖学著作《解马新书》（1852 年）中已经对内脏进行了一定的解剖分析，并重点记载了心、肺、肝、肾等所处位置、形状以及一些功能。

表 1.4　日本《解马新书》中对内脏器官的认识

内脏器官	解剖学特征
肺	位于胸中，在心脏的左右，体积大，构造像海绵，作用于呼吸
心	一块肌肉，中间有空，在胸正中，作用于血液循环
肝	暗褐色，体积大，横隔下右边，左部覆盖胃，形状圆滑，下面裂为两叶
肾	有两颗，像蚕豆，暗褐色，在肝和脾之后，质地较密，有很多小管和血管聚合而成，外有膜

资料来源：整理于菊池东水的《解马新书（解馬新書）》（日文，1852 年），卷一。

日本《解马新书》中还画出了一些内脏器官的较详细解剖图。

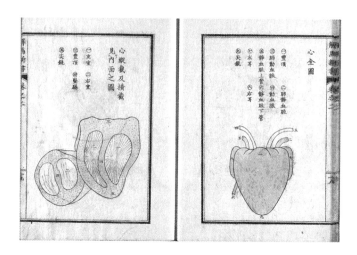

图 1.9　《解马新书》中的心脏解剖图

资料来源：整理于菊池东水的《解马新书（解馬新書）》（日文，1852年），卷二，内外诸图。

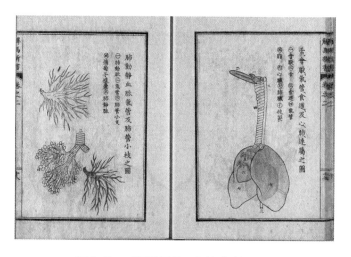

图 1.10　《解马新书》中的肺脏解剖图

资料来源：整理于菊池东水的《解马新书（解馬新書）》（日文，1852年），卷二，内外诸图。

从图中可以看到，日本现代马学已经对心脏、肺脏的内部结构有了一定的认识。而且在这些认识中解剖分析、生理实验等认识方法发挥了重要作用。日本现代马学随着解剖手段、实验手段的进步，更详细分析了内脏器官的微观构造。例如，肺脏由很多肺泡组成，在肺泡壁上分布着很细的网状血管。通过这些血管的壁进行氧气与二氧化碳的交换（野村晋一，1997）[110]。在肾脏的外层有数百万个颗粒状的肾小体，其中的肾小球滤出一些老化废弃物质和盐分，形成尿液等（野村晋一，1997）[108]。特别是心脏为赛马提供了源源不断的氧气，所以日本现代马学尤其重视心脏的大小、频率等结构性、功能性特征。甚至专门提出了"心脏身体重比"这一概念以及相关数据。日本赛马综合研究所通过比较多种动物的心脏，发现马的"心脏身体重比"明显大于很多动物：英纯血马（赛马）是0.97％，佩尔什马（一种挽马）是0.61％，人是0.42％，牛是0.35％（日本中央競馬会競走馬総合研究所，1996）[75]。可见，日本现代马学对马内脏器官的认识，具有明显的结构性、功能性特点。

日本现代马学在认识内脏器官的具体功能时，往往把它们放在消化系统、呼吸系统、循环系统等马体的局部性生理系统中去认识其功能。在这些局部性生理系统中，心、肺、脾等内脏器官各自发挥着某种特殊的功能。以血液循环系统为例，心脏是推进血液循环的动力之源，为马输送源源不断的氧气。所以日本现代马学特别关注心脏的大小、跳动频率等问题。例如，日本赛马综合研究所通过一定的生理实验发现：对马进行一定的训练，其心脏的身体比重会发生一些变化。纯血马在训练之前它的心脏比重为0.9％，可是随着训练的开展，心脏比重可以变大到1.1％左右（日本中央競馬会競走馬総合研究所，1986）[114]。和心脏的研究相似，对肺脏的研究离不开呼吸系统，肾脏的研究离不开泌尿系统。

可以看到内脏器官的认识离不开这些相对应的局部性生理系统。其实，内脏与身体其他部位之间也存在很多间接的、潜在的联系。但是这些内容往往被现代马学忽略或低估了。

日本现代马学也关注生物电等马内脏器官的其他一些生物学特征。例如，心电与血液循环没有直接的关系，它既不是泵血量，也不是跳动次数，而是心脏跳动的一种频率变化。心电图所反映的是心脏兴奋的产生、传导、恢复等过程中的生物电变化（陈杰，2003）[71]。这些生物现象的研究虽然表面上看起来没有很强的结构性、功能性、还原性特征，但也有别于传统医学的那种整体性认识。其实，心电图研究背后并不是生命体的普遍性联系起着支撑性作用，而是心脏的结构性、功能性认识发挥着更重要的作用。自1903年荷兰生理学家爱因托芬（Einthoven Willem）用弦线式电流计测量心脏电流以来，心电图逐渐成为诊断心脏的一项医疗手段（安田纯夫 など，1944）[57-65]。而且心电图的体外诱导方法发展出多种类型，这些五花八门的诱导方法更具迷惑性，好像心电图没有结构、功能方面的特征。例如，1913年卡恩（Kahn R H）提倡从马的右颈部和左下胸部诱导心电；1935年诺伊曼（Neumann k）斯蒂芬（Steffan H）提倡左下胸—右肩胛骨前边、左下胸—肛门、右肩胛骨前边—肛门等诱导方法；1943年查顿（Charton A）等人记录了心尖部—左后肢、心尖部—右后肢、心房上的左胸壁—胸骨部等诱导方法；1964年天田明男等人提倡右肩部—左心尖部等诱导方法等（天田明男，1977）。日本基本从1944年左右开始关注马的心电图，当时陆军兽医安田纯夫等人比较研究了健康马和病马之间心电图的差异（安田纯夫 など，1944）[109-117]。后来日本对马的心电现象进行了更深入研究，并且归纳出一些规律。例如，日本赛马综合研究所采用左侧胸部下面和右侧肩部双极诱导法，对154匹马进行心电图测量，发现重要波形的基本类型，其中 P 波就有五种类型，而且第一种出现的次数最多（天田明男 など，1964）[1-8]。而且也发现了这些心电图与马奔跑之间的一些联系。例如，日本赛马综合研究所对心电波的振幅进行统计发现，未参赛马的 P 波振幅是在 0.49～0.19 mV，平均值为 0.3 mV；参赛马的 P 波振幅是在 0.5～0.22 mV，平均值为 0.34 mV（天田明男 など，1964）[1-8]。虽然这些研究具有一定的统计性，但是现代医学中的基本生理机制依然起着指导性作用。比如心电图所反映的问题主要指向心脏大小、心律失常、心肌梗塞等结构性、功能性问题。

第二，知识建构。

日本现代马学中对内脏器官的认识，主要是通过解剖分析和生理实验等方法得以建立和完善的。其实，在日本古代医学、古代畜牧兽医学中对心脏的认识，也以把握整体性特征为主。甚至在古代西方医学中也曾认为心脏是生命这一小宇宙的太阳，是体内神灵的居所，是身体所有活力的源泉（哈维，2007）[56]。显然在这些认识中没有多少关注心脏的结构性、功能性特征。只有到了文艺复兴时期，随着解剖分析的发展，人们才更重视从结构、功能的角度去认识内脏器官。例如，当时的解剖学之集大成者维萨留斯在出版于 1543 年的《人体结构抄本》中重点介绍了心脏、肝脏、肾脏等内脏器官的结构特征，并专门用一章来介绍了心脏。而且维萨留斯重点关注了心脏的位置、形状、构造等结构性特征。在讨论心脏的构造时他写道：心脏主要由肌肉组成，和别的肌肉组织一样由三种类型的纤维组成（ヴェサリウス，1994）[43]。与人类医学相似，文艺复兴时期的兽医学也非常重视对马内脏器官的解剖研究。在出版于 1598 年的瑞尼（Carlo Ruini）经典之作《马的解剖、疾病及其治疗》中，对内脏器官进行了详细的解剖分析，特别是对心脏进行了多个角度的切面分析。

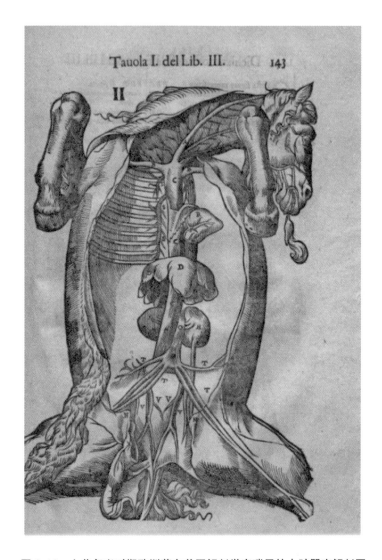

图 1.11　文艺复兴时期欧洲著名兽医解剖学家瑞尼的内脏器官解剖图

资料来源：摘自卡洛·瑞尼的《马的解剖、疾病及其治疗（Anatomia del cavallo, infermità, et suoi rimedii)》（意大利文，1618 年），143 页。

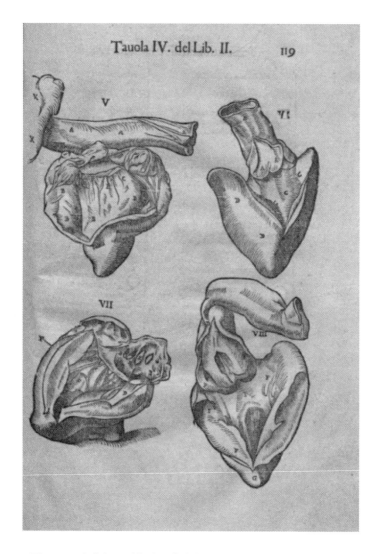

图 1.12 文艺复兴时期欧洲著名兽医解剖学家瑞尼的心脏解剖图

资料来源：摘自卡洛·瑞尼的《马的解剖、疾病及其治疗（Anatomia del cavallo, infermità, et suoi rimedii）》（意大利文，1618年），119页。

　　从图中可见，西方近代兽医学特别注重解剖分析，对内脏器官的认识具有明显的结构性特点。而使心脏功能更加明确、更加突出的，当属哈维的研究。哈维之所以在生物医学领域产生革命性影响，就是因为他结合生理实验与严密推理，说明了心脏的特殊结构以及功能。他的革命性意义在于揭示了心脏在血液循环过程中的泵血作用，这样就抓住了身体的一个重要机械运动的动力源泉。以往认为心脏在舒张时才运动，但哈维认为心脏只有在收缩时才运动（哈维，2007）[20]。心脏舒张的动力可能来自某种神秘力量，但是心脏收缩的力量却来自肌肉纤维的收缩。从而西方生物医学真正地从肌肉组织、肌肉构造的角度解释了心脏的运动，也从机械力学的角度解释了血液循环运动。在明治维新时期，日本全面引入西方近现代畜牧兽医学，对马内脏的结构、功能有了更详细的认识。在1891年翻译成日文的法国马学重要著作《马学教程》，详细介绍了马内脏器官的结构。例如，肺的色泽如蔷薇花一样鲜红，质地柔软，有很多像海绵一样有弹性的小泡，这些小泡被结缔组织间隔，并与气管分支、肺动脉分支、气管动脉分支、神经网、肺静脉、淋巴管相关联（バロン，1891）[上卷三·63]。后来日本现代马学更详细研究了这些内脏器官的具体功能，其中尤其重视心脏的功能。例如，为了研究心脏的泵血量，日本赛马保健研究所的久保胜义（久保勝義）等人以吲哚青绿（indocyanine green）为色素，通过色素稀释曲线获得心脏的泵血量为 25.3L/min，平均一次泵血量为 746mL（Katsuyoshi KUBO et al.，1973）。这些研究与早期的解剖分析一脉相承，都是从结构、功能的角度去建构马的内脏器官。而且这些建构也具有两面性，在突出内脏器官的结构性、功能性特征的同时，在一定程度上忽略了其关联性、整体性特征。

　　日本现代马学对内脏器官的建构，还体现于把这些内脏器官分别划归于某一局部生理系统来认识它们的功能。例如，心脏属于循环系统、肺脏属于呼吸系统、肾脏属于泌尿系统等。这是因为这些内脏器官，在解剖分析、生理功能等方面，与这些生理系统有着密切的联系。早在文艺复兴时期维萨留斯就从呼吸系统的角度认识肺脏和心脏的功能：空气中的优良部分通过肺脏支气管进入血管，然后通过动脉传到心脏，成为生命气息的素材（ヴェサリウス，1994）[4]。而且在进一步认识内脏器官的具体功能时，近代物理、化学等自然科学知识发挥了重要作用。例如，德国生物化学家瓦堡（otto heinrich warburg）从化学的角度研究了生物的呼吸机制，用分子的合成和分解机制解释了生命现象，特别是发现高铁血红素炭中含有的铁充当氧分子和有机物之间的媒介物（廣野喜幸 など，2003）[1-34]。现代生物医学就是通过这些解剖实验、生理实验逐步认识了各个内脏器官的一些重要生理功能。日本现代马学也按照这样的研究思路，通过一系列生理实验把握了马内脏器官更为详细的生理机制。例如，日本赛马综合研究所为了评价马的呼吸循环技能，专门开发了一套呼吸流量测量系统。通过这套实验装置能够测量出呼吸过程中的氧气摄取量、二氧化碳排泄量、单位时间换气量、一次换气量、单位时间呼吸数量等（日本中央競馬会競走馬総合研究所，2009a）[54]。

详细案例1.6 日本现代马学中的呼吸流量测量系统

为了准确把握纯血马的呼吸循环技能，掌握它们单位时间内的氧气摄取量、二氧化碳排出量、换气量以及一次换气量等数据，专门设计了一套马的呼吸流量测量系统。在实验中使用了"开放式呼吸流量测定办法"，较常规状态下收集马呼吸的气体，然后用气体分析仪分析其中的氧气浓度、二氧化碳浓度。气体流量主要用层流型流量仪进行测定，这不仅可以设定适当的流量，而且能够防止再次呼吸的影响。该实验系统的设计思路具体如下：室内空气＋可变气体袋→呼吸流量传感器 A（连接到变换器 A、中央数据分析和输出设备）→面罩→马体摄取（跑步机上奔跑）→马体排出（跑步机上奔跑）→面罩→呼吸流量传感器 B（连接到变换器 B、中央数据分析和输出设备）→变速鼓风机。

资料来源：摘自日本赛马综合研究所的《赛马综合研究的 50 年历程（競走馬総合研究所 50 年のあゆみ）》（日文，2009 年），54 页至 55 页。

在这一实验中，很多数据与氧气密切相关，都从不同角度体现了氧气的重要性。在注重氧气的同时，呼吸的其他一些功能在一定程度上被弱化了。可见，现代马学对马内脏器官的建构具有明显的结构性、功能性、局部性。

第三，优缺点。

日本现代马学，重点关注了马内脏器官的结构性、功能性特征，并且把这些内脏器官分别放在循环系统、呼吸系统、泌尿系统等一些局部性生理系统中去认识它们。

在实践方面，日本现代马学对内脏器官的认识，在训马、医马等实践中确实具有较强的实效性，但也具有一定的相对性。马作为生命体具有一定的复杂性、个体性，奔跑能力并不能够用一些线性关系就能够解释清楚。例如，马的呼吸次数与奔跑速度之间的关系在奔跑的不同阶段、训练的不同阶段都会发生一定的变化。训练好的马，呼吸会变得更加舒缓，而不是变得更加急促。另外，马体的这些内脏器官与其他各个部位之间存在着多种协调关系，当某些方面存在缺陷的时候也有一些其他的补充机制。所以，认识生命现象不仅需要详细地分析、分解，也需要一定的综合、系统认识。

在理论方面，日本现代马学通过解剖分析和生理实验，确实发现了内脏器官的一系列重要生理功能。这些内脏器官在马体的循环系统、呼吸系统、泌尿系统等生理机制中发挥着关键性作用。例如，心脏的大小、容积、频率等问题与血液循环有着直接的联系。肺脏的氧气摄取量、二氧化碳排泄量、单位时间换气量、一次换气量、单位时间呼吸数量等问题与呼吸系统有着直接的联系。虽然现代马学认识了很多内脏器官的重要生理机制，但这也是一种对复杂生命体的"简化"产物，具有一定的机械性、相对性。

五、汗液

血液、汗液、尿液、唾液等液体也是马体非常重要的组成部分。这里称之为"液体"，是为了区别于现代生物医学概念"体液"。体液是指动物体内包含的所有液体，并分为细胞内液体和细胞外液体两部分（陈守良，2012）[226]。从这个意义上讲，尿液、汗液、血液都不是真正的体液。因为以血液为例，只有其中的血浆才是体液。所以体液这一现代生物医学概念不适合分析传统医学知识，而液体这个名称具有更好的包容性。

排汗是人和家畜非常普遍的生命现象。特别是在各种家畜当中，马的排汗现象最为显著。牛、羊虽然全身分布汗腺，但并不是很发达；猫的汗腺只有脚掌等特殊部位较为发达；而马的全身汗腺非常发达（江島眞平，1936）。马的汗腺不仅大量分布于耳根、颈、胸、臁等容易观察到的部位，而且汗液分泌量十分惊人，特别是在运动过程中分泌大量的汗液。所以，不管是蒙古传统马学还是日本现代马学都非常重视马的汗液排泄问题。但是它们各自关注的重点、建构方式、优缺点等都存在明显的差异。

（一）蒙古传统马学中的汗液

第一，认知特点。

蒙古族在认识马的汗液时，充分发挥了自己多种感官能力，重点关注了汗液的色泽、味道、黏稠度、排泄顺序、排泄形状等特征，并解读出多种整体性意义。这些汗液特征是蒙古族判断马训练程度、疾病状况等方面的重要依据。

马汗液最直观的特征就是它的色泽。蒙古族关注到马汗液的特殊性，并把这些知识运用到养马实践至少有了上千年的历史。早在十三世纪的历史文献《黑鞑事略》中就记载了关于汗液的训马方法。该书中记载蒙古族对马进行一个月左右的训练，使马的肥膘掉落，并显著提升其奔跑能力，这时汗液也会变少："经月膘落，而日骑之数百里，自然无汗，故可以耐远而出战。"（1985）[11]蒙古族随着实践经验的不断积累，对马汗液特征进行了非常详细的把握和分类。例如，蒙古族根据色泽把汗液分为泥汗（ᠱᠠᠪᠠᠷ ᠬᠥᠯᠥᠰᠥ）、泡沫汗（ᠬᠥᠭᠡᠰᠥ ᠬᠥᠯᠥᠰᠥ）、水汗（ᠤᠰᠤᠨ ᠬᠥᠯᠥᠰᠥ）、汁汗（ᠬᠥᠯᠥᠰᠥ）、油汗（ᠲᠣᠰᠤᠨ ᠬᠥᠯᠥᠰᠥ）、彩色汗（ᠥᠩᠭᠡᠲᠦ ᠬᠥᠯᠥᠰᠥ）、珍珠汗（ᠰᠤᠪᠤᠳ ᠬᠥᠯᠥᠰᠥ）、黑汗（ᠬᠠᠷ᠎ᠠ ᠬᠥᠯᠥᠰᠥ）等多种类型（芒来等，2002）[190]。其中，泥汗的色泽浑浊并带有泥土；泡沫汗的形状如同泡沫；珍珠汗形状如同露珠；水汗较为清澈；彩色汗和油汗则有明显的光泽等。蒙古族根据汗液的这些色泽特征，能够较准确判断马体的一些整体状态。与传统马学相比较而言，现代马学更关注的是汗腺组织、汗液的化学成分、排汗的生理机制等问题。

蒙古族还从汗液的味道和口感等特征，来判断马体的状态。例如，"泥汗味苦"（芒来等，2002）[190]；"油汗没有苦味"（芒来等，2002）[192]；"汗液味道苦涩则意味着训练不到位；味道如碱水则意味着训练很充分"（岱青，1998）[41]等。可见，味觉也是蒙古族认识马汗液状态的一个重要途径。虽然这些品尝的方法具有一定的主体性、个体性，但是它也是一种简便易行的方法。

蒙古族还仔细观察了不同种类汗液的排泄顺序，并把它们对应到马训练的不同阶段。一般来讲，流淌泥汗意味着训练工作的开始；流淌泡沫汗和水汗意味着训练工作进入了高峰阶段；流淌珍珠汗意味着训练工作进入收尾阶段等。"吊汗"、"拴吊"、"奔跑训练"相结合的吊马法是蒙古族主要训马方法，它在蒙古传统马学中占据着重要地位。其中，"吊汗"就是通过不同强度、不同距离的奔跑训练，使马排泄泥汗、泡沫汗、水汗等多种类型的汗液，并根据这些信息来调整自己的训练计划。在具体训练过程中，马的排汗顺序也有一定的个体差异，有的马在一次训练中排泄一种汗，有的马几次训练都排泄同一种汗液，而有的马可能一次训练中就能排泄两种以上汗水。所以只有那些经验丰富、观察敏锐的训马师才能够准确判断和掌握马汗液的细微状态变化。另外，为了让马充分排泄汗液，蒙古族有时还会采取一定的人工措施。例如"对那些膘情好、腱子肉厚、刚开始训练的赛马，需要采用封闭式吊汗法。"（岱青等，2007）[10]"封闭式吊汗"就是指为了达到较好的排汗目的，给马披上专门的披盖、毡子、被子等让它慢跑，甚至奔跑之后把马关进棚圈、蒙古包等，让马体充分排汗。

蒙古族在详细关注马汗液的色泽、味道、排泄循序等特征的基础上，总结提炼出一种较系统的驯马方法——吊汗（吊汗是蒙古吊马法的拴吊、吊汗、奔跑训练等三大要素之一）。其中，不同汗液具有不同的训马意义、生命意义，而且它们之间具有环环相扣、层层递进的关系。例如，吊绿草毒性之汗与排除马体内的绿草毒性有密切联系；吊泥汗与排除马体内外的汗液聚集、排除关节内的黄水聚集有密切联系；吊油汗与排除马体五脏内的油脂毒性聚集有密切联系。

表 1.5　蒙古传统吊马法中的吊汗环节

汗液类型	主要措施
吊绿草毒性之汗	这是整个吊马训练的开端。选择晴天下午，饮水之后给马套上热马鞍，轻度骑乘，稍微发汗，回来后套着马鞍过夜。第二天早上卸下马鞍，让马充分打滚，再放于草场。入夏季节马较多采食绿草，体内毒性逐渐积累。吊绿草毒性之汗，有利于排除马体内聚集的绿草毒性。
吊泡沫汗	大概是训练的第三天，清晨放马采食，中午天热之前抓马，饮水之后拴吊。下午让孩子光着马背骑乘 4 公里左右，不刷汗，充分遛马，之后拴吊。傍晚变凉时，让马充分打滚，放于草场，大概 1 小时后饮水，再放 3 小时后，抓马拴吊。吊泡沫汗是吊泥汗的准备阶段。
吊泥汗	大概是训练的第六天，选择晴天，清晨放马采食，中午天热之前抓马，饮水之后拴吊。中午套上马鞍，逆风奔跑 5 公里左右，慢跑回来，充分遛马，充分刷汗，再盖上毯子拴吊在背风地或羊圈。傍晚汗液晾干之后，把马放于没有水源的草场，大概 1 小时后饮水，再放 3 小时，抓马拴吊。第二天清晨放马采食，上午抓马，用制作奶豆腐过滤的酸黄水洗马，中午拴吊，下午再用温水洗马。吊泥汗，有利于排除马体内外的汗液聚集，关节内的黄水聚集等。
吊油汗	大概是训练的第十天，清晨放马采食，中午天热之前抓马，饮水之后拴吊。中午套上马鞍垫，逆风奔跑，出汗之后掉头慢跑，回来后拴在羊圈，充分刷汗。吊油汗，有利于排除马体五脏内的油脂毒性聚集，并畅通马的呼吸。
吊珍珠汗	大概训练的第十四天，参加附近的小型比赛，这时马会排珍珠汗。在这之后的汗液基本不刷，让它自然晾干。而且避免让马过度排汗，特别是避免排黑汗，这会影响马的体力。

资料来源：整理自宋迪的《相马》（蒙古文，1990 年），16 页至 23 页。

第二，知识建构。

蒙古族在汗液的认识中加入了他们特殊的观察和体会。早在十六世纪萧大亨的《北虏风俗》中详细记载了驯马的距离、汗液特征、马体变化、训练效果等多方面的内容："于是择其优良者，加以控马之方，每日步马二三十里，俟其微汗，则执其前足，不令人跳蹈踯躅也，促其御辔，不令之饮水龁草也。每日午后控之至晚，或晚控之至黎明，始散之牧场中，至次日又复如是。控之至三五日，或八九日，则马之脂盲皆凝聚于脊，其腹小而坚，其臀大而实。向之青草虚膘，至此皆坚实凝聚，即尽力奔走，而气不喘，即经阵七八日不足水草，而力不竭。"（1972）[19]蒙古族这些关于汗液的色泽、味道、形状、排汗状态、排汗顺序等知识与他们的牧马、训马等实践有着密切的联系。因为他们在骑马、训马之后，一般都要详细刮马汗，所以对马的汗液及其特征非常熟悉。这意味着蒙古传统马学中对汗液的认识是源于特殊生产生活实践的特殊知识，是蒙古族对马的一种特殊认识方式。

蒙古族对汗液的各种感觉经验之所以能够获得整体性意义，与寒热、三根、七素、五元、阴阳、五行等传统医学基础理论有着密切的联系。早在 17 世纪传入蒙古地区的印度医学经典著作《医经八支》就把汗液当作身体的一项重要生命特征，专门讨论了汗液的盛衰问题：汗盛的特征是有臭味，嘴唇起泡；汗衰的特征是毛发脱落或蓬乱，皮肤粗糙等（苏和，2006）[150]。1749 年翻译成蒙古文的大藏经《丹珠儿经》的一百三十一函《马经医相合录》，用七素理论解释了汗液，在该经文中记载："马体的污秽主要包括粪、尿、汗。"（1749）[198，下]对蒙古传统医学产生重要影响的藏医学重要典籍《四部医典》中也记载："糜液、血、肉和脂肪，骨骼再加髓和精，人身体质七要素。秽物计有粪、尿、汗。"（元丹贡布，2010）[8]蒙医学典籍《甘露四部》中，更详细记载了七素之间的转化过程：食物精华在胃部腐熟，其精华之精华通过血管转入肝，逐一滋养七素（从食物精华到血液，从血液到肉，从肉到脂，从脂到骨，从骨到骨髓，从骨髓到精液）；然后食物精华之糟粕变腐熟巴达干，血之糟粕变胆汁，肉之糟粕变眼眵、耳垢、鼻涕，脂之糟粕变皮脂和汗，骨之糟粕变指甲、牙齿、毛发，骨髓之糟粕变皮脂、粪便，精液之糟粕变红精和白精（伊希巴拉珠儿，1998）[3-4]。在蒙古传统医学中，马的汗液和人的汗液一样都是"七素"之一"脂"的糟粕："脂之精华滋生骨，其糟粕变为皮脂和汗。"（巴音木仁，2006）[152]。可见，蒙古传统医学把整个生命体当作一个不断吸收精华、转化精华，并且不断排泄糟粕的过程。其中，七素是个不断分离为精华和糟粕的过程，而且相互之间有着依次生成的关系。正是通过这些不断吸收、转化、生成、排泄关系，蒙古族把生命体建构成一种内部普遍联系的整体。

蒙古族除了七素理论之外，还从三根理论的角度认识汗液。他们认为马的汗液与巴达干、赫依、希拉都有一定的联系。例如，在《相马》中记载：训练初期的稍微排汗，能够消散春夏季节嫩草汁液中的毒素；流淌泥汗能够解散关节中聚集的黄水，并排除肌肉骨骼中巴达干性质的物质；流淌油汗能够消解脏腑中沉积的巴达干性质的脂肪毒素（宋迪，1990）[17-21]。值得注意的是，在蒙古传统医学中，汗与油脂存在着密切的联系。对蒙古传统医学产生重要影响的古代印度医学中认为脂是由食物中的水元和土元构成（库吞比亚，2008）[206]。而且巴达干是土元和水元的精华。所以蒙古传统马学中往往把汗与油脂、巴达干等联系起来。另外，汗液与赫依也有一定的联系，因为汗液的排泄过程需要借助普行赫依的推动："由普行赫依的作用，将代谢后的津液为汗，排出体外。"（巴音木仁，2006）[161]根据这些理论，汗液与体内黄水、脂肪、毒素、黄热等建立了联系。因为赫依、希拉、巴达干等三根是生命体的整体属性，所以汗液也成为反映马体整体状态的一项重要生命特征。

第三，优缺点。

蒙古传统马学，不仅关注汗液的形状、色泽、排汗顺序等特征，并从中解读出很多重要关联性、整体性意义。而且以这些汗液特征为基础，创造了一种独具特色的训马方法——吊汗。

在实践方面，蒙古族所关注的汗液色泽、味道、排泄状态、排泄顺序等特征，是他们训马、医马过程中的重要依据。而且这些知识，大部分来自普通牧民的生产生活实践，具有操作性强、实效性强的特点。

在理论方面，蒙古族把对马汗液的详细观察与寒热、三根、七素、五元、阴阳、五行等传统医学基础理论相互结合起来，达到了从马汗液这一较细微的生命特征判断出整个马体状态的目的。这是一种"见微知著"的特殊智慧。从三根的角度来讲，汗液与油脂和巴达干存在密切联系，而且在其排泄过程中依赖普行赫依，并且与希拉的平衡也存在一定的联系。从七素理论的角度来讲，生命体的构成要素是一个不断分离为精华和糟粕的过程，同时又是一个不断传递精华的过程。在这体系中，马的粪、尿、汗等七素的糟粕，都得到了一定的整体性意义，都成为判断马体整体性状态的重要根据。通过这些三根属性，汗液成为反映马体状态性、关联性、整体性特征的重要根据。当然，蒙古传统马学对汗腺组织、排汗机制、汗液成分的认识较为模糊，还需要不断吸收一些现代生物医学知识来补充它。

（二）日本现代马学中的汗液

第一，认知特点。

日本现代马学主要从组织结构、生理机制的角度关注了汗液。在这一认识过程中，解剖分析、生理实验、化学实验等方法发挥了重要作用。

日本现代马学对汗腺组织进行了一系列解剖分析。随着解剖手段的发展，人们从马体的皮肤组织等宏观结构，逐渐深入到汗腺组织、细胞、细胞内物质等身体更细微的结构。日本现代马学通过观察马的皮肤切片，发现汗腺是位于毛根之间，由分泌管和排泄管组成的一种丝球体。其中，分泌管再细分为腺细胞、肌上皮细胞、固有膜等三层结构；排泄管再分为两层上皮和固有膜等三层结构（伊東俊夫 など，1961）。可见，日本现代马学的这些汗液知识具有明显的结构性、还原性特征，从组织层面还原到更微观的细胞层面，使马的排汗这一生命现象还原到一些特殊细胞组织的特殊变化。

日本现代马学还从化学成分方面研究了马的汗液。这其实也是从结构、功能的角度认识马的汗液。西方科学基本从 19 世纪开始用化学实验来认识生命现象，极大推动了生物医学领域的发展。例如，当时李比希的化学实验研究，鼓励许多人开始从化学角度研究肌肉、肝脏、血、汗、眼泪、尿、胆汁等动物组织或液体（威廉·F·拜纳姆，2000）[121]。日本现代马学继承了西方近代生物医学中的这些化学分析方法，从 20 世纪初期就开始研究汗液的化学成分。例如，武藤喜一郎详细测量了马汗液中的氮、钠、钾、铁、镁等化学物质的含量（1917）。后来日本赛马综合研究所为了获得汗液中化学物质的准确数据，还专门给马穿上了一种高分子材料制成的特殊服装来收集马的汗液，并分析其成分。

详细案例 1.7　日本现代马学中的马汗液研究装备

马在运动时，因排汗而流失的矿物质直接影响着它的矿物质需求量。为了精确测量马在骑乘过程中汗液排泄以及相关矿物质流失数据，日本赛马研究所的研究人员专门制作了一种马汗液的颈部测量设备以及一套马汗液的实验服装。马汗液的颈部测量设备，其具体制作方法是在塑料杯内叠放多层滤纸，然后把它紧贴并固定在剃了体毛的马颈部。马汗液的实验服装是用能够吸收汗液的高分子材料制作的一套特殊装备。然后研究人员把两种设备获得的汗液数据进行对比研究，从而进一步确定了颈部测量方法的可行性。通过这些实验，研究人员更精确掌握了马在排汗过程中流失的矿物质。例如，他们让一匹 4 岁马在 20 摄氏度条件下，以每小时 20 英里的速度奔跑 2000 m，推算出排泄的汗液大约有 2 kg，并推测出马体损失了相当于 12 g 食盐的钠和氯。

资料来源：日本赛马综合研究所的《赛马综合研究的 50 年历程（競走馬総合研究所 50 年のあゆみ）》（日文，2009 年），64—65 页。

在这些研究中，日本现代马学更关心的是马体通过汗液流失的矿物质，具有明显的功能性、局部性特征。这些知识后来成为给马补充适当的微量元素、矿物质等方面的重要理论根据，为一些人为干预马体提供了基础。

日本现代马学还通过各种生理实验和药物试验来观察马体的生理反应，从而把握汗液相关的一些生理机制。这些研究也有明显的功能性、局部性特征。早在 19 世纪，西方生物医学就开始通过一些物理或者化学实验来研究人和动物的生理机制。例如，当时的路德维希·冯·赫尔姆霍兹（Ladiwig von Helmholtz）和恩斯特·布吕克（Ernst Brtlcke）等科学家呼吁把物理、化学的方法引入生物学之中。例如，他们用电流刺激肌肉和神经，并记录神经传导的路径（加兰·E·艾伦，2000）[6]。日本现代马学也继承了这种用物理、化学实验方法来研究生命现象的传统。例如，武藤喜一郎通过一定的解剖分析，露出马颈部的交感神经，然后对它进行一定的电流刺激，得到了发汗效果，从而认识了交感神经与排汗之间的某种联系（1917）。另外他还通过药物实验，给马静脉注射肾上腺素（交感神经刺激药剂）和匹罗卡品（副交感神经刺激药剂），也得到相应的发汗效果（武藤喜一郎，1917）。通过这些生理实验，日本现代马学确定了排汗与马的交感神经和副交感神经之间的重要联系。日本现代马学虽然发现了排汗的一些重要生理机制，但是汗液也是一种整体性生命特征。现代马学通过一系列生理实验所建立的汗液知识也是一种较近似的认识。

第二，知识建构。

日本现代马学对汗液的认识与实验室研究有着密切的联系。日本现代马学关于汗液知识的建构性，较集中体现于以解剖分析、生理实验为基础，探索汗腺的组织结构以及分泌机制。现代马学对汗液的这一认识方式具有明显的还原论特色，把生命现象还原成局部组织的某种特征。日本现代马学的这一研究模式深受西方近现代生物医学知识的影响。早在 1891 年翻译成日文的法国马学重要著作《马学教程》中明确提到：马的皮肤和皮下脂肪组织中有种特殊的分泌汗液的汗腺，形状如同旋转的绳索，在皮肤外开口（バロン，1891）上卷三,120。在这些汗腺组织认识基础上，日本现代马学把汗液的特征还原到更微观的汗腺细胞层面。例如，1935年江岛真平和武藤喜一郎，给马静脉注射了肾上腺素，并详细观察了马皮肤切片的变化：在注射前，细胞饱满，线粒体数量较多，细胞管腔较扩张（正常状态）；注射一小时后，细胞不整齐，萎缩，线粒体变少，细胞管腔明显扩张（排汗旺盛期）；注射两小时之后，细胞稍微膨胀，线粒体稍微增加（排汗减少期）；注射三小时之后，细胞膨胀，线粒体增加等（排汗恢复期）（江岛真平 など，1935）。另外，江岛真平和武藤喜一郎还给马静脉注射了匹罗卡品，并详细观察了马皮肤切片的变化：在注射前，腺细胞大小基本一致（正常状态）；注射一小时后，细胞大小不一，线粒体等变少（排汗旺盛期）；注射两小时之后，细胞体积变小（排汗减少期）；注射 3 小时之后腺细胞膨胀，线粒体增加等（排汗恢复期）（江岛真平 など，1935）。在这些研究中，把排汗现象与汗腺细胞的变化相互联系起来了。现代马学除了在生物组织、细胞层次还原汗液特征之外，而且从化学元素角度研究了汗液的构成成分。例如，日本现代马学详细测量了汗液中的氮、钾、钠、铁、镁等化学物质的含量（武藤喜一郎，1917）。这种层层还原的认识模式是现代生物医学非常重要的方法，也是现代自然科学最常用的方法之一。

日本现代马学对汗液知识的建构性，还体现在用生理实验逐渐探索汗液的相关生理机制。在生理学领域，人们从 19 世纪开始关注条件反射、神经传导等生理机制问题。这方面最具有代表性的是巴甫洛夫对狗唾液分泌机制的研究。他发现用电刺激狗的舌神经能够促进唾液分泌，而刺激坐骨神经却能够抑制唾液分泌。另外，他给狗注射美洲箭毒（Curare），也获得了分泌唾液的效果（巴甫洛夫，1958）[1-33]。正是通过这一系列的生理实验，人们逐渐发现了汗液的一些重要生理机制。例如，马的汗液分泌与交感神经、副交感神经有着重要联系。现代马学中对汗液这些生理机制的研究，可以追溯到 1891 年兰勒通过解剖猫的实验，发现交感神经对汗液分泌的重要影响（J N Langley, 1891）。后来到 1911 年，迈耶（H H Meyer）和哥特立布（R Gottlieb），对猫进行药物试验有不同的发现：他们对猫使用肾上腺素（交感神经的刺激药剂）并没有得到出汗效果，而使用匹罗卡品（副交感神经的刺激药剂）却得到发汗效果。从而认为比起交感神经，副交感神经对汗液分泌起着更重要的作用（武藤喜一郎，1917）。现代生物学正是通过这一系列生理实验，逐渐把握了汗液与交感神经和副交感神经之间的重要联系。20 世纪初期，日本也开展了一些类似的实验研究。例如，1917 年武藤喜一郎给马注射肾上腺素以及匹罗卡品，均出现发汗现象，而且肾上腺素的影响更加显著（江岛真平 等，1935）。正是通过这些生理实验，日本现代马学建立了马的汗液与交感神经和副交感神经之间的密切联系。其实，汗作为马体的一项重要生命特征，它既从属于某种局部性生理系统，也具有一定的整体性意义，而现代马学所关注的更多是前者。

第三，优缺点。

日本现代马学，不仅掌握了汗腺的组织构造、汗液的化学成分等重要特征，而且通过一系列生理实验，把握了排汗与交感神经、副交感神经等之间的重要联系。这些对汗液结构、功能方面的认识，具有较强的还原性、局部性特征。

在实践方面，日本现代马学对马汗液的认识，为相关人工干预提供了重要依据。例如，使用药物排汗；补充一些矿物质等。但这里值得注意的是在实验室内的实效性与现实中的实效性也存在一定的差异性。实验室内的实效性是一种多项条件受控下的较特殊效果。这种操作突出了生命体的某些关联性，但同时也容易忽略其他一些关联性。所以仅仅根据这些实验结果经营家畜也存在一定的局限性。而传统马学中的实效性本身源于现实生产实践，对马的自然属性以及对当地的生态环境没有太大的影响。另外，现代马学的操作较复杂、成本较高，需要借助很多特定人员、场所、设备等。

在理论方面，日本现代马学通过解剖分析、显微镜观察、生理实验等方法，较深入掌握了马体汗腺的详细构造，排泄汗液的重要生理机制。但是这种建构方式也存在一些忽略生命的整体性、复杂性等局限。例如，现代马学没有关注到训练不同阶段汗液分泌的多种形态变化，也没有太关注不同马匹之间的个体差异等问题。

六、血液

血液是人和动物心脏和血管里循环流动的不透明液体，大多为红色。面对相同的血液，蒙古传统马学和日本现代马学有着不同的认识。前者主要关注血液的色泽、位置、动态等感官特征，并结合传统医学基础理论赋予血液一定的整体性意义。而后者主要关注血液的循环、输氧等结构性、功能性特征。

（一）蒙古传统马学中的血液

第一，认知特点。

蒙古族在日常生活中不仅烹饪牛、羊等家畜的血液，而且宰羊的过程中把手从腹部剖开的小口伸进去掐断其大动脉。所以他们对血液以及很多血管并不陌生。古代蒙古族虽然没有进行详细的解剖实验、生理实验等，但是他们从色泽、位置、动态等角度把握了血液的多个特征。

在血液的色泽方面，蒙古族观察了从口、鼻等部位自行流出来的血液颜色，也观察了从被刺破的一些血管流出的血液颜色。这些是对血液颜色的直接观察。例如，蒙古传统马学认为放血治疗时，需要等到流完黑褐色的血液，并开始流淌鲜红血液的时候及时止血（塔瓦，2005）[116]。另外，蒙古族还通过眼睛、舌、唇等部位的颜色，间接观察了血液。以口色为例，稍红的颜色是轻度热的症状；稍深的颜色是里实热证；暗红的颜色是热入营血；紫红的颜色是热病重症（巴音木仁，2006）[225]。不管是直接观察，还是间接观察，蒙古族都从血液色泽特征解读出了一定的整体性意义。

蒙古族除了观察血液的色泽之外，还观察了血液的动态特征（脉象）。虽然传统马学和现代马学都注意到了血液的流动特征，但是捕捉的信息以及对它的解读都存在很大的差异。正如栗山茂久在比较中医和古希腊医学时所指出：两个人把手放在"相同"的身体部位，却感受到完全不同的东西。古希腊医生主要是在测量脉搏，而中国医生主要是在诊断脉象（栗山茂久，2009）[46]。与此类似，蒙古传统兽医学主要关注脉搏的强弱、快慢、深浅、盛衰等信息，具有较强的整体性特征；而日本现代兽医学主要通过脉搏的跳动次数来把握家畜心脏的跳动次数，具有较强的局部性特征。例如，蒙古传统兽医学认为：脉的状态主要包括脉搏指数、深浅、形态、强度、动势、波幅、节律等内容（巴音木仁，2006）[237]。根据这些动态特征，蒙古传统兽医学把脉象分为阴阳两大类型，共16种具体脉象：以血、希拉为主的阳脉，其脉象是浮、数、硬、滑、洪、弦、促等7种；以巴达干，赫依为主的阴脉，其脉象是沉、迟、松、涩、微、细、紧、结、代等9种（巴音木仁，2006）[242]。

表1.6 蒙古传统兽医学中的7种阳脉与9种阴脉及其特征

脉象		动态特征
阳脉	浮	脉位浅，轻按有明显的感觉，重按稍减而不空
	数	一息脉来五至以上
	硬	有力而坚实
	滑	指感圆滑，如盘走珠，往来流利
	洪	洪脉极大，大如涌沸，满于指下，来盛去衰
	弦	脉波较长，指下感觉如张弓弦
	促	脉来急数，时而一止，止定无数
阴脉	迟	脉来迟慢，一息不足三至
	沉	脉位深，轻按察觉不到，需要重按筋骨才能摸清
	松	脉来去俱无力
	涩	往来艰涩迟滞，欲来而未即来，欲去而未即去
	微	极细极软，按之欲绝，若有若无
	细	脉如直线，细而软
	紧	脉来往绷紧，强按不止
	结	脉来缓慢，时见一止，止无定数
	代	脉来一止，止有定数

资料来源：整理于巴音木仁的《蒙古兽医研究》（汉文，2006年），242页至246页。

蒙古族诊断马的脉搏，主要通过摁双凫脉或者颌外动脉。而且在具体诊断过程中，脉象更为复杂，往往呈现复合形态，只有那些经验丰富的兽医师才能判断清楚。

蒙古族还非常重视血液的位置，即放血位置。他们认为在放血疗法中，刺破不同部位的血管有着不同的生物医学意义。蒙古族比起汉族、朝鲜族等更多使用放血疗法，而后者更多使用针灸疗法（煞日布，1986)[1]。蒙古族在给马放血时主要刺破其不同部位的静脉血管。在现代生物医学中，血液构成一种循环体系，除了被分为动脉血和静脉血这两大部分之外，血液所处的其他具体位置并没有太大的意义。但在传统医学中，并不十分强调动脉血和静脉血的划分，反而非常强调血液所处的某些特殊位置。这种血液的"位置"特征，较突出体现于马体各种放血点的确认之上。其中每一处的针刺部位都具有一定的特殊意义。

表 1.7　蒙古传统马学中的放血部位及其功能

序号	放血部位	治疗疾病
1	眼部血管	眼病、肝病、脑部血液疾病
2	颈部血管	脑神经、脊髓神经、肺病、中毒
3	胸部血管	胸部疾病、肋部疾病、肺病、前肢破足、肩胛疾病
4	上膊血管	膝盖或前膊肿、前肢破足
5	膝盖血管	膝盖肿、破足、筋疾病、大肠疾病
6	管部血管	胸部疾病、破足、蹄部疾病、肝病
7	蹄、额、生殖器部位血管	饮水导致的疾病、肠胃胀、肠阻、破足
8	腹侧血管	肠胃疾病、胀肚、中暑、饮水导致的疾病

续　表

序号	放血部位	治疗疾病
9	股部血管	膘情差、淤血、破足、饮水导致的疾病、臀部疾病
10	飞节血管	胃病、飞节肿
11	嘴唇血管	饮水导致的疾病、口腔疾病、喉咙疾病、肠胃疾病
12	颐凹血管	肠胃疾病、挑食
13	舌根血管	口腔疾病、喉咙疾病、肠胃疾病、便秘、舌肿胀、肺病
14	下嘴唇血管	胃病、口腔疾病
15	嘴唇外血管	肠胃疾病、喉咙疾病、咳嗽、鼻子炎症
16	上颚血管	上颚淤血、上颚肿胀、口腔疾病、喉咙疾病、肠胃疾病、脑部淤血
17	眼下血管	饮水导致的疾病、便秘、肠胃疼痛
18	鼻子血管	鼻子炎症、喉咙疾病
19	鼻梁血管	肺病、饮水导致的疾病、胀肚、喘气
20	腮部血管	头部受伤、背部受伤、胸部受伤、膘情差
21	耳尖血管	中暑、脑部淤血、肠胃疼痛、
22	胸部血管	破足、胸部疾病、肺部淤血、心脏疾病
23	尾端血管	中暑、脑部淤血、肠胃疼痛
24	球节血管	球节疾病
25	蹄部血管	破足、蹄部疾病
26	系部血管	破足、蹄部淤血

资料来源：整理于塔瓦的《马经汇编》（蒙古文，2005 年），118 页至 120 页。

从上述各种放血部位及其相关治疗作用可以看到：首先，放血疗法具有一定的"就近治疗"的特点，就是哪里出现问题就刺破该处的静脉。其次，放血疗法也具有"内外关联"的特点，就是内部疾病，可以通过外部放血来治疗。因为放血疗法通过脏腑、脉络等传统医学基础理论，把身体表面穴位与内在脏腑器官联系起来。比如把眼部血管与肝病、鼻梁血管与肺部疾病、嘴唇血管与肠胃等相互联系起来。从这里可以看到，蒙古传统马学中的血液是反映马体多种状态的重要组成部分。

第二，知识建构。

蒙古族对血液的认识与他们的日常生活有着密切的联系，在知识的总结提炼过程中加入了他们特殊的实践经验、身体感受，体现出了较强的建构性特征。例如，17 世纪传入蒙古地区的印度医学经典著作《医经八支》，从盛、衰等角度讨论了血液以及相关身体特征：血盛的特征是，牙龈疼，眼睛、皮肤、尿液色泽变红；血衰的特征是喜酸和阴凉，血管变松，皮肤粗糙等（苏和，2006）[146]。又例如，脉象迟缓一般是寒性疾病，脉象急促一般是热性疾病等。这些血液特征的认识与人们亲身感受和体会有着密切的联系。特别是对血液色泽的观察，脉搏的感受方面，与亲身经验有着密切的联系。

蒙古传统马学对血液整体性意义的建构，更多依赖寒热、三根、七素、五元、阴阳、五行、脏腑、脉络等传统医学基础理论。特别是蒙古传统医学中的七素理论，把血液当作构成身体的食物精华、血、肉、脂、骨、骨髓、精液等七要素之一。七素又分为基本七素和营养七精华。其中，基本七素是指食物精华、血、肉、脂、骨、骨髓、精液等。营养七精华是指食物精华之精华，血之精华，肉之精华，脂之精华，骨之精华，髓之精华，精液之精华等（巴音木仁，2006）[150-151]。而且基本七素和营养七精华，以精华为链条，构成一种依次生成的关系：食物精华→（食物精华之精华）→血→（血之精华）→肉→（肉之精华）→脂→（脂之精华）

→骨→（骨之精华）→骨髓→（髓之精华）→精液→（精液之精
华）→滋养生命。血液把"食物精华"中的精华运送到身体各处
滋养七素，并把一些糟粕带到相关排泄器官。从这一七素依次生
成的关系来讲，血的精华生成肉，其糟粕变成"粪色素"、"尿色
素"（巴音木仁，2006)[154]。在这些建构中，某些具体联系、具体结
论可能存在一定的问题，但是它的重要性在于强调了生命体的关
联性和整体性。

　　蒙古族对血液特征的认识，除了七素理论之外还依赖三根理
论。1749 年翻译成蒙古文的大藏经《丹珠儿经》的一百三十一函
《马经医相合录》中，用三根理论划分了血脉特征：赫依区域的血
脉像鱼游动，希拉区域的血脉像麻雀的叫声，巴达干区域的血脉
像蚂蚱行走（1749)[362,下]。血液对传统蒙医中的三根及其作用的发
挥方面，有着非常关键的作用。

表 1.8　蒙古传统兽医学中三根的分类、分布及其功能

分类	分布	功能
总赫依	位于全身，主要在心和大肠	支配血液循环、呼吸、分解食物，输送精华，排泄糟粕，发挥五官功能，繁衍后代，协调希拉和巴达干，统领畜体生理功能
司命赫依	位于主动脉和头顶，行于咽喉和胸腔	支配饮食、呼吸，使大脑、感觉器官清明，精神正常
上行赫依	位于胸部，行于喉、舌、鼻、脐	支配思维，增强力气、色泽、敏捷，使感觉器官清醒
普行赫依	位于心脏，行于全身	支配四肢运动，开合孔窍，血液循环，输送精华
调火赫依	位于胃，行于腹腔	支配分解和消化食物

续 表

分类	分布	功能
下清赫依	位于直肠，行于大肠、膀胱、肛门	支配生殖、排便、分娩
总希拉	位于全身，位于肝、胆、小肠、血、汗	产生热量，消化食物精华，产生体温，焕发精神
消化希拉	位于幽门，行于全身	消化食物，分解糟粕和精华，产生热量，促使七素成熟
变色希拉	位于肝，行于血管、肠道	把食物精华变为血液，再把血液分解为糟粕和精华，其精华滋养七素
能成希拉	位于心脏，行于全身	支配精神、思维
能视希拉	位于眼球	支配视觉，辨别形态、色彩
明色希拉	位于皮肤，行于体表	滋润皮毛，展现色泽
总巴达干	位于全身，主要在头、心、胃等	体液代谢，帮助消化，滋润关节、皮肤，增强耐力，促进发育、安定情绪
主靠巴达干	位于胸腔	其他巴达干的基础，支配体液代谢
腐熟巴达干	位于胃	消化食物
司味巴达干	位于舌	支配味觉
能足巴达干	位于脑	支配五官的视觉、听觉、嗅觉、味觉、触觉
能合巴达干	位于关节	润滑关节

资料来源：整理于巴音木仁的《蒙古兽医研究》（汉文，2006 年），141 页至 146 页。

可见，心脏是总赫依、总巴达干的重要住所，血液是总希拉的重要住所；血液与希拉存在着密切的联系；血液循环与赫依有着密切的联系；血管也是三根之间相互关联、相互平衡的重要通道。

蒙古族对脉象的认识也与阴阳五行、脏腑、脉络等理论有着密切的联系。首先，获取脉象的身体位置有着不同的意义。以双凫脉为例，左右手三个把脉的指头，各代表着不同的脏腑，有着不同的含义。在翻译成蒙古文的《马经大全》（《元亨疗马集》）中记载：右手食指诊左凫上部，其脉应心属火；中指诊左凫中部，其脉应肝属木；名指诊左凫下部，其脉应肾属水。左手食指诊右凫上部，其脉应肺属金；中指诊右凫中部，其脉应脾属土；名指诊右凫下部，其脉应心肾属水火等（赤峰市古籍整理办公室，1996）[442-443]。这方面蒙古族较多受到中兽医的影响。

其次，蒙古族通过脉诊获得的浮、数、硬、滑、洪、弦、促、沉、迟、松、涩、微、细、紧、结、代等脉象，有着不同的意义。例如，脉象浮反映体表的赫依性病症，脉象沉反映体内的巴达干和希拉性病症；脉象迟反映巴达干寒偏盛之症，脉象数反映温热病和希拉热之症；脉象虚弱反映正精不足的虚证，脉象有力反映邪气亢盛、正精不衰的实证等（巴音木仁，2006）[237]。在这些脉象意义的解读过程中，寒热、三根、阴阳等理论发挥着基础性作用。蒙古族正是通过捕捉这些脉象，并进行详细分类以及深入解读其意义，达到了从整体上把握身体状态的目的。

蒙古族放血疗法也有很强的建构特征。1978 年在内蒙古达拉特旗出土了西周至东周时期的青铜针，经鉴定被认为是兽医用针（巴音木仁，2006）[26]。另外成书于 9 世纪的藏医学经典著作《四部医典》中记载了蒙古族的灸疗，在其作者传记《玉妥·云登贡布传》中还记载了蒙古族的放血疗法（白清云，1986）[5]。可见，蒙古族很早就开始使用放血疗法。而且他们对放血位置的选择，既有一些经验性探索，也有明显的理论指导。在经验探索方面，放血疗法的"就近刺破"策略具有较强的代表性，在一定程度上体现了人们的医疗探索。而身体外在与脏腑之间关系的建立方面，则更多依赖于传统医学基础理论。例如，在清代翻译成蒙古文的中兽医经典著作《马经大全》(《元亨疗马集》) 中，全文翻译了原书中的"针穴"内容，其中包括眼脉穴、鹘脉穴、胸膛穴、带脉穴、尾本穴、蹄头穴等多处放血穴位。而且这些穴位具有明显的身体内外关联性：刺破眼脉穴主要治疗肝热、眼肿等疾病；刺破鹘脉穴主要治疗五脏积热等疾病；刺破胸膛穴主要治疗心积热等疾病 (赤峰市古籍整理办公室，1996)[408-418]。可见，在这些放血疗法中脏腑理论、脉络理论等发挥了重要作用。

第三，优缺点。

蒙古传统马学，重点关注了马血液的色泽、流动、位置等特征，并根据这些特征总结提炼出了较系统的脉诊知识，放血疗法。而且这些知识具有明显的关联性、整体性。

在实践方面，蒙古族能够根据马的脉象、唇色、舌色、眼睛色泽等特征判断家畜疾病，也能够通过放血疗法，治疗家畜的四肢肿胀等常见疾病。而且放血疗法主要依赖生命体的自身调节功能，所以对生命体以及当地环境的影响非常有限。相比之下，当今采用的疫苗注射、药物治疗等方式对马体的影响比较大。

在理论方面，蒙古族把血液的各种特征与传统医学基础理论相结合，使血液成为认识马体状态性、关联性、整体性特征的重要内容。例如，从七素理论的角度来讲，血液是构成身体的"七素"之一。而且食物的精华、血、肉、脂、骨、骨髓、精液等七素之间有着依次生成的关系。从三根理论的角度来讲，血液与三根中的希拉有着密切的联系。希拉是阳性的，所以血液也具有阳性。同时血液在普行赫依的作用下，通过血管把营养精华输送到机体各部，用来滋养七素 (巴音木仁，2006)[154]。但是，蒙古传统马学还没有深入把握血液的一些构成要素，一些与循环、输氧相关的微观机制。

（二）日本现代马学中的血液

第一，认知特点。

血液是日本现代马学认识马体生理机制，诊断马疾病，判断赛马训练程度等的重要依据。而且日本现代马学重点关注了血液的循环机制、化学成分等结构性特征，还有输送氧气、营养物质等功能性特征。这种血液研究，实质上与肌肉、骨骼、感觉器官、内脏器官的研究基本相同，都是从结构、功能的角度把握马体。

日本现代马学，特别注重血液的循环机制。早在 18 世纪初期，日本第一本兰学著作《西说伯乐必携》中已记载了血液循环理论：血液从心脏开始在全身循环，最后又回到心脏（今村明恒，1942）[247]。到 20 世纪初期，血液循环理论已成为日本生物医学中的一项基础性、常识性内容了。例如，1907 年出版的日本马学重要著作《产马大鉴》中，对马血液的整个循环过程作了较详细的介绍：从左心室出发的大动脉分为前后两部分，前面的动脉向前肢、胸、头、颈部输送血液，而后面的动脉向腹腔、内脏、后肢输送血液。而大部分静脉多数位于身体表层，与动脉并行（原島善之助，1907）[337]。血液循环理论是现代生物医学的基础理论之一。它如同数学中的基本定律一样，对后来的生物医学研究起到重要的指引作用。从血液循环论出发，日本研究人员关注了血压、脉搏数等一系列问题。例如，在 1932 年木全春生就讨论过马的运动与血压、脉搏之间的关系问题（1932）。后来的人们更详细研究了血液总量、循环速度、血液黏稠度等多种与血液循环密切相关的问题。在血液总量方面，主要关注了随着训练的进行，马肌肉组织中的毛细血管数量会变多，其血液量也会随之发生变化（日本中央競馬会競走馬総合研究所，1986）[130]。血液循环速度方面，主要研究了心脏的大小、跳动次数等问题。例如，日本现代马学经过研究发现赛马在快速奔跑过程中其心跳速度远远超过人类的极限值，甚至达到平时的六到七倍。人类运动时，其心跳每分钟190次左右，而赛马是每分钟220—230次左右（中央競馬ピーアールセンター，1981）[167]。血液的这些研究基本上都以循环机制作为基础，具有明显的结构性特征。

日本现代马学还特别重视血液的输氧功能。这方面主要关注了红血球及其变化，系统研究了红血球的数量、体积、储备等与输氧功能密切相关的问题。在日本赛马综合研究所出版的《马兽医学（馬の医学書）》中详细记载：马血液中的红血球含量平均9450000/mm²，几乎是其他动物的两倍；而且其红血球容积小、从而表面面积更大，有利于输送更多的氧气；另外马的脾、肺、肝脏等内脏中还储藏着大量的红血球，在运动过程中这些红血球将被动员起来（日本中央競馬会競走馬総合研究所，1996）[72]。从这里我们也可以看到，现代生物医学研究血液现象，是有一些重要基础理论的，是有所选择和侧重的。

日本现代马学还注重研究血液的构成要素。例如，日本赛马保健研究所的樱井信雄等人观察三岁纯血马在运动过程中的血液变化，发现红血球的数值变动为110—300（$10^4/mm^3$），比原来增加了11％—28％；血红蛋白的数值变动为1.1—4.2 g/dl，比原来增加了8％—29％；血清的数值变动为3％—12％，比原来增加了8％—27％；血沉的数值变动为4—13 mm，比原来减少了19％—57％；水分的数值变动为0.4％—1.8％，比原来减少了1％—5％（桜井信雄，1967）。这里日本现代马学把血液的特征还原为红血球、血红蛋白、血清、水分等重要构成要素及其变化。随着现代观察手段、实验手段的改进，人们从细胞器等更微观的角度来研究马的血液问题。例如，1990年小野宪一郎等人研究了马红血球中的 SOD（超氧化物歧化酶）、GSH‑px（谷胱甘肽过氧化物酶）、过氧化氢酶及其活性特征等更微观的问题（Kenichiro ONO et al.，1990）。日本现代马学除了在生物学层面关心血液的构造特征之外，还从化学的角度研究血液的构造。例如，1922 年伊地知长生研究了血浆中的重碳酸盐的变化，发现其含量与马的疲劳程度以及疝痛等疾病存在明显的联系（伊地知長生，1922）；1983 年高木茂美等人比较研究了不同训练条件下，马血液中血糖和胰岛素的反应变化（Shlgeyoshl TAKAGI，1983）；1992 年半泽惠等人研究了运动之后马血浆中的氨基酸和无机离子的浓度变化等问题（Kei HANZAWA et al.，1992）。上述现代马学对血液的生物组织层面、细胞层面、化学成分层面的研究，都具有明显的结构性、功能性、还原性特征。

日本现代马学除了关注血液的循环机制、输氧功能等特征之外，也关注了血液的其他一些实验特征。例如，血沉，即抗凝血放入血沉管中垂直放置，红细胞在第一小时下沉的距离。在马的不同成长阶段、训练阶段、运动阶段，血沉都有明显的变化。日本赛马综合研究所经过研究发现，两岁赛马在没有进行系统训练时的血沉速度为 60 mm＋2.33（40 分钟，温度 20°），经过三四个月的训练血沉速度达到 41 mm，再经过一年多的训练血沉速度达到 11 mm（桜井信雄 など，1964）[67-70]。所以血沉成为日本现代马学了解马体状态的一个重要参考指标。从表面上看来，血沉这种实验现象与血液的循环机制、输氧功能、构造特征等没有直接相关，但是它也具有一定的结构性、功能性理论背景。例如，当时认为血沉的抑制因素主要包括血液黏稠度的增加、血液中碳酸的增多等，而血沉的促进因素主要包括红血球数量的减少、血红蛋白浓度的上升等（桜井信雄，1941）。后来随着现代血液研究的深入，人们认识到血沉的速度主要取决于红血球之间的集聚力量。集聚力量大，血沉就快；集聚力量小，血沉就慢。对赛马来讲，集聚力大的红血球肯定不利于快速输送氧气。另外，红血球的下降速度也与血液中的密度、浓度等有关。可见，血液的这些归纳研究、实验研究也受到一定的结构性、功能性认识的影响。

第二，知识建构。

日本现代马学对血液的认识，离不开一系列的解剖实验和生理实验。血液的认识是通过这些实验研究逐步建立起来的。而且其中最重要的理论是血液的循环机制和输氧功能。它们是近现代生物医学领域中的重要突破，也是近现代生物医学进行血液研究的理论基础。其实，在古希腊医学中血液知识有明显的有机论色彩。当时认为血液是影响身体平衡状态的重要"体液"。放血疗法作为一种重要医疗措施，长期受到古代西方医学的重视。但是近代生物医学对血液的认识发生了重大变革。这主要归功于人们认识到了血液的循环特性和输氧功能。文艺复兴时期，欧洲著名兽医解剖学家瑞尼（Carlo Ruini），对马的血管进行了系统、详细的解剖研究。

可见，解剖分析是瑞尼认识血管的主要手段。其实，瑞尼（Carlo Ruini）比哈维更早发现了血液的循环特征，在他的著作《马的解剖、疾病及其治疗》第二卷第十二章中记载：心脏各室之间有孔，血液通过右室的孔从大静脉流入，再通过别的孔进入肺动脉；血液通过左室的孔带来肺脏中的空气，从肺静脉流入；在左室变得更纯更精，然后输送血液和温度到除肺脏之外的全身各个部位（アイヒバウム，1899）[75-76]。把这些过程具体可以表述为：大静脉→右心室→肺动脉→肺→肺静脉→左心室→全身。可见，瑞尼比哈维更早指出了肺循环。但是哈维以更详细实验研究、更严密的逻辑推理为基础，提出了完整的血液循环理论。血液循环机制的发现，一方面抛弃了以往关于血液的神秘主义观点，另一

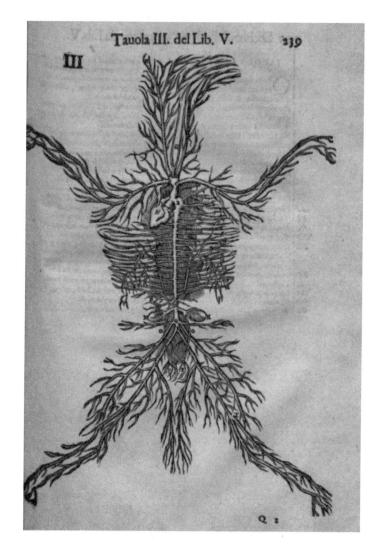

图 1.13 文艺复兴时期欧洲著名兽医解剖学家瑞尼的动脉解剖图

资料来源：摘自卡洛·瑞尼的《马的解剖、疾病及其治疗（Anatomia del cavallo, infermità, et suoi rimedii)》（意大利文，1618 年），239 页。

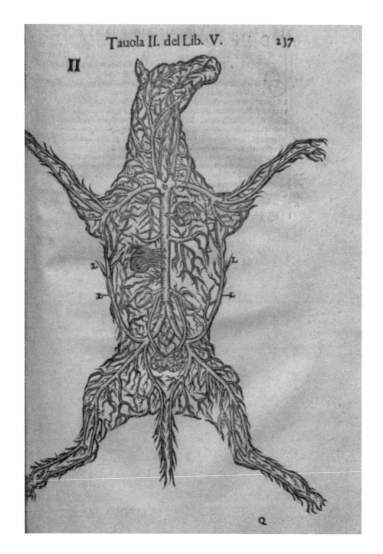

图 1.14 文艺复兴时期欧洲著名兽医解剖学家瑞尼的静脉解剖图

资料来源：摘自卡洛·瑞尼的《马的解剖、疾病及其治疗（Anatomia del cavallo, infermità, et suoi rimedii）》（意大利文，1618 年），237 页。

方面也使血液流动具有了一定的机械性。正如哈维用自来水系统来比喻血液循环系统：心脏像水泵一样，使血液在各种导管组成的闭合回路中循环，这使人想起 17 世纪的自来水供水系统，血液循环如同水管阀的两个瓣阀运送水流（韦斯特福尔，2000）[97]。西方近代生物医学在哈维研究的基础上，继续探索了血液的循环速度、压力等问题。例如，在脉搏方面，1620 年帕多瓦大学医生桑托里奥（Santorio Santorio），根据伽利略摆的思想设计出测量脉搏数的仪器（スタンリーＪライザー，1995）[121]；1860 年法国医生马雷（E. J. Marey）制造出记脉波的装置，该设备的一端连接在动脉，另一端则能够绘出波图（スタンリーＪライザー，1995）[126]。在血压方面，1733 年斯蒂芬·黑尔斯（stephen hales）首次测量了血压。他把鹅的气管，一头插入马的颈动脉之中，另一头安装玻璃管，然后观察了玻璃管中的血压（Ｐローズ，1990）[83]。这些脉搏、血压研究，都以血液的循环机制为重要基础，都具有明显的结构性特征。后来日本现代马学不仅吸收了这些关于血液的结构性观点，并且在此基础上进一步研究了血液的循环速度、血液总量、心跳速度等一系列结构性问题。

血液输氧功能的发现也深刻影响了现代生物医学对血液的认识方式以及后来的研究。早在 1669 年理查德·洛厄（Richard lower）就观察到动物静脉的血通过肺变得色泽鲜红，他认为这是血液从空气中吸收了某些成分。同时代的约翰·梅奥（John Mayow）也认为血液从空气中吸收了某些成分（Ｐローズ，1990）[70]。到了 1684 年，波义耳（Robert Boyle）在其著作《关于人类血液的自然史（Memoirs for the Natural History of Humane Blood）》中就指出用化学方法分析血液的必要性（スタンリーＪライザー，1995）[153-154]。到 18 世纪末，拉瓦锡（Antoine Laurent lavoisier）不仅认识到氧气在呼吸中的重要性，而且用燃烧等化学反应来比喻氧气对身体的功能（Ｐ ローズ，1990）[82]。1861 年生理化学家莫里茨·特劳贝（Moritz Traube），已发现血液输氧的具体机制。他说氧穿过毛细血管壁进入人的肌肉纤维，在细胞的流质中发生氧化，并产生二氧化碳和热（科尔曼，2000）[140]。血液输氧功能的发现，对以后的血液研究也产生了重要指引作用，很多血液的具体研究都围绕其输氧功能来展开。从 19 世纪末期开始，日本大量吸收西方马学，其中就包括大量的血液知识。例如，1887年翻译成日文的法国人科林·加布里埃尔（Colin Gabriel）的著作《兽医生理书》，从消化、呼吸、循环、营养、分泌等多种角度讨论了血液问题（ジェー・コラン，1887）[55-56]。1891 年翻译成日文的法国马学重要著作《马学教程》，提到血液中的红血球和白血球等重要成分（バロン，1891）[上卷三,40]。这些内容，都与血液的输氧功能有着密切的联系。到二十世纪初期时，日本现代马学对血液的研究已进入本土化阶段。例如，松叶等人从 1928 年开始在总御料牧场（総御料牧場）和小岩井农场（小岩井農場）进行了连续九年的大规模运动生理学实验研究，主要探究了鉴定马运动能力的五个指标：红血球抵抗、血液黏稠度、红血球沉降速度、血清冰点下降度、血浆氢离子浓度等问题（農文協，1983a）[415]。后来日本赛马综合研究所更加系统研究了马的运动负荷情况，涉及运动过程中的氧气摄取量、二氧化碳排泄量、心跳次数、血液中乳酸储备率、肺部血液温度、血液中的气体含量等多项数据。（日本中央競馬会競走馬総合研究所，2009a）[8]可见，日本现代马学的血液研究中，"循环机制"、"输氧功能"等理论具有基础性地位。而且以它们为基础的研究，也具有明显的功能性、结构性、局部性特征。

第三，优缺点。

日本现代马学，一方面，重点研究了血液的循环机制、输氧功能等一些重要生理机制；另一方面，深入研究了血液相关的器官组织、血液成分等问题。这些知识具有较强的还原性、局部性特征。

在实践方面，血液相关的总量、流速、成分等研究，为马的训练、医疗等提供了重要依据。例如，马的运动既有有氧运动，也有无氧运动，但是无氧运动持续时间毕竟有限，特别是远距离奔跑主要依靠有氧运动。所以与输氧功能密切相关的血液循环速度、红血球数量、血液量等问题，成为日本现代马学所关注的重要问题，与此相关的知识也成为训练赛马的重要依据。

在理论方面，日本现代马学围绕血液的循环特征、输氧功能等问题，较系统研究了血液的结构性、功能性特征。而且血液循环确实是马体的重要生理机制，血液的输氧功能也是马体的重要生理功能。但是这些研究也具有一定的机械性。例如，日本现代马学在一定程度上忽略了血液与马体其他部位之间的复杂联系，把血液的研究主要限制于循环系统、呼吸系统等一些局部领域。另外，现代马学虽然从红血球、白血球、血红蛋白等微观的角度把握血液，但是这种还原主义方法也不能彻底把握马的血液。因为马血液中的红血球、血清、血球中的酶等，也具有一定的个体差异性。例如，在马的血型研究中，国际上根据血球把血液分为A、C、D、K、P、Q、U 等体系；根据血清把血液分为 Tf、Es、Pre、Alb 等体系；根据血球中的酶把血液分为 PGM、PHI、6 - PGD、CA、Acp、Cat、Dia、Hb 等类型（細田達雄，1977）。这意味着马的血液，有非常多的类型。马的血液还会随着生存环境、生命历程的变化，而产生一定的适应性变化。这意味着，仅仅从还原性、机械性角度很难彻底把握马的血液。

七、小结

第一，马学知识在认知维度上的地方性。

从认知特点的角度来讲：首先，两种马学虽然都重视对马外貌、肌肉、骨骼、感觉器官、内脏器官、汗液、血液等的认识，但是有着各自的侧重点。蒙古传统马学详细描述了它们的特殊形状、色泽、触感、部位、类型、状态、变化等，把握了较多状态性、整体性特征，并强调马体的一些个体差异。而日本现代马学则详细分析了它们的结构、组合关系、模型、功能、机制、成分、生物组织、化学要素等，把握了较多结构性、功能性特征，并特别注重马体共同特性的总结。其实，生命的存在和进化是一个个体性与共同性共存的过程。其次，两者都比较注重马的外貌、肌肉、骨骼、感觉器官、内脏器官、汗液、血液等与马体之间的联系，但这一联系也有所不同。蒙古传统马学更多看到了它们与身体之间的整体性、哲理性联系，很多器官已经不是简单的器质性器官了；而日本现代马学更多看到了它们与身体之间的局部性、功能性联系，这些器官具有明显的器质性特点。在一定程度上讲，前者把握了宏观层次的生命特征，注重这些马体组成部分对整个生命系统动态平衡的维持、调整等方面的重要意义；而后者把握了微观层次的生命特征，注重这些马体组成部分在各自局部生理系统中的重要意义。再次，两种马学都重视对马的一些整体性认识，但也有所不同。蒙古传统马学更注重马体的一些类型化的整体特征；而日本现代马学则更注重某种模型化的整体特征。前者虽然具有一定的模糊性，但也具有较强的包容性；后者虽然具有较高的精确性，但也存在一定的机械性。最后，两者对认知过程中的主体参与性有着不同的态度。蒙古传统马学非常重视发挥人的感官能力、主动性，而日本现代马学比较重视实验分析、仪器设备等，尽量避免认知主体的干扰。其实，在科学活动中，认识主体和实验工具都发挥着重要作用。可见，两种马学有着各自的侧重点，它们之间具有一定的不可代替性。这就是知识多样共存的一个重要原因。

从知识建构的角度来讲：首先，两者都带有明显的实践烙印，但有各自的特殊性。蒙古传统马学主要受到生活实践的建构作用，马体的观察，生命特征的描述受到了游牧生产、日常生活、身体感受的重要影响，它在很大程度上是一种源于生活实践的科学，具有明显的描述性、体验性、多样性特征；而日本现代马学则主要受到实验室实践的建构作用，马外貌、肌肉、骨骼、感觉器官、内脏器官、汗液、血液等的认识具有明显的解剖学实验、生理学实验、化学实验等背景，它在很大程度上是一种源于实验室实践的科学，具有明显的测量性、机械性、单一性特征。其次，两者都带有明显的理论基础，但有各自的特殊性。蒙古传统马学以寒热、三根、七素、五元、阴阳、五行等理论为基础，在马体多个部位之间建立了状态性、关联性、整体性联系；而日本现代马学则以现代医学、生物学、化学、物理学等为理论基础，具有明显的结构性、功能性、还原性、局部性特征。再次，这些经验知识与理论知识并不是孤立存在，它们之间有着重要的促进关系。例如，蒙古族通过传统医学理论的训练，让自身把握马体的感觉能力变得更加敏锐了。而日本兽医师受到现代畜牧兽医学的训练，对马体的认识具有了更强的结构性、功能性特点。可见，各种生物医学知识都是各自实践活动、各自理论体系的有机组成部分，它们从各自的角度把握了生命这一复杂现象。

从知识优缺点的角度来讲：首先，蒙古传统马学有利于马品种的多样化生存以及自然进化，但是商品化、批量化生产方面效率较低；而日本现代马学在标准化、商品化、批量化生产方面效率高，却不利于马品种的多样化生存以及自然进化。其次，蒙古传统马学通过三根七素、阴阳五行等理论，掌握了马体的一些整体性特征，但对马体详细构造、作用机制的认识较模糊；而日本现代马学通过解剖分析、生理实验等，掌握了马体的较多结构性、功能性特征，但它简化了马体的复杂性，存在一定的机械性。再次，蒙古传统马学更多挖掘的是善于长途奔袭，具有耐力的马；而日本现代马学更多挖掘的是善于短途快速奔跑的马。最后，蒙古传统马学具有操作简便，成本低，普通民众容易掌握，人为干预主要以刺激和激发马体的自身调节能力为主等特点；而日本现代马学具有操作复杂，成本高，由专业人员来掌控，人为干预对马体的影响比较大等特点。可以说，蒙古传统马学与日本现代马学，不管是在理论方面还是在实际方面都具有较强的互补意义。所以，我们不应急于用某一知识体系代替另一个知识体系，而是应该充分发挥它们各自的长处。

第二，畜牧兽医学知识在认知维度上的地方性。

马学知识的地方性可以延伸到畜牧兽医学知识领域。畜牧兽医学的起源可以追溯到人类原始时期的采集狩猎活动。因为自然环境、生物资源、生活方式等方面的差异，在世界多个民族、多个地区产生了各具特色的畜牧兽医学知识。例如，对蒙古族来讲，比较注重饲养马、骆驼、牛、绵羊、山羊等家畜，而对日本人来讲，较注重饲养牛、马、鸡、猪等家畜。而且各种畜牧兽医学知识之间，都存在一定的差异性。例如，蒙古族对家畜的畜养具有明显的"半自然"状态，其传统畜牧兽医学在很大程度上遵循了家畜的自然属性。而日本现代畜牧兽医学主要用各种生物医学理论武装起来，对家畜的饲养具有较强的人工化特征。

马学知识的建构性，也可以进一步延伸到畜牧兽医知识领域。

首先，畜牧兽医知识与当地的实践活动有着密切的联系。例如，蒙古族在生产实践中积累了丰富的相畜知识，并根据这些知识选择较理想的种羊、种马、种牛、种骆驼等。而现代畜牧兽医学主要以现代生殖科技实验为基础，培育了种畜、母畜等。例如，《昭和农业技术发展史（昭和農業技術発達史）（4 卷）》中记载：日本畜牧业从 20 世纪中期开始大量运用人工授精等现代繁殖技术，到 1954 年养牛业中人工授精的普及率超过了 90％。对母牛的交配期、妊娠期等方面都有了较精确的技术方法。从 20 世纪 60 年代开始出现了精液冷冻技术，并迅速推广到畜产业。到了 1975 年使用冷冻精液的繁殖技术已达到 95％（1995）[59-61]。其次，畜牧兽医知识还受到了当地不同理论体系的重要影响。例如，对传统蒙古族来讲，有机整体论自然观、寒热、三根、七素、五元、阴阳、五行等理论，影响着对家畜的认识。这些知识具有较强的关联性和整体性。而对日本现代畜牧兽医学来讲，现代生物医学理论、现代自然科学等发挥着重要作用。例如，在饲料研究方面，日本从 20 世纪中期开始，进行了关于牛的消化实验、能量代谢试验、饲养标准化实验、营养实验等一系列研究（農林水産省農林水産技術会議事務局昭和農業技術発達史編纂委員会，1995）[59]。又例如，《昭和农业技术发展史（昭和農業技術発達史）（4 卷）》中记载：20 世纪末期，日本更加详细研究了鸡、猪等家畜的氨基酸、赖氨酸、色氨酸、苏氨酸需求量（1995）[188]。这些研究为家畜饲养的人工化、标准化、批量化、工业化提供了重要基础。

　　马学知识的优缺点也可以延伸到畜牧兽医学领域。传统畜牧兽医学知识和现代畜牧兽医学知识，都有各自的实践基础和理论基础。传统畜牧兽医学知识是经过千百年生活实践洗礼而积累的知识，而且也有自己的理论基础。而现代生物医学知识的合理性在于经过了严密的逻辑推理和科学验证而获得的知识。以饲料加工技术为例，19世纪末期德国就发现了非蛋白氨类物质能够制作人工饲料。其中最典型的就是尿素饲料。日本20世纪中期左右开展了对山羊、牛进行投喂尿素饲料的实验（農林水産省農林水産技術会議事務局昭和農業技術発達史編纂委員会，1995）[202]。在这些实验基础上，日本1969年第一次公布了饲养家禽的日本标准，1975年第一次公布了饲养肉牛和猪的日本标准。这些"饲养标准"较有利于家畜的标准化、规模化、商业化养殖，但是在一定程度上忽略了生命体的个体差异性和复杂性。传统畜牧兽医知识和现代畜牧兽医知识，都有各自的有效性。前者有利于家畜的长期自然进化，而后者的短期经济效益更显著。而且在现代畜牧兽医学较高经济效益的背后，也有着高投入、高风险等因素。例如，为了维持规模化养殖体系，日本畜产业每年需要进口大量的谷物用于制作饲料。根据《昭和农业技术发展史（昭和農業技術発達史）（4卷）》中的记载：1965年进口了712万吨谷物，1975年进口了1330万吨谷物，1985年进口了2055万吨谷物，1991年进口了2155万吨谷物（1995）[186]。

第三，生物医学知识以及其他知识在认知维度上的地方性。

马学知识的地方性还可以延伸到生物医学知识领域。生命体的复杂性为生物医学知识的多样性提供了客观基础。首先，研究生命体可以选择不同的进路，既可以选择这一物质，也可以选择那一物质；既可以选择物质，也可以选择关系。例如，理查德·列万廷（Richard lewontin）在《作为意识形态的生物学：基因的教条》中谈道：DNA是个不活跃、无化学反应的死分子。人们认为DNA制造了蛋白质，其实是蛋白质制造出DNA。但我们往往赋予基因更多神秘的能力，使它成为生命的基石，但更重要的是整个生命的复杂系统（席娃，2009b）[29]。又例如，恩斯特·迈尔在《生物学思想发展的历史》中谈道：物理学、化学等领域可能"数量"、"质量"占据非常重要的地位，但是在生物学领域却是"性质"占据重要地位（2010）[37]。其次，生物医学可以关注生命体的细胞、组织、个体、群体等各个层次上的特征，而且这些特征在一定程度上是不可还原、不可代替的。正如贝塔朗菲在研究生命的复杂性时所言：每个生命体都是一个系统，不能把生命现象完全分解为它的组成部分来认识，因为生命体整体显示出它的组成部分所没有的一些性质（1999）[16]。再次，对同一种生命现象，可以进行不同的解读。例如，生命体的整体性特征，既可以从现代系统论视角来研究，也可以从传统有机论视角来把握。而且两者有一定的差别。现代系统论是一种还原基础上的整体论，是一种"拆散"之后的"拼装"，依然具有一定的还原特色。这些意味着，生物医学知识并不是只有一种，除了现代生物医学知识以外，还存在其他类型的生物医学知识。所以不能简单地把某一种生物医学知识上升为真理性标准，而是应该为不同的生物医学知识提供应有的生存空间。正如格尔茨在《文化概念对人的概念的影响》中所言：特殊事物往往被看作是偏离、特异的，是对"真正"的科学研究的某种偏离。而在这种"基础性"、"常规性"的规范过程中，生动的细节已被死板的框架所扼杀了（2008）。当然，生物医学知识的多样性并不否认知识之间的相互交流、相互吸收，而是主张在一种相互平等基础上进行对话，达到取长补短、共同繁荣的目的。

马学知识的地方性还可以延伸到其他知识领域。首先，知识的差异性包括内容、形式、层面、角度、侧重点、意义等多个方面。正如格尔茨在《深描说：迈向文化的解释理论》中所言：人类学家发现的重要之处在于它的特殊性。他们在某一具体情境中经过详细的、长期的、高度参与性的田野调查发现一系列特殊材料。这些特殊材料使那些当代社会科学痛苦不堪的巨型概念具有了可感觉的实在性，而且，更重要的是能用它们进行创造性和想象性思考（2008）。所谓"使人痛苦不堪的巨型概念"就是那些过度追求普遍性的理论，而格尔茨反其道而行之，通过一系列"田野调查""深描""阐释"等过程，不仅发现了很多不同的文化，而且还从中解读出了不同的意义。格尔茨提出地方性知识这一概念，在很大程度上就是为了突出这些文化的特殊内容和意义。其次，知识的差异性，除了突出体现于传统知识与现代知识之间的差别上之外，还体现于传统知识内部以及现代知识内部。例如，中国、印度、阿拉伯等多个传统知识之间都存在明显的差异，而且每一种传统知识内部也存在很多不同的派别、体系。知识的差异性、地方性意味着，它们都应该得到人们的尊重和重视，应该具有一定的生存空间和生存权利。而且不能够简单地把某一知识或文化上升到普遍真理的位置，用它来衡量别的知识或文化。正如印度学者席瓦在《生物剽窃：自然及知识的掠夺》中所言：我将科学视为包含多种不同"知识路径"的多元化事业。它不仅包括现代西方科学，也包括了不同历史时期、不同文化传统中的知识系统（2009）[7]。当然，强调知识的差异性、地方性，并不反对不同知识体系之间的相互吸收和交流。这是一种相互交流、相互吸收的差异性、地方性。正如格尔茨在《反"反相对主义"》中所言：我不想捍卫"相对主义"，我只想抨击"反相对主义"，它似乎明显地与日俱增，是一种古老错误的现代版本（2013）。这里的"反相对主义"就是指各种版本的绝对主义，而"相对主义"是指把相对性绝对化，其实已成为某种绝对主义。这意味着在认识知识的地方性、多样性时，一方面需要反对知识的单一化、绝对化认识，同时也需要反对不同知识之间关系的割裂化、对立化认识。

马学知识的建构性还可以延伸到生物医学知识领域。首先，在生物医学知识的建构过程中，实践活动发挥着重要作用。例如，传统生物医学知识受到传统自然经济体系的重要影响，较重视人与自然之间的依存关系。而现代生物医学知识主要源于实验室，更多是从操纵、控制、干预的角度把握生命体。正如劳斯在《知识与权力》中所言：在实验室研究中，人们对实验对象进行一系列的改造才能得以控制它们，然后把这些经过改造的对象推广到实验室以外的世界（2004）[22]。在这些实验室研究中，生命体变成各种人为操纵的对象，其自身的生命属性容易被忽略。这也是现代生物医学知识，容易导致一些生物多样性、生态安全、生命伦理、食品安全等方面问题的重要原因。正如辛格在《动物解放》中所言，很多大型畜产公司为了提升自己的竞争力，把动物看作某种生产"机器"，为了提高利润采用了一系列技术手段，把低廉的饲料转化为高价格的畜产品。对他们来讲几乎没有什么关于植物、动物与自然的和谐观念（2004）[88]。相比较而言，传统生物医学知识更尊重生命体的自然属性，它是古代人与自然长期的相互依存、共同进化的智慧，也是人与自然可持续发展的重要保障。其次，不同的生物医学知识，还受到了各自理论体系的重要影响。传统生物医学知识以各种传统基础理论为根据来把握生命体，重点把握了生命体的一些状态性、关联性、整体性特征，但是不太熟悉具体的生理机制等。而现代生物医学知识主要以各种解剖分析和生理实验为基础把握生命体，重点把握了生命体的结构性、功能性特征，但具有一定的局部性、机械性。例如，现代生物医学知识在生产效率等方面确实具有明显的优势，但是也存在危害生物多样性，威胁生物自然属性，干预生物自然进化等问题。正如席瓦在《生物多样性的危机（生物多様性の危機）》中所言：农作物的"改良"，往往突出植物的某些特征，而牺牲植物的另一些特征。而且这些特征对大企业和小农户有着不同的意义。所以一些农业开发在破坏生物多样性的同时还可能导致贫困和生态环境的衰退（1997）[72-105]。这意味着各种生物医学知识都是一定程度上的建构物，所以我们不能够盲目推崇任何单一知识体系，而且需要看清它们各自的特色。

马学的建构性还可以延伸到其他知识领域。首先，知识在一定程度上是一种建构的产物，而不是纯粹发现的产物，其中融入了人们不同的生活方式、实践活动、自然观念、理论体系、社会需求、价值追求等。正如格尔茨在《深描说：迈向文化的解释理论》中所言：我们理解某一特定事件、仪式、习俗、观念或者任何其他事情的东西时，在研究以前，背景知识已经巧妙地融入其中。某种程度上讲这无论如何也不可避免（2008）。当然，这里的建构性并不认为科学技术是一种虚构、捏造、杜撰。建构性是个相对的属性。其次，知识的建构过程异常复杂，其建构性"隐藏"得越来越深。即使当今普遍化程度很高的现代科学技术也是一种建构的产物。各种大小不一的实验室就是它的建构场所。在这些特殊场所之内，事物的某些特性将被强化、被孤立、被控制等。正如卡尔·塞蒂娜在《制造知识》中所强调，实验室研究往往使某一种选择比其他的选择更具有吸引力，并且有可能降低其他变量的重要性（2001）[38]。而且现代科学技术即使离开了实验室，也往往"隐身性"地带着它的建构性特征。例如，一些现代企业所设置的标准化生产线、标准化厂房、标准化生产条件等，都是现代科学技术建构性的具体体现。如果忽略这些知识的建构性特征，把它简单地推广到其他地区或人群，可能会影响当地民众的生活方式、社会文化以及生态环境。再次，对知识建构性的认识，有利于我们对流行的知识或者边缘的知识都能够保持一定的反思性、批判性维度。就目前来讲，虽然西方文化在全球范围内获得迅猛推进，但从本质上讲它也是一种地方性文化。知识的建构性意味着，我们需要关注这些知识的适用范围、界限等。

马学知识的优缺点还可以延伸到生物医学知识领域。首先，不管是传统生物医学知识，还是现代生物医学知识都具有相对的合理性。例如，有些生物医学知识反映了生命体的定量特征，而有些是反映了定性特征。正如恩斯特·迈尔在《生物学思想发展的历史》中所言：量化（数量、质量）的研究在生物学中确实占据非常重要的地位，但是不能把它抬高到排斥一切其他性质的程度，例如描述性、分类性的知识（2010）[37]。其次，传统生物医学知识和现代生物医学知识都具有相对的实效性。传统生物医学知识的实效性，源于自然经济生产，注重人与自然的和谐共存。而现代生物医学知识的实效性，源于实验室研究，在权力、资本等的驱动下具有较强的标准化、高效化特征，注重产量、成本、速度等经济利益问题。正如帕金斯在讨论现代农业技术时所言：科技与资本相互结合，为小麦生产提供了新的动力、新的模式。在这种科学与资本相结合的环境中，产量成了小麦育种专家的首要问题（2001）[43]。所以在考虑生物医学知识的实效性时，我们需要考虑经济、社会、生态等多种维度。再次，传统生物医学知识与现代生物医学知识的服务对象有所不同。传统生物医学知识与当地普通民众的日常生活息息相关，它在满足当地人们的日常需求方面发挥着重要作用。而现代生物医学知识主要产生于大学、国家以及企业的研究机构，再加上专利权的保护，所以知识的真正受益者是那些控制这些知识的群体。正如席瓦在《生物多样性：第三世界的视角（生物多様性：第三世界の视点）》中所言：从现代企业和现代科学视野中的"改良"，对第三世界贫穷民众来讲可能是一种损害。因为这种资本控制下的单一化生产模式威胁着当地的生物多样性（1997）。可见，传统生物医学知识不是现代生物医学知识的低级阶段或者边缘性、补充性知识，而是同样具有重要意义。从某种意义上还可能纠正现代生物医学知识所导致的一些社会问题、生态问题等。

马学知识的优缺点也可以延伸到其他知识领域。知识的合理性、实效性是针对具体的文化体系、社会环境、自然环境而言的合理性、实效性，所以它们都具有一定的相对性。例如，某些技术对企业来讲可能带来高额利润，而从整个社会的角度来讲可能产生较大的环境污染或者其他安全隐患等。所以对待很多科研成果，不能仅仅看它的实验室效益，还需要看其生产实践效益；不能仅仅看它的经济效益、政治效益，还需要看其生态效益；不能仅仅看它的短期效益，还需要看其长期效益；不能仅仅看它对企业或某特殊团体的效益，还需要看其对整个社会的效益等。

第二章　历史的进程

　　乍看之下，过去似乎正是由这样一堆各种各样的事实构成的，其中有些引人注目，有些则模糊不清，而且不断地重复发生。这些事实成为微观社会学，或者说人类关系社会学以及微观历史学的日常研究对象。但是，这堆事实并没有构成科学思想自由耕种的全部现实和全部深厚的历史。因此，社会科学几乎有一种对于事件的憎恶。而且，人们不无理由地说，短时段是所有时段中最变化莫测、最具欺骗性的。

　　　　　　　　　　　　　　　　——布罗代尔《论历史》

　　在认识知识的历史特殊性、地方性方面，布罗代尔的"长时段"历史观具有较大的启发意义。当今的各种知识，与历史某个时间点上的自己相比，确实发生了一定的变化。但是如果把这些"历史时间点"相互叠加在一起，将会发现它们并不是完全隔离、分开的，而是相互之间有着千丝万缕的联系。这意味着当今知识的多样性，是一种历史的产物，历史的延续。另外，知识的历史地方性，不仅仅是一种时间变化，而是在历史发展过程中，知识与周围的其他事物发生了多种复杂的联系。正如历史学家费利克斯·吉尔伯特所言：仅仅掌握很多历史事实不能对过去世界形成一个较全面的认识，而是需要把这些事实相互关联起来，相互交织在一起，进一步寻找促进、推动这些事物发展的动力或原因（2012）[30]。这意味着知识的发展，是整个历史进程的有机组成部分。从这些意义上来讲，历史不是知识或文化的外在因素，而是其内在因素。

蒙古传统马学与日本现代马学的历史发展，都有着较强的地方性。蒙古传统马学孕育于蒙古族传统游牧社会，经历了经验积累、理论化、体系化等多个发展阶段。而日本现代马学孕育于近代日本的农业现代化、军事发展，以及二战之后的赛马经济发展，经历了引进、普及、创新等多个发展阶段。我们把马学放入更漫长的历史长河中去，探索这些马学的历史根源、历史联系、历史变迁，将有利于更深入把握知识多样性的历史原因。可以说，当今蒙古传统马学与日本现代马学之间的差别，与它们特殊的历史有着密切的联系。

一、生成来源

（一）蒙古传统马学的经验积累与理论萌芽

农业和畜牧业的起源可以一直追溯到原始社会。原始人的狩猎、采集活动为大量积累关于动植物的经验性知识奠定了实践基础。梁家勉在《中国农业科学技术史稿》中谈道：人类在为期几百万年的采集渔猎生活实践中积累了丰富的动植物知识。随着生产能力的发展，人类征服野兽的能力也日益加强，对它们的习性也有了更详细的认识。这些都是原始农业、畜牧业诞生和发展的重要基础（1989）[3]。大量的考古发现表明，蒙古族先民是世界上较早驯服、畜养、使用马的民族之一。谢成侠在《中国养马史》中谈道：蒙古草原是世界上最古老的产马地区之一。因为这里的自然条件非常适合马的生存、繁殖、进化。不管是东方学者，还是西方学者基本上都承认蒙古人大约在五六千年前已经驯养了马匹(1959)[26]。从留存至今的原始遗迹中也能够看到这方面的信息。例如，记录了古代蒙古族先民生活信息的巴丹吉林动物岩画中，马的图案占据第一位，其次才是羊、驼、牛。马大约占据了全部岩画的2/5，羊占1/5（吉尔嘎拉，2008）[13]。又例如，在丰富多彩的阴山岩画中，马也占据着非常重要的地位，包括了骑马、放牧、狩猎等多方面的内容。

图2.1 铁器时代草原岩画中的骑射图

资料来源：笔者拍摄于内蒙古自治区巴彦淖尔市中国河套文化博物院。

这些岩画是马在古代蒙古社会中占据重要地位的真实写照。蒙古族不仅驯服了马，而且以马为中心建立了一种特殊的家畜畜养结构——"五种家畜组合畜养模式"。早在十三世纪左右，蒙古族已经畜养马、牛、骆驼、绵羊、山羊等五种家畜。当时的历史文献《柏朗嘉宾蒙古行纪》中记载：在牲畜方面，他们都非常富有，因为他们拥有骆驼、黄牛、绵羊、山羊，至于牡马和牝马，据我看来，世界上的任何其他地区都不会拥有他们那样多的数量

(2002)[30]。《黑鞑事略》中也记载："其产野草，四月始青，六月始茂，八月又枯，草之外咸无焉。其畜牛犬马羊橐驼。"(1985)[2]而且在蒙古族的"五种家畜组合畜养模式"中，马占据着核心性地位。蒙古族畜养种类多样、数量众多的家畜离不开马，开展狩猎、战争等活动离不开马，在广袤的草原上迁徙、交往也离不开马。所以驯服马、掌握马学知识是蒙古族游牧文明诞生并走向强盛的非常核心性技术。这些知识对当时游牧经济的发展，为高效利用自然资源方面发挥了极其重要的作用。可以说，不同民族开创文明、发展文明的具体内容、具体方式存在一定的差异性，并不存在某种普遍的文明之路。

传统科学技术的发展在很大程度上依赖于当地人们的日常生活和生产。在蒙古传统马学的发展过程中，蒙古族日常的养马、牧马、训马、医马等实践活动发挥了非常重要的作用。例如，蒙古传统马学中包含了大量的观察性、体验性知识。这些知识与他们终日与马为伴的日常生活有着密切的联系。

在相马知识方面，从古代开始，人们十分重视能够识别良马。这些知识在马品种的选择、培育等方面发挥了重要作用。例如，中国古代典籍《吕氏春秋》中记载："古之善相马者，寒风是相口齿，麻朝相颊，子女厉相目，卫忌相髭，许鄙相尻，投伐褐相胸胁，管青相膹肠，陈悲相股脚，秦牙相前，赞君相后。凡此十人者，皆天下之良工也。"(2010)[330]可见，马的很多重要部位几乎都有专门的观察、辨别人员。与此类似，蒙古族很早就开始注意到马体的很多特殊外貌特征。例如，在古代蒙古族英雄史诗、岩画艺术中已经开始关注马的某些部位、某些特征。例如，在英雄史诗《江格尔》中描述英雄的坐骑时提到"鬃鬣和尾毛秀美"、"跋山涉水也没有汗"等特征（巴雅尔，2001）[75-76]。而且在岩画中，画种马时突出了它的生殖器官，画奔跑的马时突出了它竖立的双耳，另外画一些骏马时突出了颈部和前肢等（芒来等，2002）[602]。这意味着，蒙古族先民很早就开始观察和总结马体的一些特殊部位、特殊相貌。后来发展到 13 世纪左右，蒙古族已经积累了较丰富的相马知识。在当时的重要历史典籍《蒙古秘史》中记载了很多马体的外在相貌特征。例如，在描述劣马的时候，多处强调了马的秃尾特征："遂乘脊疮秃尾黑背青白马。愤曰：死则死之，生则生之"（1978）[13]；"时别勒古台骑秃尾劣黄马，猎土拨鼠去。"（1978）[49] 而在描述良马的时候多处强调了它的臀部特征："愿将异国之妍妃，美姬；与汝将好臀节之良骥来"（1978）[87-88]；"若遇好胯之良马，唯以我合罕所有焉"（1978）[202-203]。这里提到的马尾、臀部、后肢等部位及其外貌特征，都是蒙古传统相马知识的重要内容。后来到了明清时期，随着实践经验的不断积累，蒙古族对马体的各个部位有了更详细的观察和分类。例如，在一篇"无标题"古代蒙古马经（专门观察了牙齿的一篇马经）中把马的牙齿分为野驴牙、骆驼牙、绵羊牙、麦子牙、猪牙、牛牙、野马牙等七大类，并且进一步细分为野驴牙 13 种、骆驼牙 2 种、绵羊牙 6 种、麦子牙 5 种、猪牙 4 种、牛牙 14 种、野马牙 3 种等更多的子项，详细记载了牙齿的色泽、斑点、纹理、沟槽、裂痕等多方面的特征（1999）[92-101]。由此可见，蒙古族对马体的观察非常详细和敏锐。这些经验知识，与他们经常观察马牙齿的实践活动有着密切的联系。因为蒙古族在日常生产生活中，主要根据牙齿来判断家畜的年龄。另外，他们在骑马的时候，凡是给马套上马衔，都自然会观察到马的牙齿。这些实践活动都为蒙古族详细观察和把握马的牙齿特征提供了绝佳机会。

在牧马知识方面，蒙古族也积累了丰富的经验性知识。他们很早就开始采取游牧方式，随季节变化而转换牧场。早在 13 世纪的《蒙古秘史》中记载："其傍山而营之，使牧马者至我行帐乎"（1978）[80]；"营于统格溪之东焉，其水草也美，俺马也肥矣。"（1978）[152] 可见，当时的蒙古族已经采取了游牧方式，较高效、合理地利用了蒙古高原较为稀疏的植被资源。蒙古族在畜牧业生产过程中非常重视遵循家畜的自然属性。例如，他们在管理马群时充分利用了种马的护群特性，让种马管理一个个小马群。在《黑鞑事略》中生动描绘了蒙古族这种马群管理模式："每扇刺马一疋（蒙古语，种马，笔者加），管骒群五六十疋。骒马出群，扇刺马必咬踢之使归，或他群扇刺马踰越而来，此群扇刺马必咬踢之使去，挚而有别，尤为可观。"（1985）[12] 这有利于蒙古族用较少的人力，去管理更多的家畜。另外，蒙古族还把马群根据不同的用途分为骟马群、儿马群、母马群等多种类型，并且设立骒马倌（苟赤）、骟马倌（阿塔赤）、马驹倌（兀奴忽赤）等多个专门的负责人（巴音木仁，2006）[63]。蒙古族在牧马知识方面，不仅遵循家畜的自然习性，也遵循当地生态环境的特征，而且特别重视保护植被。随着季节变化，进行有规律的迁徙就是最重要的保护植被措施。

在驯马知识方面，蒙古族总结提炼出了一套系统的训练方法，即"吊马法"。这是一种包括拴吊、吊汗、奔跑训练等多种训练环节结合在一起的，较系统的训练方法。其中的"拴吊"是指用一个月左右的时间，每天有规律地把马拴吊在马桩上，控制其饮食，控制其随意走动；"吊汗"是指在这时间段，通过一定的奔跑训练，让马体排泄大量的汗液，而且在训练过程中以汗液作为重要判断标准，及时调整训练强度；"奔跑训练"是指有计划的骑乘马匹，让马逐步适应高强度的运动。早在《黑鞑事略》中对蒙古族的"吊马法"已有较详细的记载："霆尝考鞑人养马之法，自春初罢兵后，凡出战归，并恣其水草，不令骑动，直至西风将生，则取而鞴之，执于帐房左右。啖以些少水草，经月膘落，而日骑之数百里，自然无汗，故可以耐远而出战。"(1985)[11] 这里的"鞚"指的就是拴吊。蒙古族的传统吊马法后来不断发展完善，形成了较固定的训练程序和训练内容。蒙古马之所以具有惊人的耐力，很大程度上得益于这种特殊的训马方法。

表 2.1   在一篇古代马经中记载的蒙古传统吊马法基本环节

日期	训练项目	日期	训练项目
第 1 天	十几次遛马	第 14 天	休整
第 2 天	近距离奔跑训练	第 15 天	奔跑训练
第 3 天	吊汗	第 16 天	慢速奔跑
第 4 天	近距离遛马	第 17 天	奔跑训练
第 5 天	慢速奔跑	第 18 天	焚香
第 6 天	奔跑训练	第 19 天	长距离奔跑
第 7 天	休整	第 20 天	慢速奔跑
第 8 天	吊汗	第 21 天	慢速奔跑
第 9 天	慢速奔跑	第 22 天	近距离奔跑训练
第 10 天	慢速奔跑	第 23 天	休整
第 11 天	奔跑训练	第 24 天	慢速奔跑
第 12 天	吊汗	第 25 天	比赛
第 13 天	慢速奔跑		

资料来源：整理自《相马训马简要方法篇》，罗布桑巴拉丹的《相马》（蒙古文，1998 年），50 页至 61 页。

在医马知识方面，蒙古族因为经常宰杀家畜或猎物，所以有着一定的解剖学经验。蒙古族还经常对家畜进行去势、裂耳、犁鼻等一些小手术（吉尔嘎拉，2008）。其中，去势术具有重要的经济、军事意义。在《蒙古秘史》中多处提到骟马，并且由成吉思汗的弟弟别勒古台、哈刺勒歹脱忽刺温专门管理骟马(1978)[89]。这说明早在十三世纪时期蒙古族已掌握了去势术。除此之外，他们还探索、总结出了很多特殊的传统疗法。例如，蒙古族发现在刚宰杀的动物脏腑内放置重伤人员有利于他们的苏醒。在十三世纪西征时，成吉思汗的大将布智尔临敌力战，身中数箭。成吉思汗亲自查看伤情，并命令剖开一牛之腹，让布智尔坐在热血之中，没过多久就苏醒了（吉格木德，1997)[39]。蒙古族的这些传统疗法可以大体归纳为针术、灸罐、罨敷、烧烙、浴涂等五种类型。例如，在一些古代蒙古马经中记载："四肢肿胀或破足的马，需要放血"（罗布桑巴拉丹，1999)[32-49]，这属于传统疗法中的针术疗法；"吊汗不当则用温碱水刷拭马体"（罗布桑巴拉丹，1999)[10-19]，这属于传统疗法中的浴涂疗法；"对那些精神不振的马，用枣、羊油等烟熏"（罗布桑巴拉丹，1999)[32-49]，这属于传统疗法中的灸罐疗法；"冬季疾病出现在肾和脾，所以腰上热敷"（罗布桑巴拉丹，1999)[156-162]，这属于传统疗法中的罨敷疗法等。可以说，蒙古族形成了多种有特色的传统疗法，而且这些疗法主要从关联性、状态性、整体性角度把握马体以及疾病特征。

　　蒙古传统马学除了积累丰富的经验知识之外，还逐渐形成了较朴素的整体论、辩证法思想。古代蒙古族，高度抽象人体、动植物、自然、气候等方面的一些宏观特征，将生命现象、疾病现象、自然现象分为寒和热两类，形成了寒热平衡、寒热互动、寒热调控为纲的医学理论（吉格木德，1997)[50]。在《黄帝内经·素问·异法方宜论》中也明确记载："北方者，天地所闭藏之域也，其地高陵居，风寒冰冽，其民乐野处而乳食，脏寒生满病，其治宜灸焫。故灸焫者，亦从北方来。"（2011)[48-49]这里"野处而乳食"指的就是蒙古人的先人，他们容易得一些"寒"

性疾病，所以很早就开始尝试用"热"性的"灸疗"方法医治"寒"性疾病。古代蒙古族，除了对生命体之外，对整个自然界也形成了一定的有机整体论思想。古代蒙古族"草原-水草-家畜-游牧者"相互依存的朴素生态思想，与古代汉族农学中天地人相结合的"三才理论"，具有一定的相似性。蒙古族强调人对自然的依存关系，重视植被、水源、动物等自然资源的保护，注重遵循它们的自然规律。例如，明代萧大亨在《北虏风俗》中记载："若夫射猎，虽夷人之常业哉。然亦颇知爱惜生长之道。故春不合围，夏不群搜。惟三五为朋，十数为党。小小袭取。以充饥虚而已。"(1972)[12-13]蒙古族早期的这些马学经验知识、理论知识，都与当地民众的日常生活，与当地人的身体感受，与当地自然环境之间都存在密切的联系。而且这些知识具有很强的整体性特征。

详细案例2.1　十三世纪的蒙古叙事诗《成吉思汗的两匹骏马》

一天，成吉思汗的坐骑额尔莫格（具有一定公马特征的母马）白毛骒马与欧勒（有耐力的）沙毛种马生了一对扎格勒（灰白毛）牡驹。成吉思汗给它们吃了十匹骒马的乳汁，安然度过冬季。从两岁开始调教，三岁时乘骑，四岁时考察，五岁时操练。在围猎中，两匹骏马总是表现突出，可是没有一个人夸奖它们。一次狩猎回来，小骏马伤心地劝导大骏马，使役中没有爱护我们，在烈日下被拴吊，在寒冷天没有晾干汗液，我们去阿拉泰吧，那里有清澈的湖水，有长满冷蒿草的草原，说完小骏马奔向阿勒泰，大骏马也只能追过去。转眼已过四年时间，大骏马想念主人和故乡，终日水草不思，像夏日里中暑的马一样瘦弱。最后在大骏马的劝导下，两匹骏马又一起回到了成吉思汗的马群。成吉思汗听说两匹骏马返群，连忙迎接。小骏马回答了逃走原因之后，成吉思汗将小骏马撒群八年，训练八个月，又参加了围猎，受到十万猎军的称赞。成吉思汗把两匹骏马都封为神马。

资料来源：摘编自策·达木丁苏荣的《蒙古古代文学一百篇》（蒙古文，2009 年），200—218 页。

这篇十三世纪的文学作品，较集中体现了挑选种马、母马等相马知识；马各个年龄段的训练等训马知识；喂养其他母马乳汁的育驹知识；冷蒿草等牧草知识；晾干汗液、中暑等兽医知识等等，意味着当时蒙古族已逐渐形成有特色的养马知识体系。

（二）日本现代马学的早期发展与学习西方

日本马学也经历了从传统马学到现代马学的发展过程，特别是日本现代马学的发展与西方扩张、现代化发展、帝国主义扩张、全球化发展等社会背景有着密切的联系。古代的日本传统马学与中国、朝鲜等国家的畜牧兽医学有着密切的联系。但是到了近代之后，特别是明治维新时期日本开始全面学习西方现代马学，并把它当作日本农业现代化、军事现代化的重要一环。

古代日本不仅具有悠久的养马历史，而且与东亚地区多个民族之间的交流非常活跃。例如，日本的"古坟时代"，比起之前的"弥生时代"，马、马具、铁器都明显增多了（農文協，1983a）[131]。一些历史学家认为这是受到了当时东亚地区一些游牧文化的影响。还有早在 595 年中国古代兽医经过朝鲜间接传入日本，影响了日本兽医学。这一时期传入日本的兽医知识被称为"太子流"，也被视为日本古代兽医学教育的开端（篠永紫門，1972）[2]。在后来的历史发展中，中兽医学对日本兽医学产生了更大的影响。804 年日本人平仲国专门到唐朝学习马兽医，回国后形成自己的门派，叫作"仲国流"（篠永紫門，1972）[2-3]。1605 年日本出现了日文翻译出版的中兽医著作《司牧安骥集》（白井恒三郎，1979）[84]。1724 年中兽医经典著作《元亨疗马集》传到了日本等（篠永紫門，1972）[3]。另外，日本亨德和康正时期（1452 年—1456 年），日本田名部氏还大量引入过蒙古马（農文協，1983a）[151]。可见，到近代为止日本的畜牧兽医学基本属于"东方知识体系"，同时也具有明显的自身特色。

西方畜牧兽医学在传入日本之前有着自己漫长的发展历史。早在古希腊时期就出现了关于家畜疾病、家畜解剖方面的书籍，而且在家畜中特别重视马。这方面较典型的是古希腊医学家希波克拉底。他通过解剖病畜，从它的肺部发现了膀胱绦虫（アイヒバウム，1899）[9]。另外，古希腊著名学者亚里士多德，进行了系统的动物学、比较解剖学研究，还讨论了驴、马、牛、猪、狗的多种疾病。例如，马的心脏病、伤痛病、硬直病（当时的疾病名称，笔者加）等（アイヒバウム，1899）[10]。可见，日本现代马学的解剖分析方法，还原论思想，有着非常久远的渊源，可以一直追溯到古希腊时期。

到了文艺复兴时期，科学逐渐从宗教束缚中摆脱出来，解剖学等领域最先得到发展。例如，出版于 1598 年的瑞尼（Carlo Ruini）的经典著作《马的解剖、疾病及其治疗》，在欧洲被多种语言翻译，被多次印刷出版。该书分为五大部分：首部（头，脑，相关神经、血管、骨、筋、唾腺等）；呼吸部（颈，胸，相关骨、筋、血管、神经、喉头、器官、脊髓、胸腔、内脏等）；营养部（消化器官，相关食道、生尿器官、腹壁、筋、腹膜、腰椎、荐椎、尾骨椎、筋、脊髓神经、血管等）；生殖部（生殖器官，胚胎，卵泡膜等）；四肢及相关部（アイヒバウム，1899）[74]。

可见，当时对家畜的解剖分析已经非常详细和系统了。另外，当时对家畜进行生理实验也开始兴盛，人们甚至用物理、化学等

图 2.2 文艺复兴时期欧洲著名兽医解剖学家瑞尼（Carlo Ruini）的《马的解剖、疾病及其治疗》

资料来源：摘自卡洛·瑞尼的《马的解剖、疾病及其治疗（Anatomia del cavallo, infermità, et suoi rimedii)》（意大利文，1618 年），封页。

领域的方法研究动物。例如，欧洲较有名的法国里昂兽医学校，成立于 1762 年，一开始主要讲授解剖学、养生法、植物学、药剂学、病理学、手术学、蹄铁学，后来还加开了制药学、化学、动物学、生理学、毒物学等多个课程（アイヒバウム，1899)[129-133]。可见，在兽医学教育中，生理学、化学等课程的重要性不断突显出来。伯尔纳的《实验医学研究导论》是对生命现象进行实验研究的代表性著作。他认为所有的生命现象看上去如何变化多端和神秘莫测，事实上始终存在一个真实的物理化学基础（洛伊斯·N·玛格纳，2009)[198]。这些说明在近代时期，化学、物理等学科的还原论方法，对生物学等其他领域也产生了广泛影响。

日本从十八世纪左右开始接触西方畜牧兽医学。日本在 1725

年从荷兰输入洋马，并聘请荷兰兽医师汉斯·尤尔根·凯斯鲁
（Hans Jurgen Keijser）到日本讲授马兽医学（白井恒三郎，
1979）[179]。这是西方近代畜牧兽医学最早传入日本的记载。当时的
日本政府还专门派今村市兵卫（今村市兵衛）等人把凯斯鲁的讲
授编写成一本书——《荷兰养马书（和蘭馬養書）》。这是日本的
第一本兰学著作，其中涉及了马内脏器官、血液循环等很多近代
解剖学、生理学内容。

**图 2.3　引入西方马学的日本第一人今村
英生（今村市兵卫）**

资料来源：摘自今村明恒的《兰学之祖今村英生（蘭学
の祖今村英生）》（日文，1942 年），2 页。

但是这一时期，西方近代畜牧兽医学对日本的影响还是比较
有限。当时的西方近代畜牧兽医学，在日本还没有形成体制化、
职业化、规模化发展。

日本现代马学的发展与西方殖民扩张也有一定的联系。例如，

现代赛马活动最先出现于日本最早打开国门的横滨港，之后开港的神户也出现了该项运动。据记载，日本横滨港从 1860 年开始进行了现代赛马活动；1866 年建立了根岸赛马场；1869 年神户开展赛马活动；1888 年根岸赛马场发行了现代马券（馬事文化財団馬の博物館，2009）[12-38]。这些赛马活动的兴起，与当地聚集了大量的外国居民有着密切的联系，特别是与当地的英法驻军有着密切的联系。这些外国驻军场所、训练场所经常举行一些赛马活动。面对西方强国的威胁，日本当局认识到学习西方现代科学技术的必要性。其中，马学是农业现代化、军事发展的一个重要组成部分，所以引进和学习西方现代马学已是势在必行了。

二、体系化

（一）蒙古传统马学的"东方特色"

蒙古传统马学除了具有"寒热理论"等自身理论之外，积极吸收藏医、中医、印度医学等，逐渐形成了一个较完善的知识体系。

蒙古族"寒热理论"等医学理论有着漫长的发展历史。他们用寒热平衡、寒热互动、寒热调控等理论，来把握生命体以及自然事物之间的关系（吉格木德，1997）[50]。例如，家畜口温偏低，津多滑利，则属于寒证，口温偏高，则属于热证（巴音木仁，2006）[250-251]；家畜耳根、耳尖发凉，则属于寒证，耳根、耳尖都热，则属于热证（巴音木仁，2006）[251]；鼻子呼吸感觉冰凉，则属于寒证，鼻子呼吸感觉较热，则属于热证（巴音木仁，2006）[251]。蒙古族在这些自身医学理论的基础上，先后引入了藏医学、中医学、印度医学等医学理论，使传统蒙古医学理论更加完善了。特别是在清代大的政治背景下，受到佛教文化的迅猛影响，医学知识的交流变得更为频繁和密切了。

在藏医学方面，随着佛教在蒙古地区的广泛传播，藏医学对蒙古传统医学产生了深刻的影响。据统计在十九世纪左右，蒙古地区有 1900 座左右寺庙（宝音图，2009）[8]。而且很多寺庙都设有专门的医学教育机构——"满巴札仓"。在这里喇嘛医生以带徒弟的方式，较系统传授传统医学理论，而且老师与学生还一起参与采药、制药、医疗等实践活动。以当时影响较大的辽宁省阜新蒙古族自治县蒙格勒金葛根庙为例，曼巴札仓一年的学习时间大概安排如下：医学理论学习 92 天半，采药 21 天（另外还有 6 次采药活动），制药 30 天，学习音乐 2 天，念经 66 次等（宝音图，2009）[178]。从学习内容的安排中，可以看到这是一种较系统的传统医学教育模式。蒙古地区寺庙里的这些"曼巴札仓"，主要讲授《四部医典》等藏医学、印度医学经典文献为主，对蒙医学、蒙兽医学的理论化发展发挥了重要作用。以塔尔寺的曼巴札仓为例，学习分为四种类型：第一班专门学习《四部经典》中的第一部《根本医典》，第二班专门学习《四部医典》中的第二部《论说医典》，第三班专门学习《四部医典》中的第三部《秘诀医典》，第四班专门学习《四部医典》中的第四部《后续医典》等（宝音图，2009）[182]。这些医学典籍，进一步推进了蒙古传统医学的理论化发展。特别是藏医经典著作《四部医典》的翻译，对蒙古传统医学产生了重要作用。该书在 1576 年左右传入蒙古地区，清初由敏珠尔·道尔吉译成蒙古文（白清云，1986）[7]。《四部医典》一方面吸收了《医经八支》等印度医学著作中的三根、七素、五元理论，另一方面也吸收了中医学中的阴阳、五行理论，创建了现在藏族传统医学的基本体系，对蒙古传统医学的理论化、体系化发展产生了重大影响。除了这些经典医学文献之外，在藏传佛教典籍中也包含非常丰富的医学内容。例如，蒙古文翻译出版的大藏经

《丹珠儿经》中，就包含非常丰富的医学内容。这些佛经在蒙古地区的翻译、传播，对蒙古传统医学的理论化、体系化发展，起到重要推进作用。

在印度医学方面，对蒙古地区的影响至少可以追溯到蒙元时期。在《马可波罗游记》中记载"青恒塔拉"的蒙古族民众认为任何生物都是由四种元素（土、水、火、气）构成（吉格木德，2004）[93-94]。这说明蒙古地区还没有大量传播佛教之前已经开始接触一些四元素理论了。后来，蒙古族通过翻译一些印度医学经典文献，较系统认识了印度医学。蒙古族较早翻译的印度医学经典是《金光经》。该医学文献早在14世纪已被蒙古族翻译家希拉布曾格对照维吾尔文和藏文译本翻译成蒙古文。书中涉及赫依、巴达干、希拉等三根理论，这是三根理论在蒙古地区的早期传入（白清云，1986）[6]。《金光经》创作于公元前500年左右，特别是其中的第24章，是古代印度阿育吠陀医学（吉格木德，2004）[94]。1659年左右把原来的蒙译手抄本《金光经》印成木刻本，在蒙古地区广泛流传（伊光瑞，1993）[35-37]。对蒙古传统医学来讲，产生更深刻影响的是诞生于公元三世纪左右的印度阿育吠陀医学经典著作《医经八支》。该书在17世纪被翻译成蒙古文，它是二百二十四帙《丹珠儿经》中的一部。该书系统介绍了三根、七津、三秽、五元等古代印度医学的基础理论。例如，书中记载"赫依"的性质包括糙、轻、冷、强、细、动，"希拉"的性质主要包括利、热、轻、臭、湿，"巴达干"的性质主要包括凉、重、钝、软、黏等（苏和等，2006）[52-60]。这些理论后来都成为蒙古传统医学的基础性内容之一。印度医学除了直接在蒙古地区传播之外，还通过藏医的抄录、发展等方式间接影响了蒙古传统医学。在1749年翻译成蒙古文的大藏经《丹珠儿经》的第一百三十一函《马经医相合录》中明确记载："沙里混拉编辑翻译了印度佛教圣地的马经……东苏尼特喇嘛耶舍拉希格龙翻译成蒙古文。"（1749）[196,下-197,上]可见，蒙古传统马学也受到印度马学的一些影响。

图 2.4　蒙古文大藏经《丹珠儿经》的一百三十一函《马经医相合录》

资料来源：摘自《马经医相合录》（蒙古文，1749 年），封页及首页。

印度医学中的三根、七素、五元等理论成为蒙古传统马学观察、畜养、训练、诊断、治疗等养马实践中的重要理论根据。

在中医学方面，它对蒙古传统马学产生了重要影响，特别是清代尤为明显。因为在清朝一统的政治背景下，一些蒙古族入朝为官，大量接受了汉族传统文化。例如，在清代马政机构中就包括专门的蒙古族官员。《清史稿》记载："清初沿明制，设御马监，康熙间，改为上驷院，掌御马，以备上乘。畜以备御者，曰内马。供仪仗者，曰仗马。御马选入，以印烙之。设蒙古马医官疗马病。"（赵尔巽等，1977）[卷一百四十一,志一百十六,4171]另外清代的重要养马场设在蒙古族察哈尔地区，也委任很多当地蒙古人管理这些马场。《清史稿》记载："置牧长、牧副、牧丁任其事，辖以协领、翼长、总管，官兵皆察哈尔、蒙古人充之。"（赵尔巽等，1977）[卷一百四十一，志一百十六，4173] 除了这些官方交流之外，清代以来蒙古族和汉族的民间交流也十分活跃。例如，1740 年多伦诺尔地区已有中兽医立桩开业，1746 年萨拉齐地区李德开设了中兽医万明堂等（巴音木仁，2006）[73]。正是在这样的社会背景下，19 世纪前后出现了蒙古文翻译的《元亨疗马集》《疗马、牛、驼经》《元亨疗马集七十二症》等中兽医著作（巴音木仁，2006）[434]。

图 2.5　蒙古文翻译的中兽医著作《元亨疗马集》

资料来源：笔者拍摄《马经大全》（蒙古文，1996 年）的封面。

　　这些中兽医经典著作中的阴阳、五行、脏腑、脉络等理论对蒙古传统马学的理论化、体系化发展产生了重要影响。

　　总之，蒙古族在创建、完善自己的寒热理论等医学理论基础上，吸收藏医学、中医学、印度医学理论，逐渐建立了一套以寒热、三根、七素为主体，以阴阳、五行、五元理论为重要指导思想，以脏腑、脉络理论为重要基础的理论体系。

（二）日本现代马学的"西方特色"

从 19 世纪末开始，日本为了加速推进农牧业现代化、军事发展，全面吸收和普及了西方近现代畜牧兽医学。这方面首要的举措就是创建一批新式农业院校。从 1875 年开始规划，1877 年开始正式授业的驹场农学校（东京大学农学部前身）是日本最早的新式农学校（篠永紫門，1972）[21]。

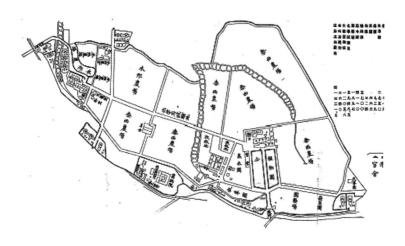

图 2.7　日本最早的新式农学校——驹场农学校

资料来源：摘自农商务省农务局的《驹场农学校一览（駒場農学校一覧）》（日文，1884 年），3 页。

从驹场农学校当时的校园布局，可以看到配备有畜牧实验、农业实验、解剖分析、化学实验、牧草种植等很多专门的教学场地，形成了较全的西式畜牧兽医学教育体系。1876 年创建的札幌农学校（东北大学农学部）也开展了一定的畜牧兽医学教育（篠永紫门，1972)[16]。另外还有 1893 年成立的陆军兽医学校（白井恒三郎，1979)[515]。

这些新式农业院校在创办之初，为了引进、吸收西方现代畜牧兽医学，大量聘请了国外教员。以驹场农学校为例，建校之初从英国聘请了兽医学教师约翰·阿达姆·马克布莱特（ジョン·アダム·マックブライト），农学教师约翰·戴·卡斯坦（ジョン·デイ·カスタン），农业化学教师艾德瓦尔德·肯奇（エドワルド·キンチ），实训教师詹姆士·拜克比（ジェームス·ベクビー），预科教师威廉·道格拉斯·考克斯（ウィリアム·ダグラス·コックス）等（篠永紫门，1972)[19]。从而在学校教育中较系统引入和普及了西方现代畜牧兽医学。在现代马学方面，日本是先学习法国，后来又转向学习德国。1874 年日本陆军兽医部聘请法国人安古（Auguste D Angot）讲授马的解剖学、病理学等课程。安古是毕业于法国图卢兹兽医学校的陆军一等兽医，对日本近代早期马学的发展起到重要作用。后来，日本主要向德国学习马学。1880 年日本驹场农学校聘请德国人简森（Johanes Ludwig Janson）讲授兽医学等课程。简森毕业于柏林兽医学校，并在柏林医科大学做过病理解剖学研究，后又执教于柏林兽医学校。他还参加过普法战争，并且担任过炮兵队的兽医（篠永紫门，1972)[24-25]。所以不管是从理论研究，还是实践经验的角度来讲，他都是最佳的人选。特别是他来到日本之后，一直生活在日本，对日本现代马学的发展起到重要影响，所以被称为"日本现代兽医学之父"。

日本除了聘请国外教员之外，还翻译了大量的西方现代畜牧兽医学、现代马学著作。这些翻译的著作包括《马疗新论》（德国，1871 年）、《马原病学》（法国，1876 年）、《兽医全书》（德国，1881 年）以及 1883 年翻译并用作教材的法国著作《兽医内科书》《兽医外科书》《兽医生理学》《兽医药物学》《兽医解剖学》《兽医产科学》等。翻译的这些著作，基本上都是当时西方较典型的畜牧兽医学著作或教材。特别是 1887 年出版的一套兽医丛书《家畜医范（家畜医範）》具有里程碑式的意义。该丛书包括解剖学三卷、生理学三卷、内科学三卷、外科学两卷、产科学两卷、药物学三卷，一共十六卷。《家畜医范》的一至三卷为解剖学内容，主要讲授了畜体的构造，把畜体分为骨骼、韧带、肌肉、内脏、血管、神经、五官七大类，然后再把内脏分为消化器官、呼吸器官、泌尿器官、生殖器官等四大部分（田中宏，1888）[卷一,1-2]。《家畜医范》的四至六卷为生理学内容，主要讲授了畜体多种生理机制，包括血液循环、呼吸过程、消化过程、吸收过程、分泌过程、动物热、肌肉生理、声音、神经生理、五官感觉、生殖等内容（新山莊輔等，1888）[卷四,1-3]。

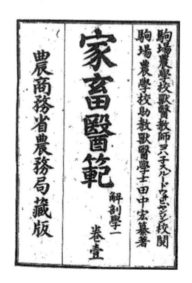

图 2.8　日本近代兽医学经典著作《家畜医范（家畜医範）》（一至三卷，解剖学）

资料来源：摘自田中宏的《家畜医範》（日文，1888 年），封面页。

**图 2.9 日本近代兽医学经典著作《家畜医范
(家畜医範)》(四至六卷，生理学)**

资料来源：摘自新山莊辅，《家畜医範》（日文，
1888 年），封面页。

《家畜医范》丛书的主要内容是国外教员在日本讲授的现代畜
牧兽医学知识；丛书的编写者是国外教员与他们在日本培养的学生。
这套丛书的出版，意味着现代畜牧兽医学在日本真正生根发芽了。

三、现代化

蒙古传统马学与日本现代马学，进入 20 世纪之后都发生了非
常大的变化。它们或主动或被动受到了现代化浪潮的重要影响。
这些现代时期发生的变迁，也影响了知识的多样性发展。

（一）蒙古传统马学的体制化、现代化发展

19 世纪末期，蒙古地区经历了封建统治、军阀统治、帝国主

义统治等，严重影响了社会的开化，文化的发展。在这些社会背景下，蒙古族零零星星接触了一些新式学校教育、现代科学技术等，其中有的是主动探索，有的是被动接受。例如，1922 年在内蒙古通辽市科左后旗建立的"伊胡塔职业学校"；1935 年在通辽市科左中旗白音塔拉建立的中等农业技术学校；1936 年在赤峰市巴林右旗建立的产业技术讲习所等（巴音木仁，2006）[75-76]。又例如，1938 年日本占领归绥市（现呼和浩特市）之后，建立了家畜防疫处，同年还在归绥市设立了兽医养成所等（巴音木仁，2006）[76]。这些学校虽然讲授了一定的现代畜牧兽医知识，但是因为当时的封建统治、军阀统治、帝国主义统治等背景下，并没有走上体制化、现代化的道路。可见，传统知识的现代化与国家的独立自主，民族的民主自由有着密切的联系。

20 世纪中期左右，蒙古传统马学走向体制化、现代化道路。例如，新中国成立之后，内蒙古自治区的蒙古传统马学获得了较快发展。畜牧兽医工作成为当时政府部门的一项重要内容，陆续建立了各级兽医工作站，到 1956 年全区已经建立盟市级兽医工作站 10 处，旗县级工作站 85 处（巴音木仁，2006）[78]。政府部门还建立了新式农业院校，推进现代科学技术的发展，同时收集和整理一些传统科学技术。特别是 1952 年创建的内蒙古畜牧兽医学院（现内蒙古农业大学的前身），建校之初就设立畜牧、兽医两个专业；1955 年两个专业各招两个班，共 118 人；同年学校建立 100 余亩教学实习牧场；同年还建立一座 433 平方米的兽医院；1957 年还创刊了《内蒙古兽医学院院刊》等（特木尔，2012）[4-17]。该校不仅培养了大量蒙古族现代畜牧兽医学人才，而且在内蒙古地区大力传播了现代畜牧兽医学知识，并较系统总结了传统畜牧兽医学知识等。在这之后相继建立的内蒙古哲里木盟畜牧兽医学院、内蒙古锡林浩特牧业学校、内蒙古扎兰屯农牧学校、包头市农牧学校、赤峰市农牧学校、乌兰浩特市农牧学校、乌兰察布盟农牧学校、巴彦诺尔盟农牧学校等中等技术院校，也大力普及和推广了现代畜牧兽医学知识，同时也收集整理了一定的传统畜牧兽医学知识（巴音木仁，2006）[82]。

当时，传统畜牧兽医学也受到社会的重视。1950 年内蒙古自治区出台了《内蒙古自治区中蒙兽医暂行条例》、1956 年国务院出台了《关于加强民间兽医工作的指示》、1959 年农业部出台了《关于中兽医"采风"和编辑中兽医药物志的通知》等政策，保护和鼓励了传统畜牧兽医学的发展（巴音木仁，2006）[78-80]。在这样的社会环境下，蒙古传统马学不断得到现代化发展，也产生了一些新的理论著作。例如，巴音木仁的《蒙古兽医学》（汉文，1997 年）、《蒙古兽医研究》（汉文，2006 年）是蒙古族传统兽医学方面的重要著作；芒来、旺其格的《蒙古人与马》（蒙古文，2002 年）、岱青的《相马要略》（蒙古文，1998 年）、宋迪的《相马》（蒙古文，1990 年）是蒙古传统马学方面的重要著作。

（二）日本现代马学的体制化、现代化发展

明治时期是日本走向现代化的重要时期。这一时期日本政府在政治、经济、科技、文化领域进行了重大调整，大力发展教育，积极引进西方科学技术，加速推进了日本现代化进程。

日本现代马学的发展与农业现代化有着密切的联系。例如，大久保利通作为明治时期日本新政府的重要施政者，他在欧洲考察时就认识到畜牧业是欧洲文明的重要基石，回国后就积极推进现代农牧业科技，创办了一系列新式农业院校（篠永紫門，1972）[13-14]。另外，日本现代马学的发展与军事发展以及二战时期的帝国主义扩张等有着密切的联系。20 世纪后半期为止，马在世界军事领域一直有着重要意义。马除了用于组建专门的骑兵部队之外，还用

图 2.10　当代蒙古传统兽医学经典著作《蒙古兽医学》

资料来源：笔者拍摄《蒙古兽医学》的封面。

图 2.11　当代蒙古传统马学经典著作《蒙古人与马》

资料来源：笔者拍摄《蒙古人与马》的封面。

于大炮移动、物资运输等多个方面。在世界第一次、第二次大战中，马都发挥了非常重要的作用。例如，1866年普奥战争中马与士兵的比率为 16/100，1870年普法战争中的比率为 17/100，1904年日俄战争中的比率为 20/100，第一次世界大战中的比率为 33/100（武市銀治郎，1999）[110]。然而20世纪初期，日本的马资源不管是在数量上，还是在质量上，都明显落后于西方国家。

为了发展马业，日本政府制定了长期而系统的发展规划。他们从1906年开始进行了为期60年的马政振兴计划。其中，第一次马政计划为30年（1906—1935），第二次马政计划也是30年（1936—1965），但后期随着二战结束而停止了。这些计划的主要内容是：统一管理全国马匹资源；完善全国十五个种马场，以国有1500匹种马用来改良民间马匹，不断补充国有种马；完善三个种马牧场，完善一个种马培育场；耕种生产相应的马饲料；对民间种马进行严格统一的审查，逐步提升其质量；激励赛马等协会，奖励优良马匹以及做出重要贡献的个人；推进产马业的相互联合；严格执行去势法等（武市銀治郎，1999）[92-93]。日本政府的这些马匹改良计划、批量化生产计划，为现代马学提供了广阔的用武之地。

从十九世纪末开始，日本现代马学进入体制化发展阶段。日本现代兽医学界，不仅建立了专门的学术团体，还创办了专门的学术刊物，为现代知识生产与传播创造了重要基础。例如，1881年驹场农学校的兽医专业毕业生创立了"共立兽医会"，并发行了《共立兽医会季报（共立獸医会季報)》，成为日本最早的全国性兽医协会和最早发行的兽医杂志。后来1959年建立日本赛马综合研究所之后，分别发行了《日本中央赛马会赛马保健所研究报告（日本中央競馬会競走馬保健研究所報告)》(1961—1976)、《日本中央赛马会赛马综合研究所报告（日本中央競馬会競走馬総合研究所報告)》(1977—1993)、《马科学（馬の科学）》(1994—至今)等学术期刊和研究报告。

为了让现代马学、现代畜牧兽医学更好地融入现代社会体系中，日本还专门出台了相关的职业资格考核制度，为现代畜牧兽医学的职业化、体制化迈出了重要一步。日本从 1886 年 7 月 1 日开始实行兽医师许可证制度。并且在其兽医师许可证制度中明确规定，兽医师需要接受系统的现代畜牧兽医学训练，而且需要得到相关的资格证书。这些法律制度使现代马学、现代畜牧兽医学获得了官方正统地位，为它的发展壮大提供了重要保障。当然，与此同时很多传统知识被边缘化了。

日本到 20 世纪初期左右，已基本完成西方畜牧兽医知识的引进、普及任务，并开始进入自主研究阶段。这一时期，日本现代马学在马的运动生理、疾病防治等方面开始获得了一些重要研究成果。例如，松叶重雄等人关于马运动生理的研究，冈部利雄等人对马呼吸机能的研究，野村晋一等人对马体遥测系统的研究，泽崎坦等人对马心脏机制的研究，中村良一等人对家畜心电图、超声波方面的研究，都达到了当时世界领先水平（铃木善祐，1985）。

在二战时期，日本现代马学与军事有着更密切的联系。二战之后，日本现代马学与赛马经济有了更密切的联系。日本现代赛马业，从赛事运行、经济效益、社会效益等方面来讲，都比较成功。例如，日本中央赛马会 1954 年上交的税款是 10 亿日元左右，后来逐年增加，到 1964 年已到了 75 亿日元，在这十年间上交税款总计超过了 310 亿日元（日本中央競馬会十年史編纂委员会，1965）[8]。而且赛马收益的大部分用于社会福利事业。同时赛马业也带动了赛马生产者、兽医、装蹄工、饲料加工者、马具生产商、赛马保险业等多个生产、服务部门的发展，带来了更广泛的社会效益。

　　为了推进赛马事业，日本政府在日本中央赛马会（日本中央競馬会）专门设立了马学研究机构，深入研究日本现代马学。例如，1959 年设立赛马综合研究所（競走馬総合研究所）系统研究了赛马各种运动生理、饲料营养、培育繁殖、疾病治疗等多方面的问题。它是专门研究赛马的高水平研究机构，为日本现代马学进入世界先进行列发挥了重要作用。例如，该研究所编写的《马兽医学（馬の医学書）》（日文，1996 年）是日本现代马学重要著作之一。

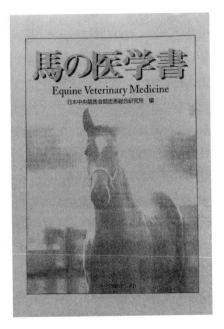

图 2.12　日本现代马学经典著作《马兽医学（馬の医学書）》

资料来源：笔者拍摄《马兽医学（馬の医学書）》的封面。

　　另外还设立了赛马理化研究所（競走馬理化学研究所）、轻种马培育调教中心（軽種馬育成調教センター）、赛马学校（競馬学校）、日高培育牧场（日高育成牧場）、赛马博物馆（JRA 競馬博物館）、马业公园（馬事公苑）等多种研究性、实践性、普及性、宣传性机构。除了这些专门研究机构之外，一些日本大学的农学院也进行了多种现代马学研究。例如，东京大学教授野村晋一的《概说马学（概説馬学）》（日文，1997，新版）是这方面的代表性著作。

图 2.13　日本现代马学经典著作《概说马学（概説馬学）》

资料来源：笔者拍摄《概说马学（概説馬学）》的封面。

为了保障赛马经济的有序进行，日本政府出台了一系列法律法规，使赛马经济成为具有劳动力就业、社会福利、公众娱乐等多种社会价值的事业。例如，1948 年日本政府通过禁止垄断法，由国家来接管赛马事业，使日本赛马事业成为一项政府管理下的经济性、福利性事业（日本中央競馬会十年史編纂委员会，1965）[1]。日本为了发展赛马，对马的品种也进行了大量调整，主要以培养纯血马为主，积极融入西方国家的赛马经济、赛马文化。例如，日本从 1925 年开始进行纯血马的血统登记，1940 年记录在案的纯血马才 453 匹，但到 1991 年时已登记了 10309 匹马（沖博憲，2003）。

四、小结

第一，马学知识在历史维度上的地方性。

从两种马学知识的生成来源可以看到，它们都有着上千年，甚至上万年的发展历史。而且它们的历史发展背景、过程、细节等都有所不同。例如，蒙古传统马学与蒙古族先民的畜牧生产密切相关，而日本现代马学的源头一直可以追溯到古希腊时期的解剖学传统。两者有着各自的演进路径。可以说，知识的发展不是一种线性的"进步"历程，而是充满了曲折、停滞、间断等复杂过程。正如著名历史学家约翰·托什在《史学导论：现代历史学的目标、方法和新方向》中所言：这种进步历史观是现代性非常重要的基础。进步的历史观是有评价性、倾向性的，而过程的历史观没有暗含这些价值判断（2007）[16-17]。所以，我们需要警惕那些以进步为理由，简单粗暴地对待其他处于弱势地位的知识。

从两种马学知识的体系化进程可以看到，两者的继承、吸收、融合、创新的过程也有所不同。在这过程中，蒙古传统马学形成了鲜明的"东方传统"，而日本现代马学继承和发展了"西方传统"。正如李正风教授在《科学知识生产方式及其演变》中所言：科学的体制化可以分为内部的体制化和外部的体制化两部分。内部的体制化主要指科学共同体内部的体制化、建制化；外部的体制化主要指科学研究在整个社会分工体系中的位置以及其他领域之间的互动关系（2006）[192-193]。

从两种马学知识的现代化可以看到，其遭遇、经历也都存在很大的差异性。蒙古传统马学在封建统治、军阀统治、帝国主义统治时期，传统文化受到不同程度的停滞和流失，接受现代科学技术也很缓慢，直到上个世纪中期才逐渐走上现代化发展道路。而日本现代马学，主要受到农业现代化、军事发展、赛马经济等一系列社会力量的推进，获得了迅速发展。但是这些较单一的经济、政治、军事等驱动也有它的弊端，即很容易导致畜牧产业的畸形化发展，导致家畜品种的单一化，也容易产生一定的生态环境问题。例如，据统计1888年日本现有的1529899匹马中，和种马（本地马种）占据99％，到1910年和种马占总数的85％，但是到1920年和种马仅占据35％（帝国競馬協会，1982）[637-638]。近代以来日本本土马种的迅速消失就从一个侧面暴露了快速、片面现代化所带来的一些问题。正如席瓦在《大地民主：以自然和生命多样性为基础的民主主义（アース・デモクラシー：地球と生命の多様性に根ざした民主主義）》中所说：传统自然经济与现代市场经济有着根本性的区别。自然经济注重物品的使用价值，而现在的市场经济主要关注商品所带来的利润、消费、市场份额等方面的问题（ヴァンダナ・シヴァ，2007）[42-43]。

第二，畜牧兽医学知识在历史维度上的地方性。

马学知识生成来源方面的特征，可以延伸到畜牧兽医学领域。很多民族或地区都有着非常久远的家畜饲养历史。很多畜牧兽医学知识的源头都可以追溯到原始时期的采集、渔猎活动。而且根据各自的生产生活方式，当地的自然禀赋等，畜牧兽医学知识也存在一定的差异性。例如，西方兽医学有着悠久的解剖学传统，而中兽医学有着深远的有机整体论传统。即使同样属于有机整体论传统，也存在一定的差异性。例如，游牧民族主要积累了较丰富的养马、养牛、养羊、养骆驼等方面的知识，而农耕民族主要积累了较丰富的养马、养牛、养猪、养鸡等方面的知识。虽然两者都重视养马，但是前者比较重视游牧方式，而后者比较重视舍饲方式等。

马学知识的体系化特征，可以延伸到畜牧兽医学领域。各种畜牧兽医学的理论化、体系化发展，与当地人的理论传统、实践活动等有着密切的联系。正如历史学家约翰·托什所言：历史研究的一个重要原则就是不能脱离它们的背景；历史研究的另一个重要原则就是寻找事物之间的关联性，这要比孤立地讨论它们更有意义（2007）[9]。在现代畜牧兽医学的理论化、体系化发展过程中，解剖学、生理学以及相关自然科学发挥了重要作用。而传统畜牧兽医学的理论化、体系化发展过程中，有机整体论哲学思想发挥了重要作用。而且在传统畜牧兽医学的内部也存在一定的差异性。例如，印度医学中三根、七素、五元理论发挥着重要作用，而中医学中阴阳、五行理论发挥着重要作用。

马学知识的现代化特征，可以延伸到畜牧兽医学领域。在现代化浪潮中，现代畜牧兽医学知识与资本、权力等有了更紧密的联系，而传统知识明显处于弱势地位。例如，20 世纪现代畜牧兽医学、现代马学的传播与帝国主义扩张有一定的关联。很多落后国家变成殖民地的同时，当地的畜牧资源、马资源成为被开发的对象。英国之所以能够成功培育出纯血马，与其不断获取和引入阿拉伯马等优良品种有着密切联系。正如在丹尼斯（Dennis Craig）的《赛马：纯血马的生产与英国赛马小史》中所记：阿拉伯马和土耳其、北非地区的种马与英国当地的母马进行配种，在经过几百年的选择产生了纯血马（1986）[21]。其中最著名的三大"祖先"

种马，一个来自土耳其，两个来自阿拉伯。特别是当今，现代畜牧产业的标准化、规模化生产，在带来丰厚经济利润的同时，也容易导致一系列生态问题。正如席瓦在《生物多样性的危机》中所言：现代企业的规模化生产与自然生物多样性之间有着天生的矛盾。企业为了便于控制和提高产量往往采取单一化、人工化策略。当今大量动植物品种的改良就是以破坏生物多样性为基础建立起来的（ヴァンダナ・シヴァ，1997）[149-165]。这需要我们充分认识现代化的利弊，合理推进现代化。

第三，生物医学知识以及其他知识在历史维度上的地方性。

马学知识生成来源方面的特征，还可以延伸到生物医学知识以及其他知识领域。很多生物医学知识的起源也与当地生产生活有着密切的联系。例如，在中医经典文献《黄帝内经》中记载：东方之域，鱼盐之地，其病皆为痈疡，其治宜砭石。西方者，沙石之处，其病生于内，其治宜毒药。北方者，天地所闭藏之域也，脏寒生满病，其治宜灸焫。南方者，阳之所盛处也，其病挛痹，其治宜微针。央者，其地平以湿，其病多痿厥寒热，其治宜导引按蹻（郭霭春，1992）[173-178]。在中医学的漫长历史发展中，不断吸收、内化了多个地区特殊的生活经验、自然环境的影响，而且这些内容逐渐成为中医学的重要组成部分。可见知识的地方性及多样性，既不是完全偶然的产物，也不是恒常不变，而是一种历史发展的产物。当今各种知识的多样性在一定程度上就是一种历史的延续。要想较全面把握某一种知识的地方性及其意义，就需要追溯它的一些发展历史。这些历史过程、历史背景、历史内容都是知识非常重要的组成部分。例如，如果我们不了解蒙古传统兽医学与藏兽医学、中兽医学、印度兽医学之间的上千年、上百年的交往历史，就无法较全面把握它的地方性、复杂性。

马学知识的体系化特征，也可以延伸到生物医学知识以及其

他知识领域。经过长期的历史发展，农学、医学、植物学等生物
医学知识领域也都形成了各自的知识体系。例如，汉族农业不仅
精耕细作，也注重水土可持续利用，开发利用了多种有机肥料等。
而现代农业较多依赖高产种子、化肥、农药以及机械化作业等。
它们不仅形成了各自的知识体系，而且其背后对农作物、自然资
源的认识，也都存在较大的差异性。其他很多知识也与当地的生
活方式、社会文化、自然环境相互结合在一起，演化出多种文化
体系。例如，不同地区的人们根据当地的农业生产、自然资源、
季节变化、健康认识等，演化出不同的饮食知识，而且它们各自
都形成了一定的饮食文化体系。对传统蒙古族来讲，较多食用羊
肉和酸马奶，而它们在传统食疗保健医学中分别属于阳性和阴性
食物，相互组合在一起形成了一种较合理的饮食结构。

　　马学知识的现代化特征，也可以延伸到生物医学知识以及其
他知识领域。例如，近代时期，现代生物医学知识、现代科学技
术的一些传播与帝国主义扩张有着密切的联系。正如德里克在
《全球现代性：全球资本主义时代的现代性》中所言：随着西方列
强的殖民主义在全球范围内的扩张，使得广大的殖民地在经济、
政治、知识、文化上都逐渐纳入了西方国家的发展轨道（2012）[34]。
而当今，现代生物医学知识、现代科技主要与资本、权力等绑定
在一起，形成了强大的现代化浪潮。落后地区如果想要融入这一
体系，只能改良原有品种，只能遵循现代文化的逻辑。正如科尔
曼在《生态政治：建设一个绿色社会》中所言：当代社会的目标
是想让全人类吃同一种食物，过同一种生活，形成单一的以商品
消费为基础的全球经济体系。这种单一的社会模式，与生态环境
的多样性相脱节，与社会文化的多样性相脱节（2002）[117]。这些矛
盾不仅存在于不同国家、民族之间，也存在于同一国家、同一民
族、同一地区内部。所以只有充分尊重知识或文化的多样性，充

分尊重生产生活方式的多样性，才能够化解不同知识或文化之间的矛盾，才能保护好生物资源和生态环境的多样性，充分发挥它们各自的优势。

第三章 情境的互动

> 地方性不仅指地方、事件、阶级与各种问题而言，并且指情调而言——事情发生经过自有地方特性并与当地人对事物之想象能力相联系。我一向称之为法律意识者便正是这种特性与想象的结合以及就事件讲述的故事，而这些事件是将原则形象化的。
>
> ——格尔兹《地方性知识》

最早提出地方性知识概念的人类学领域，很早就开始关注文化的情境性问题。在人类学领域较早关注文化与情境之间关系的当属博厄斯。他没有像泰勒、摩尔根、涂尔干一样假定普遍的文化进化进程，而是强调文化与文化情境之间的特殊联系（杰里·D·穆尔，2009）。后来，格尔兹在深入研究地方性知识时，强调了它的特殊情境。例如，他在讨论法理知识的情境性时，用了"情调"一词。其英文原文为"accent"。其本来意义是音调、腔调等，在这里引申为一种社会文化方面某种特殊附加意义，其实就是地方性知识的"情境性"。和法律知识一样，其他知识也不是孤立的存在，而是与周围的各种情境要素复杂地关联在一起。正如科塔克在《文化人类学：领会文化多样性》中所言：文化各组成要素不是以孤立、杂乱的方式存在，而是相互之间整合为某种整体。其中的某一项内容发生变化，其他的部分也会产生相应的调整（2014）[41]。知识的情境性意味着，需要把知识放在其整体背景当中，从整体的角度去认识它的内容及意义。这些情境是较全面解读知识不可缺少的因素。正如詹姆斯·皮科克在《人类学透镜》中所言：整体性思考是把部分放到整体中来理解，就是把人们的种种表现和体验放在更大的背景和框架中去理解。这不仅有利于认识人们特殊的社会生活，还有助于把握它们的意义（2009）[20]。在某种意义上，正是特殊的"情境性"，塑造了特殊的"地方性知识"。正如盛晓明教授在《地方性知识的构造》中所言："地方性"不仅是在特定的地域意义上说的，而且还涉及知识的生成与变化中所形成的特定情境，包括特定文化、特定价值观、特定利益关系、特定立场等（2000）。

我们把马学知识情境方面的地方性，大概可分为认识、实践、社会、文化、生态等五大类型。其中，认识情境主要突出意识形态方面的因素；实践情境主要突出实践活动方面的因素；社会情境主要突出社会结构和功能方面的因素；文化情境主要突出价值意义方面的因素；生态情境主要突出自然条件、生态环境方面的因素。要想深入把握马学知识的地方性，就离不开对这些情境要素以及它们之间复杂关系的进一步挖掘。在一定意义上可以说，正是特殊的情境塑造了特殊的马学知识，而且它们之间形成了某种整体性关系。

一、认识情境

在认识过程中，主体的各种思想观念、思维方法、情感态度等或多或少都参与其中。马学知识的认识情境主要包括自然观、思维方法、语言词汇等内容。其中，自然观主要指对自然、对人与自然关系的总体看法；思维方法主要指思维推理的单元、过程、逻辑；而语言词汇是认识中命名或描述事物的最基本、最小的"工具"。蒙古传统马学和日本现代马学在认识情境方面存在着明显的差异性。

（一）蒙古传统马学与有机整体论

第一，自然观。

古代蒙古族，基本持有一种有机整体论自然观。它为蒙古传统马学提供了一种宏观的思想基础。它在蒙古传统马学把握马体的状态性、关联性、整体性特征方面发挥了重要作用。正如格尔茨在《深描说：迈向文化的解释理论》中所说：在我们对一些社会事件、习俗、仪式形成观念之时，我们以往的认识已经作为背景知识巧妙地融入进去了。这样做既没有什么特别的过错，而且无论如何都不可避免（2008）。

蒙古族有机整体论自然观，经过了一个从神秘主义到理性认识的发展阶段。他们早期对自然的神秘化认识，主要源于萨满教等宗教信仰。他们持有一种万灵论的观点，认为世间万物都有各自的灵魂。日月、星辰、山河、森林、风雨、鸟兽等多种自然物，都有各自的神灵（苏和等，2002）[7]。这种万灵论在一定程度上影响了蒙古族对动物、家畜的认识。

详细案例3.1　古代蒙古族关于马灵魂的一种认识

古代蒙古族不仅认为马具有灵魂，而且其灵魂在每个月的不同日期处于马体的不同位置：1 日在马蹄，2 日在膝盖，3 日在管骨，4 日在胫骨，5 日在膝盖，6 日在股骨，7 日在管骨，8 日在阴囊，9 日在马蹄，10 日在马蹄，11 日在乳房，12 日在管骨，13 日在白脉（脊椎神经），14 日在鬐甲骨，15 日在全身，16 日在颈，17 日在颈，18 日肩胛骨，19 日在项，20 日在肺，21 日在牙，22

日在肩胛骨，23 日在舌，24 日在额，25 日在胸，26 日在腹，27
日在阴部，28 日在阴部，29 日在腰，30 日在全身等。

资料来源：摘自塔瓦的《马经汇编》（蒙古文，2005 年），113 页至 114 页。

这种"灵魂"遍布或游走于马体的各个部位，体现了较为原始的
一种关联性和整体性。

　　蒙古族的原始萨满教信仰，除了建立生命体内部的联系之外，
还把生命体与自然界相互关联起来。在萨满教看来，自然界万物
通过一些神秘力量相互关联起来，在这过程中"腾格里"神发挥
着重要作用。正如维克多·特纳所言：背后共同的观念是，这个世
界被一系列"力量"所穿透，或者它们是这些"力量"的具体显现
（2006）[38]。"腾格里"神是蒙古族萨满教最主要的崇拜对象，很多事
物都有专门的"腾格里"神。专管家畜的腾格里神叫作"吉雅齐腾
格里"（ᠵᠢᠶᠠᠭᠴᠢ ᠲᠩᠷᠢ，繁殖的意思）；专管医药的腾格里神叫作"罕哈
日腾格里"（ᠬᠠᠷ᠎ᠠ ᠶᠡᠬᠡ ᠲᠩᠷᠢ，黑大汗的意思）（宝音图，1985）[7]。马也有
自己专管的神灵，叫作"哈阳黑日瓦"神（ᠬᠠᠶᠠᠩᠬᠢᠷᠸ᠎ᠠ ᠲᠩᠷᠢ）。它是一个
萨满教和佛教信仰相结合的神灵。从这些宗教信仰中我们可以看
到，蒙古族对自然的整体性认识，对生命体的整体性认识有着古
老的渊源，也有着漫长的发展历史。它是蒙古族祖先长期与自然、
动植物相处而产生的重要观念。

　　后来随着蒙古族对自然现象、生命现象的认识不断深入，进入
了理性认识阶段。蒙古传统医学中的"寒""热"等抽象概念是对
水、火、太阳、月亮、气候等自然现象的进一步抽象化认识的产物。
例如，蒙古族很早就崇拜火，在他们的创世神话《麦德尔娘娘开天
辟地》中也特别突出了火的重要意义（苏和等，2002）[24]。蒙古传统
医学中的灸疗、熏疗等疗法，也与"寒""热"等理性认识有着密切
的联系。正如《黄帝内经·素问》中所记载："北方者，天地所闭藏

之域也，其地高陵居，风寒冰冽，其民乐野处而乳食，脏寒生满病，其治宜灸焫。故灸焫者，亦从北方来。"（田代华，2011）[48-49] 蒙古族正是通过对自然事物、气候条件、日常生活、生命现象的不断抽象的基础上，提炼出了"寒""热"等传统医学基础概念。

蒙古族后来又受到藏医学、中医学、印度医学的影响，有了更系统的理论基础。其实，三根、七素、五元、阴阳、五行等理论也是对自然事物一些普遍属性的高度概括。例如，源于中医学的阴阳理论反映了自然万物中最基本的一些对立、对称、互动、转化等关系。在《黄帝内经》中的《阴阳应象大论篇》中记载："阴阳者，天地之道也，万物之纲纪，变化之父母，生杀之本始，神明之府也，治病必求于本。故积阳为天，积阴为地。阴静阳躁，阳生阴长，阳杀阴藏。"（南京中医药大学，2009）[47] 在这里阴阳概念被说成"天地之道""万物之纲"，是对多种自然事物普遍属性的高度概括。另外，印度医学中的三根理论也反映自然万物的较普遍属性。根据印度医学典籍《妙闻集》中的记载，身体被看作一种小宇宙，希拉被比喻为太阳，巴达干被比喻为月亮，赫依的作用就是传递这些功能（库吞比亚，2008）[218-219]；还有时候古代印度医学把三根看作自然中的风、水、火三种物质（库吞比亚，2008）[249]；还有时候把三根理解为人类食物的三种基本形态：固体（食物）、液体（水）、气体（空气）等（库吞比亚，2008）[240]。可见，三根理论也是对很多自然事物、生命现象一些普遍属性的高度提炼和总结。与此类似，"五元"也是从众多自然事物、生命现象中抽象出来的概念。其中"土元"的具体属性是硬、强、重，"水元"的具体属性是湿、润，"火元"的具体属性是热，"气元"的具体属性是轻、动，"空元"的具体属性是空、虚等（巴音木仁，2006）[109-123]。由此可见，古代人们对自然事物较普遍属性的认识、提炼，对传统生物医学知识的发展起着非常重要的作用。

蒙古族除了概括认识事物的性质之外，还概括认识了它们之间的联系。在这方面"对立统一"、"动态变化"等思想占据着非常重要的地位。古代蒙古族不仅总结和提炼了天与地、寒与热、阴与阳、善与恶等相互对立的概念，并通过它们之间的辩证关系把握了很多事物之间的联系、变化等问题。传统医学中的寒与热、阴与阳、巴达干与希拉等概念都具有明显的对立统一属性，它们在认识生命体的内部联系、整体性方面发挥着重要作用。蒙古族传统有机论自然观，不仅影响人们对自然事物的认识，也会影响人们所采取的行为，甚至还对自身产生一定的道德约束。例如，蒙古族常常把大地或整个自然界称为"母亲"，其深层原因在于重视人与自然之间的依存关系。正如卡洛琳·麦茜特在《自然之死》中所言：把自然视为一种养育者的观点，会形成一种文化强制力，约束人类的行为。而把自然视为一种征服对象的观念会为人类开发、剥夺自然提供一种文化基础（1999）[2]。

古代蒙古族，一方面不断抽象和提炼自然事物的属性、联系；另一方面也不断吸收外来理论知识，从而建立了一种较特殊的生物医学知识体系。他们以此为基础，把握了马体的各种状态性、关联性以及整体性特征。

表 3.1   蒙古传统马学中的三根理论、五元理论与马体内部关联

五元	三根	五脏	六腑	五元所构成的组织	五官	五能	五觉
土	巴达干	脾	胃	骨、肌肉、筋	鼻	气味	嗅觉
水		肾	膀胱	津液、脑髓、白脉、阴脉	舌	味	味觉
火	希拉	肝	胆	体温、血、黑脉、阳脉	目	色	视觉
气	赫依	肺	肠	呼吸、感觉、中脉	皮毛	感	触觉
空	三根	心	小肠	外窍、脉窍、脉络、神	耳	声	听觉

（注：六腑列中"精府"跨水、火、气、空四行居中）

资料来源：摘自巴音木仁的《蒙古兽医学》（汉文，1997 年），34 页。

蒙古传统马学所建立的这些身体联系，很多不是一种实质性联系，而是一种抽象性联系。它重要的意义在于强调了身体的关联性和整体性。就像在中医学里，把五脏与人体外表现象以及自然现象相互关联，其着眼点也不是物质本身，而是性质和功能（区结成，2005）[104]。这里涉及的很多脏腑也不完全是器质性脏腑器官，而是一种具有特殊功能的被建构起来的医学概念。正如中医名家恽铁樵所指出："《内径》之五脏非血肉之五脏"（区结成，2005）[118]。

蒙古族运用寒热、三根、七素、五元、阴阳、五行等理论，不仅建立了生命体这个"小宇宙"，而且还和外在的自然界这个"大宇宙"关联起来，建立了更大的一种整体性。例如，蒙古族总结出了多种与不同地理气候条件相适合的马体特征。

表 3.2　蒙古传统马学中外貌特征与自然环境之间的适应关系

地理气候条件	相貌特征
山地	山羊头，额头窄，眼突，耳立而短，驼背，飞端弯曲
湿地	蹄大，挺胸，四肢关节粗，鬃毛细，尾毛稀疏，臀部结实
平地	头小，耳细，狼胸，鬐甲窄，腰直，骆驼飞端
山地平地均适合	头大，颐凹深，肩和胸宽，胯阔，肛门深缩，骆驼飞端
烈日天气	头前面隆起，眼窝大，眼睛斜吊，鬐甲高，臀部有力，后肢像骆驼，狼胸
阴雨天气	鼻子隆起，眼大，额大，睫毛多，颊大，前胸大，四肢粗，鬐甲高，鬃尾大
干燥天气	毛短而疏，头相好，四肢长，耳细，声音小，鬃尾毛长，步伐敏捷，颐下小
潮湿天气	毛柔软而长，声音柔，四肢直，鬃尾毛软而长，臀部宽，头、眼、唇干净

资料来源：整理于岱青的《相马要略》（蒙古文，1998 年），23 页至 27 页。

可以说，不管是从生命体本身的角度，还是生命体与外在自然界关系的角度来讲，蒙古族传统马学都持有一种有机整体论自然观。而且这样的有机整体论，有利于家畜的自然进化，所以蒙古马进化出草原型、沙漠型、山地型等多种本地品种。

第二，思维方法。

蒙古族传统思维方法也是传统马学非常重要的认识情境。例如，枚举归纳思维方法是蒙古传统社会非常普遍的思维方法。它是一种根据"某类事物具有某种属性"，从而推出"这类事物都具有该属性"的推理方法。它对蒙古传统马学积累、提炼各种经验性知识发挥了重要作用。这种枚举归纳方法与蒙古族日常生活、生产实践有着密切的联系。他们在赛马活动中详细观察那些成绩出众的赛马及其外貌特征，并不断总结相关的相马知识。例如，1956年、1958年、1960年、1962年四次获得顶级赛事冠军的一匹赛马特征是：耳尖，眼大，眼角三角形，嘴大，嘴角明显，头干燥，项粗，鬐甲高，腰背直，荐斜，肋骨弓形，肩方形，关节结实，筋有弹性，后管直等；1955年、1957年、1961年三次获得顶级赛事冠军的另一匹赛马特征是：嘴唇长，额大，眉大，嘴唇方形，三角形大眼，鬐甲高，肩方形，腰有点凹，肋弓形，四肢长，筋细有弹性，系斜，鬃尾稀疏等（巴图宝鲁德，2006）[162-166]。除了赛马之外，蒙古族在牧马、训马、医马等实践中也不断观察马的多种身体特征，并且不断积累、提炼相关的马学知识。另外，从表面上看来枚举归纳方法似乎没有一些理论基础，是对现象的简单概括。其实，在这种看似简单的概括背后，存在对生命体的一些整体性观念。否则，怎么能从马体某一部位的概括就能够推断出整体性判断呢？可见，传统社会中的枚举归纳等思维方法在马学知识的总结、提炼过程中发挥着重要作用，同时它也以一些有机整体论作为基础。

在蒙古族传统马学中也有一些演绎推理，其中有机整体论自然观发挥着重要作用。标准的演绎推理是三段论：包括大前提（基本原理）、小前提（特殊情况）、结论（基本原理对特殊情况的解释说明）。在推理过程中，蒙古传统马学中的寒热、三根、七素、五元、阴阳、五行、脏腑理论等基础理论发挥着普遍规律的作用。但是，蒙古传统马学中的演绎推理与现代科学中的演绎推理存在一定的差别。首先，与现代科学的演绎推理相比较而言，蒙古传统马学中的基本原理具有较大的抽象性、包容性。例如，寒热、三根、七素、五元、阴阳、五行等概念具有很强的包容性，像一口很大的"理论口袋"，能够包含非常丰富的经验性知识。其次，与现代科学的演绎推理相比较而言，蒙古传统马学中的推理过程不是十分严密。以脏腑理论为例，有时候认为心与舌、肺与鼻、肝与目、脾与口、肾与耳等器官一一对应（巴音木仁，2006)[158-169]；而有时候又认为心与眼、肺与鼻、肝与舌、脾与牙龈、肾与耳一一对应（岱青，1998)[8-9]。这些说法之间存在明显的出入，但演绎推理过程重点不在于实质性联系，而是强调一种普遍性联系。它们都是对生命体状态性、关联性、整体性特征的一种把握，都具有一定的指导作用。这些蒙古传统马学中基础概念的抽象性、包容性，演绎推理过程的模糊性，都在某种程度上加强了它的整体性特征。当然，它对一些具体生理机制认识的模糊性，是其明显的局限性。而现代科学中的演绎推理，其普遍规律的具体含义、条件都非常明确。推理过程也十分严格，强调过程的明确性、结论的精确性。当然，这也容易导致一些认识的机械性、以偏概全等问题。

蒙古传统马学中还经常运用类比推理。类比推理就是用某些相似的事物去描述或把握其他事物。与现代马学中的各种机械类比对象不同，蒙古族经常用其他生命体进行类比来把握马体，具有明显的有机整体性特征。例如，蒙古传统马学中经常用各种野兽形状进行类比，把握马的各种外貌特征。具体来讲，根据外貌方面的相似性，把马分为龙类、狮类、狼类、兔类、狐类、蛙类、禽类、麝类、鹿类、野驴类、羚羊类等多种类型。在用这种类比推理把握事物时，需要注意两个问题。首先，尽可能寻找类比对象的相似属性；其次，尽量采取类比对象的本质属性（任晓明等，2012）[41]。这里值得注意的是，蒙古传统马学中所用的类比对象都是生命体，而且类比的一个重要本质属性是生命体的有机整体性特征。

第三，语言词汇。

语言是传统知识产生与发展的重要背景、容器、基础。不管是语言的语义，还是语境都体现了人们对事物的特殊认识，体现着人与事物之间的特殊联系。正如萨丕尔所说语言是一种思想的容器，容纳了千万个特殊经验（穆尔，2009）[110]。在语义方面，蒙古传统马学中的词汇具有明显的自然语言特色，包含了人们对自然的各种亲身体会，体现了蒙古族与自然之间的密切关联性。正如山田庆儿所说的：传统科学所用的语言是自然语言，很多用词都具有明显的社会文化特色。（1996）[69-124]例如，蒙古族把马体的外貌特征描述为喇叭、驼鹿、青蛙、狮子、雄鹰、母盘羊、灶石、箭筒、扣锅、搓绳等在游牧生活中常见的事物。这些语言体现了蒙古族对自然事物的感觉方式、认识过程、认识特色。

蒙古族还大量运用了表达事物属性、联系的词汇，体现了生命体的有机整体性。这方面最具代表性的是寒热、三根、七素、五元、阴阳、五行等概念。以五元、五行概念为例，它们是具体自然事物属性的高度抽象概括。具体来讲，土元的性质是硬、强、重；水元的性质是湿、润；火元的性质是热；气元的性质是轻、动；空元的性质是空、虚。而五行中的木代表生长、升发、条达舒畅；火代表温热、升腾；土代表生化、承载、收纳；金代表清洁、肃降、收敛；水代表寒凉、滋润、向下等（巴音木仁，2006）[109-123]。这些抽象概念，使纷繁复杂的经验知识具有了一定的条理性。例如，蒙古传统马学中水元性质的马，后肢长，齿坎深，牙垢蓝色，耳长，毛顺，善于跑下坡地，适合夏季骑乘；火元性质的马是胸宽，舌薄，毛硬，四肢短，腰背长，牙垢红，气质急躁，适合冬季骑乘；气元性质的马是胸部宽，肋骨弓起，腹部椭圆形，口大，牙龈干燥，肌肉结实，耳立，牙垢绿色，善于跑逆风，适于四季骑乘等（岱青，1998）[10-12]。可见，这些抽象词汇是蒙古族认识生命体以及生命现象的重要概念，而且具有明显的有机整体性。

在语境方面，蒙古传统马学的语言词汇已经融入于人们的日常生活，乃至精神文化领域。例如，在蒙古族传统民歌、赞祝词中有大量的传统马学知识。在一篇《蒙古族赛马赞祝词》中写道：犬齿如同驾驭闪电的金龙，起跳如同飞翔的凤鸟，神情如同站在雪山顶上的雄狮，跳跃如同林中穿越的猛虎，玩耍如同飞跃于大海浪涛间的大鱼等（芒来等，2002）[503]。在另一篇《冠军马相貌赞祝词》中写道：幸福平安来临！高贵的头部，聚集了美好的相貌，像花朵一样的眼睛，炯炯有神，通过鼻子的呼吸，像风一样，竖立的双耳，体现着灵敏勇敢，银色的马鬃，风中飞舞，洁白的牙齿，如盛开的莲花，长着雄伟鬃毛的颈部，包含着龙的力量，宽阔的前胸，体现着狮虎的力气，长长的脊背，能够跨越山峦，敏捷的奔跑，像湖水的涟漪，完美的相貌，具备了福相，五种家畜之首，无敌的快马（杨·巴雅尔，2005）[73-74]。在这些赞祝词中，涉及了很多蒙古族传统相马知识。又例如，在蒙古族传统谜语中也涉及了不少马学知识：十二峰骆驼、十一匹马、十个主人、五只绵羊、三只狗、一个飞禽在一起赶路（谜底为各种动物的怀孕期）

（芒来等，2002）[479]；皮卡子，银镊子（谜底是马的嘴唇和牙齿）（杨·巴雅尔，2005）[271]；一家有四个孩子，三个顺溜，一个弯曲（谜底是马腿）（杨·巴雅尔 2005）[271]。在这些谜语中，涉及了一定的蒙古族传统养马、相马知识。可以说，一方面蒙古传统马学知识已成为蒙古族日常生活、精神文化领域非常重要的组成部分；另一方面蒙古族的这些日常生活、精神文化领域，构成了传统知识繁荣发展的沃土。正如拜伦·古德在《医学·理性与经验》中所言：把一些传统医学概念，只有放到一套医疗实践或思维体系中，放到运用这些概念的具体社会环境中才能够更好地理解它（2010）[170]。可见，只有结合当地特殊的文化领域，我们才能较全面把握知识的特殊意义。

（二）日本现代马学与机械还原论

第一，自然观。

从现代马学的源头上讲，欧洲马学在中世纪以及更早时期，也注重一些整体性认识，并且与当时的基督教文化有密切的联系。例如，在欧洲 13 世纪撰写的一些解释基督教古代经文的著作中，把马体、器官与耶稣、天体、星座等关联起来（Karasszon，1988）[178-179]。但是，这些对生命、自然的整体性、宗教性认识，在近代时期发生了较大变革。在这过程中，现代科学技术的兴起，资本主义文化的发展起到重要作用。可以说，现代科学技术的发展，资本主义文化的发展，自然图景的机械化，自然界的资源化，在一定程度上是同一个社会变革的不同侧面。近现代物理、化学等自然科学的巨大成功，使得这些学科的研究方法拓展到生物医学等更广泛的领域。近现代物理学、化学领域的机械论、还原论方法，相当于一种"范式""模型""地图""隐喻"，对生物医学领域产生了重要的塑造作用。而日本在近代走向现代化的过程之中，较系统地接受了这些知识以及相关文化。

日本现代马学受到还原论自然观的重要影响，主要从成分、要素、构件等角度去认识马体。例如，日本现代马学特别重视研究器官、组织、细胞、乃至化学物质等身体的构成要素。从某种意义上讲，现代生物医学就是在不断寻找着构成生命的更基本、更重要"零件"。早期的还原论通过解剖实验，把身体还原到肌肉、骨骼、器官等较大的组成部分。后来，随着解剖手段、观察手段的改进，还原到细胞、分子等更微观的要素。正如斯蒂芬·罗斯曼在《还原论的局限：来自活细胞的训诫》中所言：作为一种实验纲领，微观还原论教导我们，只有通过对生命的细胞、细胞核、分子、细胞结构、化学反应等深层研究，才能充分理解生命的本质（2006)[81]。这种还原论方法至今都在生物医学领域占据着重要地位，是获得现代生物医学知识的主要途径。

日本现代马学还受到机械论自然观的重要影响。在生命现象的认识过程中，经常从机械作用、结构功能的角度去考虑问题。例如，在马的奔跑方面，机械力学是理解肌肉、骨骼具体功能的重要分析工具。十七世纪博雷利的《论动物的运动》和十八世纪拉美特里的《人是机器》等都是这方面的代表性著作。博雷利在著作中用数学、物理学理论详细研究了人、马、鸟等多种动物的运动过程。拉美特里甚至在著作中提出：难道人不就是一架特殊的机器吗？他比动物可能再多一些齿轮，再多一些弹簧，大脑和心脏的距离及其比例可能更近一些，接受的血液可能更加充足一些（2009)[54-55]。他们认为整个动物界、人类以及整个宇宙都贯穿着这种一致性。近代生物学还从机械论的角度认识了心脏等器官。正如洛伊斯所描述：17世纪的生理学家把嘴比喻为钳子，胃比喻为磨坊，血管比喻为液压管，心脏比喻为泵泉，肌肉与骨骼比喻为绳索和滑轮，肺比喻为风箱，肾脏比喻为过滤器等（2009)[174]。

特别是对心脏功能的机械性理解，具有较强的典型性。受到这些认识的影响，日本现代马学对心脏的结构与功能、血液的循环机制等方面的认识，都具有较强的机械性特点。而且随着现代科学研究的深入，机械模仿的对象也在发生着一定的变化，即变得更加精细、精巧。正如山田庆儿所指说：机械论从钟表为模型的简单机械论，发展到以热力机械为模型的动态机械论，再进步到以电子计算机为模型的复杂机械论（山田庆儿，2003）[37-69]。这些认识，一方面，极大简化了复杂的生命现象，并能够解释心脏器官的一些具体功能；但另一方面，对生命关联性、整体性特征的认识方面也存在一定的局限性。例如，心脏不仅仅是一块泵血的"肌肉"，而且还有其他的一些特殊生理功能。

第二，思维方法。

统计归纳是现代自然科学、社会科学常用的归纳方法。统计归纳与传统知识中的枚举归纳有着很大的差异性。统计归纳是对自然事物或者社会事物的一种数量化研究的产物。概率统计研究，与近代西方国家的工程、控制、保险等应用领域的发展有着密切联系。正如17世纪英国科学家威廉·配第（William Petty）所言：社会科学也需要像物理科学一样的量化，用数量、测量来研究社会问题。他把自己的这个统计学研究命名为"政治算术"（克莱因，2004）。统计归纳在西方近现代自然科学和社会科学中应用都非常广泛。在现代生物医学研究中，也经常使用统计推理。例如，日本现代马学对心电活动的研究就运用了统计推理。表面上看，心电现象与血液循环并无直接的关联，既不是体现泵血量，也不反映跳动次数，而是心脏跳动的一种频率的变化。例如，日本赛马综合研究所采用左侧胸部下面和右侧肩部双极诱导法，对154匹马进行心电图测量，经过统计分析发现，未参赛赛马的P波振幅是在$0.49 \sim 0.19\,\mathrm{mV}$，平均值为$0.3\,\mathrm{mV}$；参赛赛马的P波振幅是

在 $0.5 \sim 0.22$ mV，平均值为 0.34 mV（天田明男，1964）[1-8]。这里通过统计分析认识了赛马训练与心电图某一波形之间的特殊联系。又例如，日本赛马综合研究所对产后一周的马进行直到持续一年的心电图观察，发现 RR，PQ，QT 间期和 P 波、QRS 群的持续时间都随着马的成长发育而延长（Kanji MATsuI et al., 1983）。这里通过统计分析认识了马的成长发育与心电图之间的联系。这里值得注意的是，这些统计方法在具体应用过程中受到了还原论、机械论等自然观的重要影响。因为所选择的统计对象、统计特征都具有一定的指向性。现代马学之所以注重对心脏的统计研究，是因为心脏在现代生物医学知识体系中占据着非常重要的地位。又比如，日本现代马学在骨骼发育中，特别重视马四肢骨骼的发育问题。日本赛马综合研究所分别归纳统计了 731 匹马驹在不同成长阶段的桡骨发育情况（吉田光平 など，1982）和 593 匹纯血马的尺骨和踵骨的化骨过程（吉田光平 など，1981）。日本现代马学之所以关注四肢骨骼的发育问题，明显受到了机械力学的影响。可见，现代生物医学中的很多统计归纳研究，在归纳之前已经做了一定的选择，具有较强的针对性。

日本现代马学中的演绎推理，也具有明显的机械还原论特征。因为在演绎推理过程中使用很多物理、化学、生物医学原理来说明生命现象。例如，在认识马的肌肉与骨骼时，把关节、骨骼看成某种杠杆体系，而肌肉的收缩是其力量之源。从而用杠杆原理很容易说明了关节的运动以及做功效率。日本现代马学除了用一些物理、化学理论作为演绎推理的基础理论之外，还用一些生物医学机制、理论等作为演绎推理的基础。例如，血液循环理论是一个非常重要的生理机制，现代马学用它作为重要基础，研究了心脏的大小、跳动次数、肺脏的构造、脾脏和肝脏的储藏红血球功能等多种问题。从这里看到，现代马学中的演绎推理确实具有很强的解释性，但是也存在一定的忽视生命特殊性、关联性、整体性的缺陷。例如，最常见的三段论推理格式是：m 有 p 性质，s 是 m，那么 s 也有 p 性质。生物医学在运用这一演绎推理过程中，很容易把 s（生命体）等同于 m（物质），或者把 s（生命整体）等同于 m（生命体的某一构成部分），从而可能导致用无生命物代替生命，用生命体局部代替整体的问题。

日本现代马学除了运用一些物理、化学中的典型思维方法之外，还运用了一些生物医学领域较特殊的思维方法。这方面，溯因推理（逻辑学中，有时候从或然性的角度把它归入归纳推理，从形式的角度把它归入演绎推理）具有较强的代表性。溯因推理最常见的形式是"肯定后件式：如果 p 则 q；q，所以 p。"（任晓明等，2012）[67]这种推理有一些先天性不足，就是没有考虑到所有的条件，很多不同的前提可以导致同样的结果，很多相同的前提可以导致完全不同的结果。例如，日本现代马学通过生理实验发现对马静脉注射肾上腺素（交感神经刺激剂）和匹罗卡品（副交感神经刺激剂），都得到相应的发汗效果（江岛真平 など，1935）。从而认为交感神经和副交感神经影响着马的排汗。但是分泌汗液的原因可能有多种，包括运动、心理、生理、环境等。这种溯因推理在现代生物医学中大量存在，它容易以某些片面性理论为基础得出一些具有风险、瑕疵的科学结论，而且这些"成果"如果被草率地推广到社会实践，将会导致风险的扩散。这说明日本现代马学中的很多现代科学思维方法，也是优缺点并存的。

第三，语言词汇。

语言词汇作为认识的最小单位，其中不仅体现一定的世界观，而且还是思维推理的基本工具。同时语言也是彼此交流的中介，知识传承的载体。日本现代马学在经验的描述、概念的表达等方面也具有明显的特殊性。特别是现代生物医学非常注重语言词汇的数量化，具有较强人工语言的特色。正如贝尔纳在《实验医学研究导论》中所说：生物学要想认识生命的规律，不仅要观察和验证生命现象，而且还需要用数字来确立这些现象之间的联系（2009）[150]。对日本现代马学来讲，最典型的是制定了一套包括体高、背高、尻高、体长、胸长、颈长、胸深、胸宽、腰宽、尻宽、胸围等内容的测量体系（野村晋一，1997）[143]。在血液研究中也关注了血液中的红血球数、血液循环速度、血液总量等数量特征。在内脏器官的研究中也关注了心脏的大小以及跳动的次数等数量问题。一方面，这些数量化描述有较强的精确性，使生物医学更好融入了自然科学行列。正如笛卡尔所强调的，所有物理、化学、医学等研究实际物质的学科都可以怀疑，但是数学规律是不可怀疑，准确无误（2009）[6]。但是另一方面，这些数量化的语言也具有一定的机械性，在一定程度上影响着人们思考和认识生命问题的方式。

现代马学的语言词汇也具有明显的还原论特征。现代生物医学非常热衷于寻找生命体的基础性"零件"。后来发展出的很多重要的生物医学概念，本身就是构成生命体的重要"零件"。细胞、细胞器、基因、DAN、化学成分等要素的发现，都曾为生物医学带来了一定的革命性意义。现代生物医学知识就是运用这些语言、概念，思考生命问题，认识生命现象。正如拜伦·古德在谈论人类医学时所指出，现代医学的经典模式往往假设疾病是生物性身体的肉体性损伤或者机能障碍（2010）[11]。日本现代马学也经常用细胞、基因、DNA、化学成分等概念去认识和讨论了马体以及相关的生命现象，具有较强的还原论特征。

现代马学的定量性、机械性、还原性的人工语言，已经成为学术研究的标准方式。日本在吸收和发展西方现代兽医学的同时，也重视发展相关学术期刊、科普著作。1881年"共立兽医会"发行了《共立兽医会季报》，成为日本最早的全国性兽医协会和最早发行的兽医杂志。后来 1959 年建立日本赛马综合研究所之后，分别发行了《日本中央赛马会赛马保健所研究报告（日本中央競馬会競走馬保健研究所報告）》（1961—1976）、《日本中央赛马会赛马综合研究所报告（日本中央競馬会競走馬総合研究所報告）》（1977—1993）、《马科学（馬の科学）》（1994—至今）等研究报告和学术期刊。并且日本赛马综合研究所还编辑出版了《马科学（馬の科学）》（1986）、《马兽医学（馬の医学書）》（1996）《纯血马科学（サラブレッドの科学）》（1998）等多部科普书籍。这些学术刊物的发行，科普书籍的出版，进一步使现代生物医学语言词汇成为现代日本人认识或研究马体的重要思想工具。这些语言词汇，不仅成为科学团体内部交流的标准方式，也成了整个社会进行交流的主流方式。

二、实践情境

知识的实践情境包括实践活动、实践者、实践工具等多方面的内容。蒙古传统马学和日本现代马学的实践活动、实践工具等都存在很大的差异性，而且实践者及其习得知识的过程也存在明显的差异性。马学知识与实践情境之间是一种双向塑造关系。例如，实践工具不仅受到认识目的、认识方式的影响，而且反过来对认识结果也产生一定的影响。正如劳斯在《知识与权力》中所说：科学知识的实践属性是在实验室内运用各种仪器研究实验对象的时候逐渐建立起来的（2004）[113]。可见，实践情境是马学产生、发展的重要影响要素，它对马学知识的内容、形式都产生了一定的建构作用，而且两者之间形成了某种整体性关系。

（一）蒙古传统马学与生活实践

第一，实践活动。

蒙古传统马学的发展，与蒙古族日常的牧马、训马、役马、医马等生产实践、生活实践有着密切的联系。这种人类日常生产经验和生活经验是传统生物学知识产生与发展的最重要来源（曾健，2007）[11]。蒙古族终日与马为伴的游牧生活，为他们提供了充足的时间和机会来观察和体验马体的多种生命特征。在牧马方面，蒙古族一年四季都需要看护自家的马群。春季的主要工作是防止马群掉膘，保护有孕母马，选择避风的优良草场；夏季的主要工作是选择水草茂盛的草场，选择凉爽的山坡草地，注意避暑，保护幼驹；秋季的主要工作是注意上膘，进行远距离游牧；冬季的主要工作是选择避风的草场，避免马群跑散等（芒来等，2002）[256-260]。在这些牧马实践中，蒙古族可以详细观察马体的多种外貌、行为、神情、状态特征。例如，蒙古族可以根据马奔跑留下的蹄印来判断马之优劣：蹄边印记清晰，蹄叉印记模糊的是上等马；后肢蹄印记超过前肢蹄印记的是中等马；四肢蹄印记清晰，或者后肢蹄印记没有超过前肢蹄印的是劣等马（岱青，1998）[19]。他们对马蹄印迹的这些详细观察，与其长时间的牧马实践有着密切的联系。蒙古族除了放牧之外，还会每天精心照料自己的坐骑，修剪鬃毛、洗刷汗液、观察牙齿等。在这些训马、役马实践中，蒙古族掌握了丰富的关于鬃毛、汗液、牙齿等方面的马学知识。另外，蒙古族也通过一定的医疗、宰杀等解剖实践，认识了马体的内部特征。因为马是蒙古人的忠实伴侣，蒙古族很少宰杀马匹，也很少吃马肉，但是在一些大型祭祀活动中会宰杀马。例如在《黑鞑事略》中记载："牧而庖者，以羊为常，牛次之，非大燕会不刑马。"（彭大雅等，1985）[3]在 13 世纪的历史文献《蒙古秘史》

中也明确记载了一次"宰马会盟"的事迹。一些蒙古部落在组成以札木合为首领的军事集团时："此等部众，聚于阿勒灰不剌阿之地，议欲举扎只剌歹之札木合为罕，共腰斩儿马（原蒙古文为种马，作者加），骒马，相誓为盟。"（道润梯步，1978）[108]蒙古族特别是通过宰杀牛羊等家畜和其他猎物，积累了很多解剖学方面的知识。这些解剖实践为它们认识马体内部器官及其功能起到一定的作用。当然，蒙古族比起马体的结构性、功能性特征，更注重其关联性、整体性特征。

图 3.1　草原上套马的蒙古牧马人

资料来源：笔者拍摄于内蒙古自治区锡林郭勒草原。

　　蒙古传统马学的发展，与蒙古族日常的生活、生产需求也有着密切的联系。这些日常需求为蒙古传统马学提出了需要研究、解决的一些特殊问题。这些实际需求对蒙古传统训马知识产生了重要影响。以训马知识为例，蒙古族根据畜牧、比赛、狩猎、战争等实践活动的需要，对马进行一系列专门的训练。蒙古族的传统训马包括驯服、训练步伐、训练技能、训练赛马等丰富内容。

表 3.3　蒙古族一般性传统训马活动

驯服训练	驯服二岁马	由儿童骑乘；春季吃上绿草之后开始训练；训练牵走、绊腿、拴吊、上下马、听从指令等内容
	驯服成年马	由年轻人训练，训练骑乘、背上驮物品、带笼头、带马衔、上马鞍等内容
步伐训练	对侧步训练	有经验的人训练；通过拽笼头、踢马镫等方法训练步伐；选择下坡地增强对侧步能力
	快步训练	马鞍靠鬐甲，放松缰绳，让马的颈部充分前伸；骑马时身子前倾，让马的前肢变得有力
	跑步训练	从二岁开始训；增加跳跃能力；和其他马一起训练增强信心；不能让马过于疲劳
技能训练	日常骑乘马	从小驯服；让马适应放牧、守夜、比赛等工作；不能让马掉膘；避免各种使用不当导致的疾病
	套马专用马	选择身体结实，速度快，识人意的马；选择能够根据需要侧身用力，套上马之后能够向后用力的马
	狩猎专用马	选择猎狼的时候能够镇定，猎兔的时候能够停顿，猎狐的时候能够倾斜，猎黄羊的时候能够追赶，射箭的时候能够步伐稳定的马

资料来源：整理于芒来，旺其格的《蒙古人与马》（蒙古文，2006 年），174 页至185 页。

　　除了这些一般性训练之外，蒙古族还对马进行为期一个月左右的专门训练。这是他们参加赛马、围猎、征战等活动前的重要准备。通过这种一个月左右的专门训练，马的奔跑能力、速度、耐力都将明显地提升。从上述训马知识可以看到，马的特殊步伐训练、特殊技艺训练、耐力和速度训练等都受到蒙古族生活、生产需求的重要影响。可见，蒙古传统马学是蒙古族古代生产实践、生活实践的有机组成部分。而且传统马学源于生活实践，把握了较多马自然状态下的生命特征。这些知识对马体的人为干预较小。即使进行一定的针刺、放血等治疗，也都是为了刺激马体，激发其生命体本能为主要目的。另外，这些传统马学还结合了当地的地理气候条件，合理利用了当地植物资源，有利于形成地方性品种，具有较强的生态属性。

第二，实践者。

蒙古族普通劳动者在日常实践中的感觉、感受、体验、经验等，对蒙古传统马学的发展起到非常重要的作用。在古代蒙古游牧社会中，基本没有学校教育。除了官宦子弟和在寺庙中当喇嘛的儿童之外，几乎所有的孩子都需要跟家人一起劳动。家庭生产劳动是他们学习蒙古传统马学的主要途径。而且在传统家庭劳动分工中，马学知识是蒙古族男性必备的重要技能。因为马群的觅食距离较远，马的力量大，不易驯服，所以放牧或看护马群，挤马奶，修剪马的鬃毛，给儿马去势，训马等工作主要由男性成员来完成（芒来等，2002）[430]。可以说，在蒙古族男性的成长过程中，马学知识的掌握有着非常重要的意义。在一项人类学调查中显示：蒙古族男孩一般在六七岁参与传统赛马活动；17 至 20 岁能够辨别马群中的母子关系，能够判断一些马的优劣品质，学会使用套马杆；20 岁以上就基本学会了选择牧马的草场，能够胜任给马去势等工作（長沢孝司，2008）[59-86]。

蒙古传统马学的习得，除了受到家庭生产劳动的重要影响之外，还受到了一些社会活动的重要影响。传统游牧社会中，各个家庭之间具有分散经营、迁徙游动的特点。但亲属、邻里之间也存在一系列相互协作关系。例如，剪马鬃、打马印、去势、挤马奶等协作活动，为相互交流畜牧兽医知识等创造了重要机会。例如，剪马鬃是蒙古族一年一度修剪马鬃鬣的活动。这个劳动需要邻里之间的多个人相互协助完成：有的人专门套马，有的人专门修剪鬣毛，有的人专门收集鬃毛等。套马的基本上都是年轻人，老人主要修剪、收集鬃毛，劳作结束后往往还举行宴会（哈斯巴特尔，2005）[105]。正是这些邻里之间的互助劳动，给蒙古族创造了学习、传承马学知识的重要机会。蒙古族男性的这种与马为伴的生活实践，不仅使他们积累了丰富的马学知识，而且锻炼了他们感觉器官的敏感度，锻炼了他们把握马体整体性特征的能力等。

图 3.2　蒙古族相互协助驯服烈马

资料来源：笔者拍摄于内蒙古自治区锡林郭勒草原。

在蒙古传统马学的发展过程中，特别是理论体系的建立过程中，古代蒙古族知识阶层发挥了重要作用。他们既是总结蒙古族传统寒热理论的主力军，也是吸收藏医学、中医学、印度医学理论成果的主要力量。另外，在传统知识的总结、提炼、书写、传承方面，知识阶层也发挥了重要作用。正如科塔克在《文化人类

学：领会文化多样性》中所言：文化传承过程中最主要的特点是
通过学习，而不是通过生物遗传（2014）[5]。传承和发展蒙古传统马
学的知识分子，主要包括专门的训马师、兽医师以及喇嘛医生等。
在传统蒙古社会中，只有那些贵族、官吏等特殊人群，才具有接
受学校教育的机会。例如，在清代设在北京的官方教育机构主要
有：1644 年设立的国子监八旗官学蒙古学馆，1657 年设立的研究
藏语的唐古特学（学生全部是蒙古族），1748 年设立的咸安宫蒙古
学官学等。设立在地方的教育机构主要有：绥远蒙古官学、吉林
蒙古官学、盛京蒙古官学、热河蒙古官学等（乌云毕力格等，
2004）[251]。蒙古族很多古代马经，是由这些知识阶层来编写的。例
如，产生于 19 世纪末期的古代蒙古马经《致密致隐篇》，其作者普
尔普扎布是一名官吏（1999）；马经《赛音洪台吉授予的相马篇》
的作者赛音洪台吉，是 16 世纪末期到 17 世纪初期的蒙古族贵族
（1999）；马经《莫日根哈日的相马精华篇》的作者莫日根哈日，
是 16 世纪初期的蒙古族贵族等（1999）。特别是清代，一些蒙古族
入朝为官，大量吸收了中原汉族传统文化。在中原地区，早在隋
朝开始就有官府专门设置的兽医人才培养机构。在《中国古代畜
牧兽医史》中记载：隋代开始在太仆寺设立兽医博士，专门培养
高级兽医师，根据《隋书·百官志》的统计，当时太仆寺兽医博
士和学员共有一百二十人之多（邹介正等，1994）[21]。到了清代，
不管是在管理国家马群的太仆寺，还是管理皇家马群的上驷院，
都设立了一定比例的蒙古官员（邹介正，1994）[68-69]。据《清史稿》
记载："清初沿明制，设御马监，康熙间，改为上驷院，掌御马，
以备上乘。畜以备御者，曰内马。供仪仗者，曰仗马。御马选入，
以印烙之。设蒙古马医官疗马病。"（赵尔巽，1977）[141卷,116志,4171页]清
代的养马场也设在内蒙古察哈尔地区，并委任一些蒙古人管理马
场："置牧长、牧副、牧丁任其事，辖以协领、翼长、总管，官兵

皆察哈尔、蒙古人充之。"(赵尔巽，1977)[141卷,116志,4173页]可见，传统蒙古社会中长期存在一定的专业兽医师，而且这些兽医师在本土兽医知识的理论化、其他兽医理论的引进等方面发挥了重要作用。

蒙古传统马学理论的研究者，除了官府中的专门兽医师之外，还有僧侣群体。明清时期，藏传佛教不断传入蒙古地区，特别是清廷在蒙古地区建立了很多寺庙，大力宣扬佛教。值得注意的是，藏传佛教不仅仅是一套信仰体系，而且其中包括丰富的科学知识。特别是藏传佛教中的"五明"文化与科学技术密切相关。"五明"包括"大五明"和"小五明"。其中，"大五明"包括工巧明（工艺学）、医方明（医学）、声明（声律学）、因明（逻辑学）、内明（佛学）等。"小五明"包括修辞学、辞藻学、韵律学、戏剧学、历算学等（唐吉思，2010）[8-9]。藏医和印度医学随着佛教传播，大量传入蒙古地区。这些医学知识的传播方式主要有两种：一是通过翻译一些经典医学文献来传播，二是通过一些寺院建立的专门医学教学机构来传播医学知识。当时在蒙古地区建立的喇嘛寺院，一般都设有"曼巴札仓"（佛教医学教育机构），专门用来培养喇嘛医生。这些喇嘛医生，不仅给人治病，也治疗马、牛、羊等家畜的疾病。例如，古代蒙古马经《符合印度医学的相马篇》的作者伊喜巴拉珠尔就是一名喇嘛，他精通藏医学和印度医学，是蒙古传统医学理论的重要奠定者。在当时蒙古地区寺庙中讲授的医学内容，主要是一些传统医学经典著作。特别是《四部医典》是整个曼巴札仓医学教育的核心内容（宝音图，2009）[173]。以塔尔寺的曼巴札仓为例，医学教育大体分为四种类型：基础班学习《四部经典》中的第一部以及生理、病理、诊断、治疗方面的初步知识，为期3年；理论班学习医学基本理论以及饮食、行为、药物、治疗方面的知识，为期5年；方法班学习各种疾病分类以及疾病的原因、特征、治疗方法，为期5年；典籍班学习诊断、制药、治疗方面的各种知识，为期 6 年（宝音图，2009）[182]。学习这些传统医学经典著作，主要方法就是背诵和理解。所以这些喇嘛医生首先需要背诵经典文献，然后在老师的指导下去领会具体意思，最后结合自己的医疗实践把这些内容融会贯通。正是通过这些寺庙中的喇嘛医生，蒙古传统马学受到了藏医学、印度医学的深刻影响，并且迅速走上了体系化发展的道路。可以说，不管是古代蒙古族兽医师还是喇嘛医生，所受到的教育基本上都是传统医学基本理论，他们对传统马学的理论化、体系化发挥了重要作用。

第三，实践工具。

实践工具，不仅影响着人们的观察方式和参与方式，还影响着最终的认识结果。在蒙古传统马学的发展过程中，蒙古族充分发挥了自己的视觉、听觉、味觉、嗅觉、触觉等各种感官能力。蒙古族从小开始耳濡目染，长大之后终日与马为伴的生活，使他们捕捉、识别马体信息的能力十分敏锐。以观察马的犬齿为例，他们能够分出四种类型："东珠"（ᠳᠣᠩ ᠱᠦᠪᠦ）是指四颗犬齿相互接触，稍微外撇，有三个棱角，色红；"刹子"（ᠱᠠᠷ ᠰᠢᠳᠦ）是指齿冠扁平，齿根细；"土堆"（ᠳᠣᠪᠤᠷ ᠰᠢᠳᠦ）是指一颗犬齿与牙齿近，另一颗与牙齿远而且比其他牙齿高；"崎岖"（ᠬᠢᠷ ᠱᠦᠪᠦ）是指外边比其他牙齿突起，里边有槽等（塔瓦，2005）[68]。他们如果没有在草原这一特定文化环境中成长，没有进行较长时间的训练，很难具备这样敏锐的观察能力。另外，蒙古族对马体的感觉方式也具有较强的特殊性。正如迈克尔·赫茨菲尔德所言：感官是满载编码的仪器，将根据个人习性与社会标准把身体的体验转化为某种文化形式（2009）[272]。蒙古族不仅注重观察马的状态性、整体性信息，而且以他们特有的方式把握、描述、交流、保存这些信息。例如，蒙古族把马的牙齿分为野驴牙、骆驼牙、绵羊牙、麦子牙、猪牙、牛牙、野马牙等多种类型。可见，蒙古族的观察本身也在一定程度上塑造着蒙古传统马学。而且，不管生物医学知识发展到什么程度，都不可能完全代替人类感觉器官的作用。因为人类的任何认识活动，离不开主体的参与，离不开感觉器官的参与。而且感觉器官在认识复杂性事物，做某些综合性判断方面，至今优越于一些科学仪器设备。例如，在疾病诊断、治疗等具体实践中，医生的主观能动性依然发挥着重要作用。

蒙古族在捕捉一系列感觉经验的过程中，传统医学理论发挥着重要作用。因为寒热、三根、七素、五元、阴阳、五行、脏腑、脉络等理论把身体的多个特征相互关联起来，给每一个特殊部位都赋予一定的整体性意义。这些传统医学理论，不仅使蒙古族丰富的感觉经验具有了整体性意义，而且还培养和开发了他们的感官能力。以舌头的颜色为例，蒙古传统兽医学认为：如果金关呈现青色，是肝赫依偏盛之症；如果金关呈现黄色，是肝胆希拉偏盛之症；如果呈现红色而燥或紫色，是肝有希拉和赫依兼症之热；如果色淡而润，是为肝寒之症；如果玉户色淡而青，是肺有赫依与巴达干兼寒之症；如果玉户色红体大，是肺火；如果玉户色白体软，是肺巴达干偏盛等（巴音木仁，2006）[223]。在这些理论指导下，蒙古族兽医自然关注舌头的色泽、润燥、大小、肥瘦、软硬等特征，而且这些舌头特征都具有一定的整体性意义。

蒙古族除了感觉器官之外，也用一些针、刀等工具。但是这些工具的认识意义也不同于现代医学中的解剖刀等工具。与这些医疗工具相关的身体知识、疾病知识、医疗知识，都具有明显的整体性意义。例如，蒙古传统马学在放血过程中使用多种形状的针刺、刀具，但它们并不是为了分割马体的完整性，反而是以身体的整体性作为重要基础，来干预、刺激、引导马体的某些自身机能。

蒙古族在使用针、刺、刀等医疗器具的过程中，寒热、三根、七素、五元、阴阳、五行、脏腑、脉络等传统医学理论发挥着重

图 3.3　蒙古传统马学中的一些兽医器具

资料来源：笔者拍摄于内蒙古自治区通辽市科尔沁博物馆。

要指导作用。在这些理论的指引下，每一个穴位都具有了一定的特殊意义，它们成为联系马体内与外、局部与整体相互关联的重要部位。可见，这些传统医疗器具也是传统兽医学、传统马学的有机组成部分。

（二）日本现代马学与实验室实践

第一，实践活动。

实验是现代生物医学认识生命体非常重要的途径。现代生物医学实验包括解剖分析、生理实验、化学实验、物理实验等多种内容。例如，西方生物医学有着悠久的解剖分析传统，经过了从宏观、中观、微观等多个发展阶段，而且这些解剖分析至今都是现代生物医学的基础性内容。另外，随着自然科学的发展，物理、化学实验方法也广泛应用于生物医学。正如贝尔纳所言：对无生命现象的研究是生命现象研究的重要基础，并且它们的基础原理没有什么差别（2009）[72]。

　　日本在引进西方现代兽医学之初，就非常重视实验研究方法。不仅课程体系中设立化学、物理、生理等课程，还设置了专门的实验训练环节。可以说，实验已成为现代生物医学知识学习和研究的主要途径。这些实验活动，不仅影响着现代生物医学知识的产生，而且还影响着现代生物医学把握生命体的方式。正如劳斯在《知识与权力》中所言：各种实验室不仅是科学家们劳动的主要场所，从根本上讲，是一种建构微观现象的特殊场所。在这里科学家将对生命体进行一系列建构、分离、操纵、追踪等人为干预（2004）[106]。例如，日本现代马学为了认识血液的沉降现象，在实验中设定了多种前提条件：为了把握训练活动与血液沉降之间的关系，研究者专门选择了"经常训练"与"不经常训练"两种类型的马；为了确定温度与血液沉降的关系，专门设定 0、15、25、30 度等四种室温条件；为了确定血液振动与血液沉降之间的关系，专门设定 30 和 60 分钟两种振动时间；为了确定采食与血液沉降之间的关系，专门选择采食前、采食后、采食两小时等三个时间点来测量（菊池滋，1941）。在上述这些特殊实验条件下，日本研究者发现，经常锻炼的马匹在运动前后红血球沉降的速度变化较少，而且很快恢复，而那些不经常锻炼的马匹，运动前后红血球沉降的速度变化大，而且恢复速度慢。可见，实验研究对日本现代马学有着极其重要的意义。

　　日本现代马学的结构性、功能性、还原性认识，与实验室实践有着密切的联系。例如，在心脏研究中，现代马学从结构的角度考虑了心脏的大小、跳动次数等问题。通过解剖发现，大多哺乳动物的心脏大概为体重的 0.4%—0.5%，而狼、猎犬、马的心脏大概占据体重的 0.9%—1%（中央競馬ピーアールセンター，1981）[166]。在心脏的跳动次数方面，通过实验观察发现，人类运动员的一分钟内心跳数为 60—70，运动时能够达到 190 次左右，是平时的 2.5—3 倍。而赛马平时的心跳次数一般为 30—40 次，运动时能够达到 220—230 次，是平时的 6—7 倍（中央競馬ピーアールセンター，1981）[167]。可见，现代马学对心脏的结构性、功能性认识离不开实验室内的多种解剖分析或者生理实验，是通过一系列实验操作才能观察到的生命现象。

在现代马学实验中，还往往加入了人类的特殊目的和诉求。为了完成这些特殊目标，实验以一些特殊方式强化、突出生命体的某些联系、某些特性。例如，在现代马学的肌肉与骨骼研究中加入了力量、速度方面的诉求，在饲养研究中加入了营养方面的诉求，在繁殖研究中加入了数量方面的诉求等。正如齐曼在《真科学：它是什么，它指什么》中所言：实验不只是发现问题、解决问题的方式，它也是一种产生特殊事实的策略（2008）[114]。例如，日本现代马学为了提升马的奔跑速度和耐力，重点研究了血液中的乳酸值。通过实验，日本现代马学把"血液中的乳酸值达到 4ml/l"逐步确定为体内无氧性能量动员的标志（JRA 競走馬総合研究所，2006）[36-37]。另外还详细研究了乳酸值与运动程度、体力恢复等之间的联系。又例如，马的肌电图从上个世纪 80 年代引起人们的重视，这主要是因为肌肉、特别是四肢肌肉的状态与马的速度、力量等密切相关（日本中央競馬会競走馬総合研究所，2009a）[58]。可以说，提升马速度、力量等是日本现代马学的重要诉求。从而相应的实验研究也具有了明确的指向性。同时在这些较单一诉求指引下的研究，也具有一定的局部性、机械性特点。

实验室实践的很多特殊性，还会延续到畜产企业的生产实践当中。正如劳斯在《知识与权力》中提出：实验室中产生的知识拓展到实验室之外，这不是通过对普遍规律的概括，而是通过把地方性情境的实践用到新的地方性情境之中（2004）[130]。在这些技术转移过程中，原来那些牧马者、训马者逐渐失去知识生产者的角色，而被编入整个现代化畜牧生产体系之中。他们只要按规定技术要求完成自己的特定工作就可以了。值得注意的是，一些实验室实践本身是有局限的，而且经过生产实践的放大作用，其优缺点将会更加明显。这也是现代生物医学容易带来很多食品安全、生物安全、生态安全问题的原因所在。而且这种实验室实践和企业实践之间，在利益和权力的干预下形成了一种更紧密的互动关系。在以往的科学实践研究中，把注意力主要集中于实验室，而忽视了企业生产实践方面的问题。

第二，实践者。

在近代西方兽医学的发展过程中，也形成了自己有特色的人才培养模式。他们基本都受到较系统的自然科学以及畜牧兽医专业教育。18世纪的法国是当时西方畜牧兽医学的研究中心。特别是创建于1762年的里昂兽医学校，是培养畜牧兽医人才的重要场所。该学校早期开设的主要课程包括：解剖学、外貌学、饲养学、植物学、药物学、病理学、内科手术学、内科原理、装蹄术等学科（アイヒバウム，1899）[129]。可见，18世纪的西方兽医人才的培养已经具有很强的专业性，其中既包括畜牧兽医专业知识，也涉及了一定的自然科学知识。后来到19世纪，法国政府制定了更为系统的兽医人才培养计划。当时开设的课程包括：理学、气象学、化学、制药学、毒物学、博物学、药剂学、动物解剖学、外貌学、生理学、畸形学、内科总论、兽医警察、兽医诊断学、家畜买卖法律、病理总论、内科病理、内科学、外科病理、手术学、蹄铁学、卫生学、训马学、法国文学等（アイヒバウム，1899）[139]。可见，当时的兽医专业除了开设一系列医学专业课程之外，还开设了很多自然科学课程。这意味着西方近代畜牧兽医学研究者，已有了较系统的专业训练方式。

在近代，日本不仅吸收了西方现代兽医学知识，也吸收了西方畜牧兽医学的人才培养模式。这较集中体现于日本在明治维新时期创办的多个新式农业学校上。在这些新式农业院校的课程设置中，既包括畜牧兽医专业课程，也包括现代自然科学基础课程。例如，日本最早建立的现代农业学校"驹场农学校"，其兽医专业课程包括（1877年的课程表）：预科2年学习英语；本科第1年学习解剖学与实习、动物生理学、无机化学、植物学、内外科病理学；第2年学习解剖实习、动物学、有机化学、显微镜学与实习、内外科、内外科临床实习；第3年学习产科及实习、药物学、养马学、装蹄术等课程（篠永紫門，1972）[22-23]。其中，预科两年学习英语是为了更好地吸收西方现代马学；除了兽医专业课程之外，还设置有机化学、无机化学等自然科学，而且还设置很多实验和实习课程，这些都是为了更好地掌握现代兽医学一些重要研究方法。该校后来编入东京大学，所开设的兽医专业课程更加全面了。例如，该校1926年的课程主要有：第1年学习物理学、化学、动物学、植物学、解剖学、组织学、生理学、胚胎学、病理学、寄生虫病学、蹄学、英语、组织学实习、解剖学实习、装蹄学实习、牧场实习；第2年学习医化学、内科学、外科学、药物学、病理解剖学、细菌学、畜产学、养马学、遗传学、英语、外科手术实习、医化学实验、调剂法实习、病理解剖学和病理组织学实习、装蹄实习、病畜管理实习、乘马实习、牧场实习；第3年学习传染病学、外科学、产科学、卫生学、乳肉卫生、兽医警察及行政法、家畜饲养学、畜产制造学、林学、法学、经济学、土壤学、肥料学、饲料作物学、德语、细菌学实习、卫生学实习、畜产制造学实习、内科诊疗实习、外科诊疗实习、养马学实习等（篠永紫門，1972）[102-103]。可见，日本现代马学在培养人才的时候，既进行了较全面的生物医学专业训练，也进行了多种自然科学训练。从日本现代马学、现代畜牧兽医学人才培养模式中我们可以看到，古代时期的那种传统知识与家庭生产、社会活动等之间的联系被打破了。现代教育体制下、科学、学生、教师、学校等各要素被重新组织起来了。

学生们受到现代畜牧兽医专业的系统学习和训练，对他们日后的马学研究有着重要影响，在一定程度上决定了他们日后的研究内容及研究方式。正如劳斯在《知识与权力》中所言：实验室内的实践活动对实践者进行了系统的规训。这种规训通常不被人们所关注，因为科学家或技术人员早已把它们内化了（2004）[251]。这些内化的知识、方法对他们的研究起着重要的规范作用。例如，1888 年出版的日本早期家畜解剖学经典教材《家畜医范（家畜医範）（一—三卷）》，专门设立骨骼、韧带、肌肉、内脏、血管、淋巴管、神经管、五官等章节讨论了家畜身体的构造问题（田中宏，1888）。同年出版的日本早期家畜生理学经典教材《家畜医范（家畜医範）（四—六卷）》，专门设立循环机制、呼吸机制、消化机制、内分泌、动物体热、神经、感觉、生殖等章节讨论了家畜身体的一些重要生理机制问题（新山荘輔 など，1888）。1887 年出版的日本早期家畜内科学经典教材《家畜医范（家畜医範）（十一—十二卷）》，专门设立病因、病症、诊断、消化系统疾病、呼吸系统疾病、循环系统疾病、神经系统疾病、泌尿系统疾病、运动器官疾病、皮肤病、传染病等章节讨论家畜的内科疾病问题（勝島仙之助，1887）。这些教材内容具有明显的结构性、功能性、还原性特点。学生通过学习这些内容，看待生命问题的视角，解决生命问题的方式都将具有明显的结构性、功能性、还原性特点。可见，现代科学不仅仅是研究活动，而是包括教育、传播、宣传、应用等广泛内容的综合性社会活动。

日本现代马学研究已成为高度专业化、职业化的领域。而且现代科学研究需要多学科协同研究。日本现代马学研究，除了专门的兽医学人员之外，还需要物理、化学、生物学、医学等多种专业人才的共同协作，才能完成相关研究任务。例如，为了深入研究现代马学，日本赛马综合研究所设置了运动科学、生命科学、临床医学、微生物、分子生物、设备等 6 个研究室（日本中央競馬会競走馬総合研究所，2009a）[137]。还有 1965 年成立的日本赛马理化研究所，设置了药物检验科、分析开发科、基因分析室等研究单位。这些研究机构都由多个专业的研究人员组成。可见，现代马学研究已成为一项高度专业化、职业化、协作化的领域。

第三，实践工具。

现代实验工具已成为现代生物医学研究中不可缺少的一部分。同时实验工具对现代生物医学的研究内容、方式、结果等多个方面产生着重大影响。正如罗姆·哈勒所言：一个仪器如果不和某种特殊自然现象结合成一个整体，那么它就没有什么特殊意义。放在博物馆里的曲颈瓶并不是科学仪器，只有在使用它们、操作它们的时候才成为真正的科学仪器（2015）。另外，实验工具使现代生物医学具有了某种"客观性"，但同时它的建构性也容易被人们所忽略。正如齐曼在《真科学：它是什么，它指什么》中所言：差不多所有的科学观察都是借助于实验工具。这主要是因为工具不受个人习性的影响，不带有主观性，很容易得到公认。所以科学家热衷于实践工具，可能是一种获取经验事实的重要策略（齐曼，2008）[108]。

显微镜是现代生物医学研究不可缺少的一个重要实验工具。而且它与还原论思想及方法有着密切联系。目前关于显微镜的发明，有确凿证据的记载是 1620 年英国詹姆士一世的家庭数学教师德雷贝尔（Cornelis Jacobszoon Drebbel）制作了复合显微镜。而且他把自己制作的显微镜送往欧洲多个城市，进一步扩大了显微镜的影响（スタンリー·J. ライザー，1995）[91]。显微镜在生物医学领域的应用，带来一系列新的变革。例如，马尔皮吉用显微镜观察了肺、脾、肾脏、毛细血管；胡克用显微镜观察了细胞；列文虎克用显微镜观察了蜜蜂复眼、红血球、精子等。显微镜在生物医学领域之所以引起如此大的变革，一方面是通过显微镜可以观察生命体更微观的结构，这使以往依靠肉眼观察的肌肉、骨骼等结构性观点更深入了一层。另一方面，它有利于寻找构成生命体更基本的单位。所以显微镜不仅非常符合现代生物医学的结构论、还原论特征，并且更加凸显了这些特征。在日本现代马学中，运用显微镜非常普遍，研究肌肉纤维、骨骼构造、汗腺细胞、红血球等过程中都使用了显微镜。例如，为了认识马体的排汗机制，日本现代马学研究人员用显微镜详细观察了马体注射肾上腺素、普罗卡品之后不同时间点上的皮肤切片（江岛真平 等，1935）。又例如，为了认识马的肌肉构造，日本现代马学研究人员通过电子显微镜观察了肌肉纤维的肌球蛋白和肌动蛋白等微观结构（加藤嘉太郎，1974）[56]。正所谓电子显微镜是一种微观还原论意义上的仪器。（斯蒂芬·罗斯曼，2006）[103]显微镜的出现对生物医学领域带来了重大变革。这些工具不同程度地参与了马学知识的发展过程。可见，实践工具与科学知识、科学实践之间存在着密不可分的关系。

现代生物医学另外一个较典型的工具是手术刀。手术刀看似简单，但是它却代表了一种把生命体分解开来认识的方法。与手术刀相关的解剖工具，还有砍刀、斧头、锯、榔头等。这些古老而简单的工具，也有着类似的哲学意义。正如吴彤在《复归科学实践》中所言：实验室是个特定的人工建构世界。它把有些影响隔离开来，并且把有些要素突出出来（2010）[59]。这些实验工具在分离生命体，凸显生命体的某些特征等方面有着重要作用。但是现实中人们往往忽略实验工具对科学知识的建构作用。正如拉图尔在《实验室生活》中所指出：人们更多关注知识的最终结果，而容易忽略产生它的所有中间步骤（2004）[50]。早在18世纪，法国的兽医解剖学、马解剖学已达到较高发展水平。拉福斯（Philippe

Étienne Lafosse）是这方面的代表型人物，他被人们称为兽医解剖学之父。在他的马解剖学著作中附上了当时的全套解剖工具插图（Robert H. Dunlop et al.，1996）[325]。

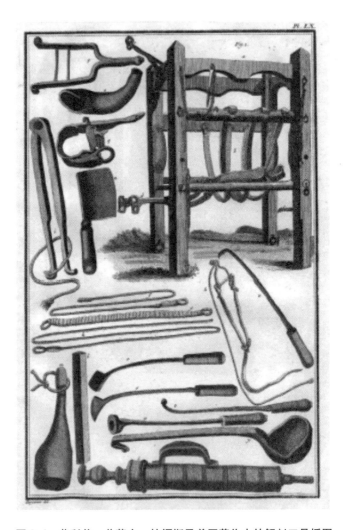

图 3.4   菲利普·艾蒂安·拉福斯马兽医著作中的解剖工具插图

资料来源：拉福斯的《马术和马兽医课程（Cours d'Hippiatrique, ou traité complet de la médicine des chevaux）》（法文，1772 年），图 LX。

上面插图中，除了各种刀具、钩子、卡子等较常规的工具之外，还有木架、注射器等较特殊的工具。其中，注射器不仅可以用于注射药物，还可以用于麻醉，也可以用于冲洗血管和再灌注血管等，这些都有利于更详细的解剖或观察（Karasszon，1988）[379-383]。

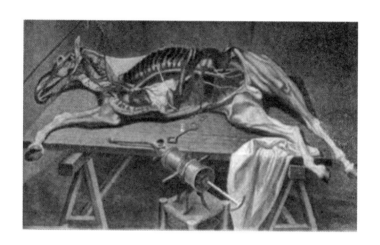

图 3.5 菲利普·艾蒂安·拉福斯马兽医著作中的注射器与马解剖图

资料来源：拉福斯的《马术和马兽医课程（Cours d'Hippiatrique, ou traité complet de la médicine des chevaux)》（法文，1772 年），图 XXI。

这是一种把生命体分解开来，深入身体内部，寻找结构性、功能性原因的认识方法。正如麦茜特在《自然之死》中所言：矿工和铁匠是改造自然的自然哲学家新群体的楷模。他们发明和发展了两种重要获取自然秘密的方法，一个是深入自然内部，另一个是在铁砧上打造自然（1999）[188]。在生命体构造的认识方面，解剖刀把生命体分割成肌肉、骨骼、器官等不同组成部分的同时，也在一定程度上割裂了生命体的关联性、整体性，而且把人们对生理机制的关注，更多引向了身体的局部组成部分。在病理机制的认识方面，1761 年莫尔加尼（G B Morgagni）的著作《以解剖为基础的疾病及其原因（De sedibus et causis morboyum per anatomen indagatis)》产生了重要影响。该书记载了大量的生前和死后的解剖病例，从而让人们更多关注人体的某些特殊部位的病理变化（スタンリー・J．ライザー，1995）[26]。这种研究有利于寻找疾病的一些直接原因，但是对一些间接原因就有所忽略了。日本自从引入西方现代马学以来，解剖学不仅是畜牧兽医学的基本内容，而且也是畜牧兽医教育的基础性课程，也成为研究马体的基本方法。日本现代马学对肌肉、骨骼、内脏器官、感觉器官的详细认识，都离不开解剖实践以及解剖工具的不断进步。

除了显微镜、手术刀之外，现代马学还广泛应用 X 光摄像、立体摄像、内视镜等多种实验仪器。这些仪器设备从表面上来看，不割裂生命体的整体性。但它的主旨在于透过马体的表层，窥探内部的一些结构性特征。例如，X 光摄像有利于透视骨骼，立体照相有利于透视肌肉。19 世纪末，X 射线被发现后，很快被运用到生物医学领域。1895 年 11 月 8 日，伦琴发现 X 射线；12 月 22 日他用 X 光拍了妻子手的透视照片；12 月 28 日他在维尔茨堡生理学医学学会作了通报；10 天之后全世界重要报纸报道了这种能够穿透衣服和肉的射线（威廉・F・拜纳姆，2000）[217-218]。在 X 射线发现数周之内，在英国和美国把 X 光摄像运用于多种临床诊断当中，出现了腕骨、脚骨、胆结石、肾结石的 X 光图像（スタンリー・J．ライザー，1995）[82-84]。X 光摄像之所以引起如此迅速而强烈的反响，与它能够穿透肌肉，拍摄骨骼、内脏等身体重要组成部分的结构特征有着密切的联系。日本现代马学主要用 X 光拍摄马的骨骼。例如，1958 年小池寿男等人用小型 X 光摄像装置研究了马蹄的形态学变化；同年北昂等人利用 X 光技术研究了马的指骨关节结构（広瀬恒夫，1985）；1977 年土川健之等人用大型 X 光设备拍摄了赛马肩关节、股关节，而且克服了这些部位肌肉较厚带来的成像不清晰等困难（広瀬恒夫，1985）。与 X 光摄像技术相似，立体照相主要用于研究马的肌肉及其变化。例如，日本现代马学比较研究了有比赛经历的马和没有比赛经历的马，发现前者斜方肌、三角肌、股阔筋膜张肌具有明显变化。用立体摄影测绘技术来观察马体横断面发现，通过一定的训练，马体前躯肩部斜方肌和三角肌部位的肌肉变厚，并且其后躯臀部股阔筋膜张肌也变厚了（沖博憲 など，1982）。而这三块肌肉是马体四肢运动的力量之源。可见，在立体照相技术背后，马体的结构性认识占据着重要地位。内视镜也具有明显的局部性、结构性特点。它主要是为了直接观察马体内部一些器官的形态变化、病理特征。例如，帆保诚二通过内视镜观察了患呼吸道疾病的马器官内部情况，发现一些明显的形态变化和多种疾病并发症特点（帆保诚二，1999）。可见，这些现代观察仪器有着较强的结构、功能方面的指向性。

　　另外，有些实验工具表面上看来似乎与结构性、还原性等特征关系不大，但其实也受到了这方面的影响。例如，心电图是现代医学领域应用非常广泛的仪器设备。心电图技术可以追溯到 1887 年沃勒（Augustus D Waller）用新发明的电位计，成功从体外记录了心脏的电流运动，当时电极分别贴在人体胸部和背部（スタンリー・J. ライザー，1995）[132]。日本早在 1944 年就开始关注马的心电图，当时北里大学的长安田纯专门研究了军马的心电现象（沢崎坦，1972）。后来东京大学的野村晋一在世界上率先实现用"遥测计"记录马的心电图（日本中央競馬会競走馬総合研究所，2009）[50]。目前这些心电图技术已经普遍应用于训马、医马等实践活动当中。从表面上看来，心电图技术没有像显微镜观察、X 光摄像那种明显的结构性特点，但是不可否认它受到以心脏为中心的血液循环理论、血液输氧功能等方面的重要影响，心脏的重要性被突显出来了。正如劳斯在《知识与权力》中谈道：实验室里的微观世界是一种人工建构的系统。在这一系统中的科学研究对象，从周围其他的对象和事物中被特殊地突显出来。这些科学研究对象以新的形式展现自己，人们也以新的方式操纵它们（2004）[235]。

三、社会情境

知识的产生和发展不能脱离一定的社会环境。而且不同的知识与各自的社会环境相互整合在一起，形成了某种共同体。正如爱德华·霍列特·卡尔在《历史是什么?》中指出：历史学家本身就是他那个时代和社会的产物，也是他那个时代和社会的代言人（1981）[34]。

（一）蒙古传统马学与传统游牧社会

第一，经济生产。

马在蒙古族古代畜牧生产中发挥着非常重要的作用。畜牧业是古代蒙古族的主要经济生产活动。他们畜养马、牛、骆驼、绵羊和山羊等家畜至少有了上千年的历史。在《黑鞑事略》中记载："其畜牛犬马羊橐驼。"（1985）[2]而且蒙古族经过长期畜养马、牛、骆驼、绵羊和山羊等五种家畜，形成了一种"五畜组合畜养"模式。但是在一些以往的认识中，对游牧经济的特色、优点有所忽略。例如，林蔚然、郑广智在《内蒙古自治区经济发展史 1947—1988》中谈道：蒙古地区劳动力不足，把很多公畜、母畜、大畜、小畜、强畜、弱畜一起混合放牧。他们沿用原始的放牧方法，把畜群自由撒在草场，听其自然，四处游荡（1990）[7]。其实，传统游牧经济也有自身特殊的结构性、功能性、生态性。首先，这一五畜组合畜养模式，满足了蒙古族多方面的生活需求。例如，绵羊和山羊主要被用于肉食和取皮毛；牛主要被用于挤奶、拉车、肉食；骆驼主要被用于运输、挤奶、肉食；马主要被用于骑乘、挤奶、取鬃毛等。其次，这种五畜组合畜养模式，也有利于较全面地利用草原植皮资源。从草场空间角度来讲，它们之间有一定的互补关系：马和骆驼的采食距离较远，而羊和牛的采食距离较近。从采食习性的角度来讲，也有一定的互补关系：马只吃牧草的嫩尖部分，而牛则连茎带叶一起吃。这都有利于充分利用牧草资源。再次，五种家畜畜养模式，也有利于适应不同的自然生态环境。例如，在沙漠地区骆驼和山羊的数量较多；在草原地区绵羊和牛、马的数量较多；在山区则山羊、牛的数量较多等。通过调整五种家畜的这些组合关系，蒙古族适应了蒙古高原的多种自然环境。值得注意的是，在这五畜组合畜养体系中马占据着核心性地位。因为只有在马背上蒙古族才能够管理数量和种类如此众多的家畜，才能够大范围地进行游牧或迁徙。正如札奇斯钦在《蒙古文化与社会》中所说：蒙古的马、牛、骆驼、绵羊、山羊五种家畜，其排列次序不随意变换，好像在它们中间划有阶级一样，马永远排在第一位（1987）[20-21]。马的重要社会价值，使它成为当时蒙古族的最重要财产之一。在十三世纪的历史文献《蒙古秘史》中，多处提到家庭财产时，几乎都把马放在了首要地位。例如，成吉思汗第十代祖先分家庭财产时："其母阿阑豁阿既殁，兄弟五人，即分其马群家资，别勒古讷台、不古讷台，不忽合塔吉、不合秃撒勒只四人各取之，以孛端察儿蒙合黑愚拙，不以亲论，未与分焉。"（道润梯步，1979）[13]。除了畜牧经济之外，马在蒙古族的狩猎活动中也发挥着重要作用。狩猎是畜牧生产的重要补充方式之一。以往蒙古族经常开展大型的围猎活动，而且为此精心挑选自己的坐骑，并进行专门的训练。所以马学知识几乎成为蒙古人必备的重要生产技能。蒙古族这些与马朝夕相处的生产生活实践，为马体的详细观察、亲身体验等提供了便利条件。可以说，蒙古族畜牧经济、狩猎活动，为传统马学的繁荣发展奠定了重要社会基础。

蒙古传统马学与传统畜牧生产之间有着重要的相互塑造关系。蒙古族对马外貌特征、肌肉骨骼的认识，以及饲养、训练、繁殖方面的技术与他们的生产需求、生活需求有着密切联系。蒙古族在畜牧生产中，特别重视马的力量、速度、耐力等，从而比较关注马这方面的一些外貌特征、骨骼肌肉等特征。例如，蒙古传统马学中认为马腿部韧带的特征主要包括：韧带两边有棱角、较短，则称之为"骆驼筋"，这样的马速度快，有耐力；韧带圆柱形、较圆，则称之为"蛇筋"，这样的马有耐力；韧带细而紧、较长，则称之为"黄羊筋"，这样的马速度快；韧带缝隙小，则称之为"套马杆皮绳筋"，这样的马近距离速度快，无耐力等（岱青，1998)[35-36]。蒙古族之所以看重耐力、速度等方面的特征，就是为了满足他们放牧、狩猎、交通等方面的实际需求。另外，蒙古族还通过专门的训练，使马具备了一些特殊技能，用于满足自己的特殊需要。例如，蒙古族对马的步伐训练主要包括：对侧步训练有利于长时间骑马，有利于马上射箭；快步训练有利于日常使役马匹；跑步训练有利于追逐猎物、有利于征战等。蒙古族还专门挑选和训练日常使用、狩猎、套马、比赛等方面的专用马等。

传统马学的发展和传承，也与古代蒙古族家庭生产活动、劳动性别分工等有着密切的联系。在十三世纪或更早时期，家庭成了蒙古族社会生产的核心性单位。正如符拉基米尔佐夫在《蒙古社会制度史》中所言：13世纪"阿寅勒"这种家庭游牧生产方式已占据了优势（符拉基米尔佐夫，1980)[73]。而且在传统家庭生产中，劳动性别分工占据着非常重要的地位。在传统蒙古族家庭中，妇女主要经营绵羊、山羊群以及牛群，而男性主要经营马群和驼

群。放牧马群，挤马奶，修剪马鬃毛，给儿马去势等工作主要由
男性成员来完成。特别是马的训练基本上只有男性才能胜任（芒
来等，2002）[430]。这一劳动性别分工，至少有着上千年的历史。早
在 13 世纪的历史文献《蒙古秘史》中就大量记载了男性与养马之
间的密切联系："帖木真遂乘秃尾劣黄马，依草扫道踏银合马等
踪，三宿之翌日晨，途见多马群中，有一伶俐少年挤马乳。"
（1978）[49]可见，男性主要负责放牧、看护马群，挤马奶等劳动。从
传统蒙古包建筑内部的空间分配，也可以看到这种家庭劳动的性
别分工。例如，作为男性的区域，蒙古包的西面主要摆放马鞍、
马笼头、马绊等用具。而蒙古包的东面是女性的位置，摆放各种
炊具、奶食品加工工具等物品。早在 13 世纪欧洲人的游记中记载：
蒙古包的西侧为男性的位置，该处挂着马乳房形状的祭祀偶像；
而东侧为女性的位置，该处挂着牛乳房形状的祭祀偶像。蒙古族
祭祀这些偶像是为了祈求畜群的兴旺繁殖（芒来等，2002）[425]。从
这些偶像神灵的差异，也可以看到养马主要是男性的工作，而养
牛主要是女性的工作。从蒙古族一些传统习俗中，也可以看到这
些劳动性别分工。例如，套马杆是牧民们非常珍惜的畜牧生产工
具，常常被视为"男儿的福气，畜群的福气"，忌讳踩踏，一般放
在蒙古包的西侧（巴雅尔，2001）[251-252]。对古代蒙古男性来讲，掌
握马学知识是他们一生非常重要的生命历程，是承担自己社会性
别角色，完成社会化的重要环节。蒙古族男孩从小开始学习修理
房屋和车辆，编制篱笆，制作马鞍、套马杆、马笼头等马具，放
牧马群，选择草场，医治家畜疾病，调教烈马等多种事情。学习
这些技能，经过这些训练，是他们以后成家立业的重要基础。而
且，在蒙古族男孩学习马学知识的过程中，父亲角色起着非常重
要的作用。一方面，父亲掌握着丰富的马学知识；另一方面，家
里的牧马、训马、医马等实践活动需要父子共同来完成。所以蒙

古族有"父亲在的时候学本领，骏马在的时候出远门"等谚语（中国人民政治协商会议东乌珠穆沁旗委员会，1996)[340]。蒙古男性与马学知识的这些联系，反映了马学知识的产生和传承不是抽象的，而是融入于具体的社会生活之中。而且不同的马学知识，与不同的社会生活关联在一起。在传统蒙古社会中，马学知识与男性家庭劳动分工、男性社会角色、男性社会化等有着密切的联系。

第二，政治军事。

马是古代重要的生产资料、战略资源，所以古代统治者十分重视战马资源的管理。这说明权力对自然资源、科学知识的管理、控制并不是近现代才开始有的。蒙古族十三世纪左右已建立了千户制、分封制、怯薛制（护卫制）、大断事官、大札撒（司法行政官）等权力体系（乌云毕力格等，2006)[19-21]。随着这一权力体系的建立，相应的马政管理也产生了。根据十三世纪历史文献《蒙古秘史》中的记载，成吉思汗专门任命自己的弟弟别勒古台掌管骗马："命别勒古台，哈剌勒歹脱忽剌温二人司骗马，为司马者矣。命泰亦赤兀歹，抹里赤，木勒合勒忽三人为牧马群者矣。"(1978)[89]军队主要用的是骗马，所以对骗马的管理特别重要。成吉思汗还派近身侍卫来管理宫廷的专用马匹："委朵歹扯儿必常领众怯薛歹，侍卫每，宫之周围，宫之怯怜口；司马，司羊，司驼，司牛。"(1978)[261]当时的统治者为了获得更多战马资源，还制订了专门的赋税制度。例如，在《蒙古秘史》中记载：在召开军事会议的时候，各个千户需要献出一定数额的母马，供挤奶之用(1978)[416]；而且各个千户在其管辖之内建立驿站，并准备好驿马(1978)[416]；还命令一些附属国需要每年输送当地珍贵的马、骆驼、骡子等(1978)[388]。古代统治者重视战马资源，为传统马学的发展创造了一定的积极社会条件。

马在古代还具有重要的军事价值，马的数量、质量都直接影响着当时的骑兵战斗力。在《黑鞑事略》中记载："其军，即民之年十五以上者，有骑士而无步卒，人二三骑或六七骑谓之一抄。"(1985)[12] 可见，当时的蒙古族基本都是骑兵，而且每个士兵都有较充足的换乘坐骑。另外，蒙古族骑兵战略战术方面也根据马的特点，采取了大范围包围、骑兵突击、长途奔袭等方式。正如《中国战争发展史（上册）》中所记载：蒙古骑兵战略战术上的最大特点是骑兵集团的远程快速挺进。特别是在西征战争中，直线距离就达 6000 公里，其中有的战役是千里跃进（2001）[312]。在《黑鞑事略》中较详细记载了蒙古军队的一些特殊战术："故交锋之始，每以骑队轻突敌阵，一冲才动，则不论众寡，长驱直入。敌虽十万，亦不能支。不动则前队横过，次队再冲。再不能入，则后队如之"；"凡遇敌阵，则三三五五四五，断不簇聚，为敌所包……谓之鸦兵撒星阵。"(1985)[14-15] 可见，马不仅影响着古代蒙古族的军事实力、甚至还影响了他们的战略战术。马的政治军事价值，为马学的发展奠定了一定社会基础。

蒙古传统马学与古代政治军事活动具有重要的相互建构作用。人们进行科学研究并不仅仅是为了满足自己的好奇心或者是为了发现真理，而是还有一定的目的性。对蒙古传统马学来讲，古代蒙古族的政治、军事活动，提出了很多具体需求。这些需求成了蒙古传统马学研究和解决的一些主要问题，从而影响了蒙古传统马学的重点、特点等。例如，在军事上，最重视马的产量、耐力、速度、体力等问题。这些促进了相关牧马、相马、训马、医马知识的发展。例如，在牧马方面，当时的蒙古族非常重视马的膘情，战马的膘情有时直接决定着是否发动一场战争。根据《蒙古秘史》中的记载："俺马正瘦，今将奈何？斡惕赤斤那颜曰，何可以马瘦为辞，我马正肥，闻此等言语，宁坐而待之耶"(1978)[175-176]；"营于统格溪之东焉，其水草也美，俺马也肥矣，可语我父罕云"

(1978)[152]；"遂推'值春俺马群瘦欲饲我马群'，辞而不往。"（1978）[138]蒙古族不仅关注马的膘情，而且为了让马群充分抓膘，还采取了迁徙游牧等方式。又例如，在训马方面，蒙古族发展出一套特殊的训马方法——"吊马法"。该训马方法至少有着上千年的历史，它对提升蒙古马的耐力方面起到关键性作用。"吊马法"主要包括拴吊、吊汗、奔跑训练等内容。这些内容在《黑鞑事略》中有较详细的记载："霆尝考鞑人养马之法，自春初罢兵后，凡出战归，并恣其水草，不令骑动，直至西风将生，则取而鞯之，执于帐房左右。啖以些少水草，经月膘落，而日骑之数百里，自然无汗，故可以耐远而出战。"（1985）[11]

　　蒙古传统马学的理论化、体系化过程，也受到古代政治方面的一些影响。随着古代游牧社会官僚体系的进一步发展，设立了多个职能部门，为专门兽医师的出现创造了条件。例如，蒙古族古代统治者是"可汗"，下设一定的军事、行政、司法官员，并设立若干万户和千户（田山茂，1987）[12]。在官府牧场中也有了较细的分工，设立了骒马倌（苟赤）、骟马倌（阿塔赤）、一岁马驹倌（兀奴忽赤）、马倌（阿塔赤）等职务（巴音木仁，2006）[63]。这些知识领域的专业化发展，生产活动专业化发展，都有利于该领域知识的总结与提炼。另外，清代一些蒙古族入朝为官，有利于接触和引入中原汉族传统文化。当时不管是在管理国家马群的太仆寺，还是管理皇家马群的上驷院都设立了一定比例的蒙古官员（邹介正等，1994）[68-69]。正是在这样的社会政治背景下，19世纪前后出现了蒙古文翻译的《元亨疗马集》《疗马、牛、驼经》《元亨疗马集七十二症》等中兽医著作（邹介正等，1994）[434]。另外，清代统治者、蒙古王公，从十六、十七世纪开始在蒙古地区大力传播藏传佛教。到十九世纪，几乎每一家庭都有一名喇嘛，喇嘛几乎占当时蒙古总人口的三分之一（宝音图，2009）[8]。当时的清朝统治者不仅投入重金建立寺院，并以法律的形式赋予这些喇嘛各种特权，免除他们的赋税、兵役、差役等负担（唐吉思，2010）[13]。正是在这样的社会政治背景下，大藏经、《四部医典》、《医经八支》等藏医学、印度医学经典著作被翻译成蒙古文。蒙古族古代医学、畜牧兽医知识的理论化、体系化发展，与这些政治背景有着密切的联系。正如席文在讨论中国古代天文学时所说：1280 年中国之所以能够召集一百多位专家进行改历，与中国的集权官僚体系有着密切的联系（2011）[15]。可以说，蒙古传统马学也与古代政治体系、军事体系之间有着重要的相互塑造关系。

第三，社会活动。

蒙古族传统赛马活动为人们提供了一个一起聚集、交流、娱乐的重要社会平台，它也是传统马学发展的重要社会条件。赛马活动是蒙古族流传至今的重要传统娱乐活动。它可以分为嘎查（村）、苏木（乡）、旗、盟等多个级别，甚至几个牧民合起来也可以举办一次小型的赛马活动。赛马活动往往在夏季举办。牧民度过春季这个最繁忙时节，忙完培育羊羔、牛犊、马驹、驼羔等众多幼小生灵之后，带着劳动的喜悦，举办各种规模的赛马活动。正如江上波夫所描述：蒙古族在阴历六月份举办打鬼庙会、祭祀敖包典礼，在此期间举办赛马、摔跤等娱乐活动，所以蒙古人常说"一年活动都在夏季举行"（江上波夫，2008）[237]。赛马活动为迁徙游动的牧民提供了一年一度相聚交流的重要机会。在某种程度上讲，它是传统社会关系得以维系，传统文化得以传承的一个特殊社会文化场域。

蒙古传统赛马活动为传统马学的发展，创造了重要社会环境。蒙古族赛马活动从源头上讲是一种祭祀山河，娱乐神灵的社会活动（特木尔吉如和，1998）[2]。早在十三世纪的蒙古族祭祀、庆典等重要活动中已经有一些赛马活动。例如，忽必烈时期的"四季祭祀"中，赛马是一项重要娱乐项目（芒来等，2002）[339]通过这些活动，蒙古人与他人、社会、自然、神灵等进行一定的互动，建立一系列紧密的联系。例如，他们的祭祀天地、祭祀敖包的背后是一种对自然的感恩，与自然和谐共存的美好愿望。在传统赛马活动中蒙古族除了感恩自然之外，还感激、赞美自己畜养的家畜。可以说，赛马活动不仅是蒙古族的节日，也是马的节日。在这方面，在赛马活动中诵读的赞祝词，具有较强的代表性。例如，蒙古族在一篇赞祝词中把马形容为：具备各种野兽的相貌，成为众人的欢乐，成为家国的支柱，成为宴会的美景，成为草原的珍宝，成为比赛的冠军，成为自然的明珠，这就是我们的骏马（芒来等，2002）[358-359]。蒙古族不仅赞颂比赛中获胜的骏马，连最末的赛马都要歌颂。这些赛马活动上的仪式，这些尊重家畜、尊重生命的文化，为传统马学的发展提供了一种良好的社会氛围。

蒙古族传统赛马活动也是传统马学发展的重要动力。蒙古族为了参加赛马活动将会认真地选择、训练、饲养、医治自己的坐骑。在选择赛马的时候会详细观察它们的外在相貌、肌肉骨骼、感觉器官等多方面的特征。例如，蒙古族选择赛马时重视"八个大相"，包括额、眉、项、腹、腰、肩和股部肌肉、胸、蹄；重视"三个小相"，包括舌、眼角、阴筒口；重视"五个粗相"，包括膝关节和球节、尾根、头、阴筒、耳根；重视"四个细相"，包括颈、嘴唇、耳尖、耳眼；重视"四个细长相"，包括管、腰、耳、颈；重视"三个短相"，包括胘、上膊、系；重视"三个阔相"，包括蹄口、鼻孔、后肢间等（巴图宝鲁德，2006）[1-6]。蒙古族不仅精心挑选赛马，还要进行为期一个月左右的专门训练。蒙古族传统赛马活动不仅是马学知识发展的推动力，也是检验、提炼、学习、交流知识的重要场所。例如，他们会热情观赏赛马活动，特别是对那些比赛中获胜的马，会进行详细观察，试图寻找赛马外貌上的一些特殊之处。然后把这些知识再应用于自己的驯马、赛马实践。

图 3.6　蒙古族传统赛马活动

资料来源：笔者拍摄于内蒙古自治区锡林郭勒草原那达慕大会。

特别是父亲和儿子一起参加赛马活动，有利于马学知识的传承和发展。在赛马活动中，父子有着明确的分工，父亲主要负责驯马，儿子主要负责骑马。他们从比赛开始前一两个月就开始忙碌，经过拴吊、吊汗、奔跑训练、调试比赛等一系列环节，精心照料、训练赛马。最后在比赛中，父子与自己训练的骏马一起经过比赛的检验，收获荣誉等。在这过程中，传统马学、传统马文化也完成着代际之间的传承。

（二）日本现代马学与近现代日本社会

第一，政治军事。

明治时期是日本走向现代化的重要时期。明治维新以来，日本政府较重视科技和教育，并大量引进了西方现代科学技术。其中，现代马学作为畜牧业现代化的重要一环，军事发展的重要组成部分，倍受当时日本政府的重视。大久保利通，作为明治时期日本新政府的最高施政者，他在欧洲考察的时候就认识到畜牧业是欧洲文明的重要基石，回国后就积极推进现代农牧业科技，创办开拓使临时学校（北海道大学前身）、农事修学场（东京大学农学部前身）、下总牧羊场（东京农工大学前身）等新式农业院校（篠永紫门，1972）[13-14]。1875 年 12 月日本内务卿大久保利通，出台了设立新式农业学校的方针，其中第 1 条就是设立兽医学校。他认为日本虽然也有传统马兽医，但是其技术粗浅，与欧洲兽医学相比存在很大的差距（篠永紫门，1972）[18-19]。近代日本政府之所以重视兽医学，还有一个重要原因是他们看到了马在军事方面的重要意义。明治初期，日本军队向西方学习现代兵制，建立了步、骑、炮、工等兵种。但是当时日本的战马质量存在明显的不足。

表 3.4   明治时期日军陆军部关于战马的调查

国名	骑兵乘马	炮兵挽马	速步（一分钟）	跑步（一分钟）
德意志	5 尺 3 寸 2 分	5 尺 4 寸 2 分	240 米	480 米
法兰西	5 尺 1 寸 7 分	5 尺 2 寸 5 分	240 米	480 米
日本	4 尺 7 寸 2 分	4 尺 7 寸 2 分	200 米	300 米

资料来源：整理于《日本马政史 4（日本馬政史 4）》（日文，1982 年），46 页至 47 页。

为了发展马业，日本政府采取了一系列措施。首先，建立了一套专门的马政管理体系。例如，1881 年设立农商务省，主管畜产方面的事物（帝国競馬协会，1982）[2-3]；1896 年设立了国营种马牧场和种马配种站，专门从事品种改良工作（帝国競馬协会，

1982)[27-28]；1906 年设立了马政局，归属内阁总理大臣的管辖，负责马匹改良或繁殖等事务，到 1910 年马政局又划归为陆军大臣的管辖（帝国競馬協会，1982）[30-31]。其次，推行了全国性的马政计划。其中第一次计划为期 30 年，它又被细分为两期，第一期为 1906 年至 1923 年，第二期为 1924 年至 1935 年。通过该计划实现了对全国马匹总数的三分之二进行改良的预期目标（武市銀治郎，1999）[124]。再次，出台了一系列促进养马事业的政策。这些激励性政策包括：1877 年出台的《洋马贷款规则（洋種牝牡馬貸付規則）》，1901 年出台的《去势法（去勢法）》，1906 年出台的《养马奖励规则（産馬奨励規則）》，1908 年出台的《赛马规则（競馬規程）》，1921 年出台的《马登记法（馬籍法）》，1923 年出台的《赛马法（競馬法）》，1931 年出台的《草地改良奖励规则（牧野改良奨励規則）》，1936 年出台的《马业奖励规则（馬産奨励規則）》，1942 年出台的《马业振兴补贴规则（馬事振興補助規則）》等（農文協，1983a）[291-294]。日本政府的这些措施为日本现代马业、现代马学的发展提供了重要社会环境。正如李正风教授在《科学知识生产方式及其演变》中所言：因为科学知识对社会生产有意义，因为科学知识的生产有成本、有风险，所以科学研究需要社会或组织的不断激励（2006）[119]。

日本政治及军事活动，也为现代马学设定了具体的研究方向或研究内容。例如，日本政府在 1886 年 2 月制定了较详细的军用乘马标准，分为躯干、四肢、年龄、体高、气质、肥瘦等六个方面（帝国競馬協会，1982）[324-326]。这些马体外貌特征、肌肉骨骼、装蹄术等方面的内容，也成为日本现代马学的重要研究内容。当时军队中，用于骑乘、驮物、拉大炮等方面的马，都有自己较理想的类型和标准。

表3.5   近代日本理想的军马类型

军马类型	具体要求
乘马	体型轻快,肩部倾斜度较小,胸部至前肢较轻快,腰部至后肢十分有力,运动轻快,步态轻盈。
挽马	体重较重,颈部厚,马体中部长而肌肉发达,有力气,步态扎实。
驮马	头部、颈部不高,鬐甲不凸起,腰部和背部较短而直,有力气,性格温顺。
重挽马	头部短而小,颈部厚实,背部和腰部强健,肌腱发育良好,四肢和蹄部结实。

资料来源:整理自武市银治郎的《富国强马:从马看近代日本(富国强馬:ウマからみた近代日本)》(日文,1999年),123—124页。

当时日本还进行了一系列以军事为目的的马学研究。例如,1935年森周六、山时隆信等人详细测量了马的牵引力,而且它的测量标准就是能产生多少机械能量(森周六,1935)。又例如,代替饲料的开发也受到军事方面的影响。从这里我们可以看到,政治及军事情境不仅推动了科学技术的发展,而且在一定程度上影响了科学技术研究的具体内容。

日本政治及军事活动,对马品种也产生了重大影响。日本大量引进西方马种,进行马匹改良,也与政治军事需求有着密切的联系。早在日本亨宝时期(1716—1735年),幕府零星引入了西洋马、阿拉伯马、爪哇马等外来家畜品种(農文協,1983a)[151]。到了明治时期,马匹品种改良的重要性日益突出。特别是日俄战争,对日本的影响比较大。当时俄国不仅武器先进,而且战马品质优良。在对科萨克骑兵的作战中,暴露了日本战马的品质低下,以至于日本政府专门设立马政调查委员,从事发展日本马政事业,并制定了长期的专项马政计划（篠永紫門，1972）[52]。日本第一次马政计划为期 30 年，其中第一期 18 年（1906—1923），第二期 12 年（1924—1935）。第一期计划的主要内容是：全国分六大马政管理区，并分别设置管理机构；完善十五个种马场，用国有 1500 匹种马来改良民间马匹；完善三个种马牧场；不断补充国有种马；完善一个种马培育场，培养幼驹；耕种生产相应的马饲料；对民间种马进行严格统一的审查，逐步提升其质量；激励赛马等协会，奖励优良马匹以及做出重要贡献的个人；推进产马业的相互联合；严格执行去势法等（武市銀治郎，1999）[92-93]。日本第二次马政计划也是三十年（1936—1965），延续第一次计划，主要以充实军马为主（武市銀治郎，1999）[185]。从这些马政计划中可以看到，改良马品种，提升马品质是重点内容。而且这些计划确实产生了实际效果。到了 1935 年，日本的军马总量为 152 万匹，当时德国 339 万匹、英国 110 万匹、法国 281 万匹等（武市銀治郎，1999）[183]。但是这里也要考虑到科学技术用于军事领域的双刃剑效果问题。特别是用于殖民扩张等方面，将带来更多危害。正如齐曼在《真科学：它是什么，它指什么》中所言：国家的支持会把政治带入科学中，反过来也会把科学带入政治中。这种支持越慷慨，科学所卷入的政治活动就越多（2008）[90]。另外，日本大力发展现代马学，也导致了本土马种迅速走向衰落。1888 年日本本地马种占据全国养马总数的 99％，而到 1920 年时仅占据 35％（帝国競馬協会，1982）[637-638]。例如，宫古马本来是日本非常典型的海岛型本土马种。母马一般身高 117cm 左右，公马一般身高 120cm 左右。该品种的马，富有耐力，适合粗饲，非常适合当地的农业生产。但是从 1907 年开始这里引入阿拉伯马种，二战之前马匹改良运动最为兴盛。随着改良工作的进展，马的体型也变得日益高大，已失去了一些海岛型马的特征（新城明久，1976）。可以说，日本政治、军事活动，不仅对现代马学内容产生了重要影响，甚至对家畜品种也产生了深刻烙印。

第二，经济生产。

二战之后，赛马经济成为推动日本现代马学发展的主要社会动力。为了充分发挥赛马活动的经济和社会价值，日本政府采取了一系列措施。例如，日本政府为了有效管理当时的赛马事业，1948 年根据"禁止垄断法"，解散了很多经济垄断性企业，并由国家接管了赛马事业（日本中央競馬会十年史編纂委员会，1965）[1]。从此之后，日本中央赛马会的历任理事长、副理事长、监事等职务都由农林大臣任命，并且任何收支变更、事业计划都要通过农林大臣的许可。还有日本中央赛马会的借款，资金的使用，不动产的交换、出售，各种担保业务都需要经过农林大臣的许可。与此同时，日本中央赛马会每年需要把买马券收入的十分之一，剩余收入的 2 分之 1 交给政府，主要用于政府的畜牧业发展以及社会福利事业（日本中央競馬会十年史編纂委员会，1965）[5-6]。目前日本的赛马经济已成为庞大的产业链，带动着多个产业。例如，以日本马业较发达的日高地区来讲，赛马已成为当地的核心产业链，其中包括赛马生产者、兽医、装蹄工、饲料加工者、马具生产商、赛马保险业等多个部门。当地就业总人口的 22％都与赛马有着直接的关系（小山太良，2004）[180]。可以说，日本政府把赛马业打造成为一种既能为政府创收，又能对国民收入进行再分配，同时能够促进社会福利的一项公益事业。日本政府对赛马事业的这些规范化管理，也为现代马学的继续发展创造了有利条件。

为了促进赛马经济的顺利运转，日本现代马学对赛马的饲料、培育、繁殖、训练、运输、疾病等方面进行了系统研究。这在日本赛马综合研究所历年承担的研究项目中可见一斑。日本赛马综合研究所除了一般性项目之外，还专门设立了重点项目，而且这些项目有着很强的实用性，专门解决现代养马企业所面临的一系列困难或瓶颈问题。

表3.6　日本赛马综合研究所设立的重点研究项目

项目名称	研究内容	年限
提高培育技术研究	遗传、胚胎期、发育期	1979
提高培育技术研究	遗传、怀胎马管理、牧草管理、发育期、离乳期、骨骼发育、四肢疾病、初期训练	1980—1983
提高培育技术研究	发育期、骑乘训练、	1984—1987
赛马骨折研究	骨折内因、外因	1984—1987
提高培育技术研究	营养饲料、初期训练	1988—1990
赛马骨折研究	骨折内因、外因	1984—1989
训练受伤与防护研究	管骨骨膜炎	1990—1992
提高培育技术研究	训练方法、运动生理、训练对呼吸循环系统的影响	1991—1993
运输与环境对马体的影响	运输条件、环境因素	1993—1994
训练与呼吸循环机制	训练中的呼吸循环机制	1994—1996
训练中的营养	训练中的营养，以能量为中心	1994—1996
训练研究	运动器械伤害研究	1995—1996
调教研究	调教环境对马的气质、生理机能的影响	1997—1998
腱炎研究	腱炎诊断	1997—1998
屈腱炎研究	屈腱炎原因、预防	1999—2001

续　表

项目名称	研究内容	年限
赛马运动负荷试验系统研究	建立和应用运动负荷试验系统	2001—2003
马鼻肺炎疫苗研究	开发马鼻肺炎疫苗	2001—2005
赛马运动负荷试验系统研究	建立和应用运动负荷试验系统	2004—2006
赛马休养时期的训练研究	赛马休养时期的训练科学依据	2007—2009

资料来源：整理于《赛马综合研究所业绩集（競走馬総合研究所業績集・昭和34年—平成元年）》（日文，1990年），3页；《赛马综合研究所业绩集（競走馬総合研究所業績集・平成2年—平成20年）》（日文，2009年），1页至10页。

　　这些科研项目重点研究了赛马的培育、训练、运动受伤治疗等方面的问题，为赛马业的正常运转，提供了重要科技支撑。正如皮克斯通在《认识方式》中指出：20世纪的科学知识、医学知识越来越被"产业-院校-政府"构成的网络所主宰。如果说前半个世纪科学发展动力主要来自政府的军事建设，而70年代左右开始商业的作用更加突出了（2008)[181]。可以说，现代马学研究与日本现代赛马经济之间建立了一种相互促进的机制。

　　日本对马产品的深入开发，也促进了现代马学的发展。除了培育赛马这一特殊商品之外，日本不断拓展了马产品的开发广度和深度。在广度方面，马的肉、骨、乳、毛等都可以开发利用；在深度方面，从孕马的尿液中可以提取雌性激素，从马的血清中可以提取性激素等。在这样的商业运行下，马成为一种可全方位开发的特殊资源。可见，商业体系对科学技术有着很强的塑造能力。每个经营者在商业竞争中，如果想创造新产品，获得更多利润，就必然依赖科学技术。这也是国家、企业以及个体经营者都重视科学技术的一个重要原因。

现代畜牧业、现代赛马业的企业化经营，也进一步促进了现代畜牧科技、现代马学的发展。企业生产的显著特点就是人工化、标准化、规模化。家畜的企业化生产，可以一直追溯到 18 世纪的英国。它与英国的城市化、工业化进程几乎是同步的。例如，罗比特·贝克韦尔（Robert Bakewell）是英国近代著名的家畜改良、家畜育种学家。他为了满足工业城市的需求，对肉牛、肉羊、挽马进行了专门的改良（農文協，1983a）[44]。而且在家畜改良过程中，贝克韦尔特别运用了近亲繁殖等现代家畜改良方法。家畜的企业化生产，其最大意义就是能够带来可观的经济效益。正如劳斯在《知识与权力》中所说：标准化将把经验融入特定的程序和设备当中，使技术更加全面、稳定、通俗（2004）[119]。现代畜牧兽医知识的很多重大进展背后，都有畜产企业的重要需求以及大力支持。例如，家畜繁殖技术的最大用户无疑是畜产企业。日本从 1928 年开始进行家畜的人工授精实验，20 世纪中期进入普及化阶段。据统计 1960 年日本家畜的人工受精普及率是乳牛 96.5％，役牛 86.7％，马 15.2％，猪 10％等。这种人工授精技术能够避免自然交配障碍，能够显著提升受胎率，能够高效利用优质精液。利用当时的人工繁殖技术，可以让种马的一次射精量能够受孕 15—20 匹母马，让种牛的一次射精量能够受孕 400—600 头母牛，让种绵羊的一次射精量能够受孕 30—40 只母羊，让种猪的一次射精量能够受孕 20—30 只母猪（農文協，1983a）[227-228]。可见，现代人工繁殖技术有着巨大的经济价值，对畜产企业有着巨大的吸引力。现代赛马的企业化经营，也使赛马的家庭经营模式逐渐退出历史舞台。只有那些具备雄厚资本的企业或家族才能从事赛马生产活动。而且现代赛马行业已成为一项高资本投入、高科技含量、高度专业化的畜产领域。以日本 1977 年的产马业为例，生产纯血马的平均费用为：配种费 895641 日元，占 22.4％；饲料费 418463 日元，占 10.5％；割草、放牧地费 109083 日元，占 2.7％；仓库费 70177 日元，占 1.8％；电、暖、水、机械费 78081 日元，占 2％；兽医、药物费 112351 日元，占 2.8％；租用费 68472 日元，占 1.7％；登记费 11572 日元，占 0.3％；母马费 645991 日元，占 16.2％；建筑折旧费 142737 日元，占 3.6％；建筑物修理费 74650 日元，占 1.9％；管理用具折旧费 283351 日元，占 7.1％；管理用具修理费 108457 日元，占 2.7％；管理用具补充费 26881 日元，占 0.7％；劳务费 948350 日元，占 23.6％；家族劳务费 670922 日元，占 16.8％（農文協，1983a）[466-467]。在赛马的这种企业化经营中，经济效益、投资回报、节约成本等已成为核心诉求。而且这些诉求已经渗透到现代马学研究的多个环节。正如齐曼在《真科学：它是什么，它指什么》中所言：现代科学研究处于金钱增值的压力之下。而且这些效用规范被渗透到研究的每个关节（2008）[88-89]。可以说，在利益驱使下，企业与科学之间更加相互依赖了。但是单一价值目标的驱动，也存在一些忽视马的多元价值，马的福利，马品种的多样性，生态环境保护等多方面的问题。

第三，社会活动。

现代赛马运动与西方的近代城市发展有着密切的联系。它是一种较特殊的城市娱乐活动。较早开展现代赛马运动的国家是英国。1540 年英国在奥切斯达市创建了第一所赛马场，后来又有八个城市建起了赛马场。到十七世纪初英格兰已有 10 所赛马场，苏格兰已有 6 所赛马场（王铁权，1993）[14]。现代赛马在日本的出现和发展，与西方殖民地扩张有着密切的联系。根据记载，日本最早的赛马活动出现于开放横滨港的第二年，即 1860 年。当时来到日本的一些外国人最早开展了现代赛马活动（馬事文化財団馬の博物館，2009）[11]。而且这些早期的赛马活动与外国军队有着密切的联系。例如，1862 年驻扎在横滨的英法军队在驻军场所、训练场所，进行了一些赛马活动（馬事文化財団馬の博物館，2009）[14]。

后来日本赛马活动成为一项由日本政府倡导的体育活动，其主要目的是为了提升马的质量。继横滨、神户赛马活动之后，东京户山陆军学校、宫城、三田育种场等地也开展了一些赛马活动，而且它们与农业现代化、军事发展等领域有着密切的联系（馬事文化財団馬の博物館，2009）[37]。

详细案例3.2　设立东京赛马会（東京競馬会）请愿书

马匹改良是当今的重要事务。面对欧亚大国，保护国家权益，需要生产与之抗衡的马匹。在挽马方面，需要从遥远的欧美引进，还需要经过多年的改良工作。在乘用马方面，产马业困难重重，马匹数量呈现一定的减少趋势。这些与奖励办法的缺失有着密切的关联。为了振兴产马事业，提升马的价值，培育人们的骑马、爱马观念，最有力的办法就是发展赛马活动。这也是欧美国家把赛马当作一项国家事业，并设立丰厚奖金的原因所在。赛马活动，不仅男女老少都可以参加，也可以成为一种社会风尚。为了进一步发展国民体育运动，特别是为了促进产马业的发展，根据相关规定，申请设立东京赛马会，并希望在全国起到模范作用……

——日本体育会长　加纳久宜

资料来源：摘自《日本赛马史（日本競馬史）（第三卷）》（日文，1968 年），5 页至6 页。

二战后，日本赛马活动获得快速发展，并成为现代马学发展的主要社会推动力。赛马不仅为城市居民提供了一种重要娱乐方式，也提供了一种特殊的休闲观光场所。日本的大型赛马场主要位于札幌、函馆、福岛、新潟、东京、中山、中京、京都、阪神、小仓等城市。这些大型赛马场，一方面为城市居民提供了一种较特殊的商业化娱乐方式，另一方面也为城市创建与普及了一种较特殊的人造自然环境。正如安东尼·吉登斯所言：随着资本主义的发展，城市人造环境的建立和普及程度迅速提升（安东尼·吉登斯，2007）[79]。另外，现代赛马活动为了让观众参与博彩，需要设立多个投注的服务网点，还需要相关新闻媒体的参与等。而这些条件只有在城市才能够实现。日本政府也专门出台了相关法律法规，以维持赛马运动的有序进行。例如，日本《赛马法》第31条规定：如果为参赛马服用提高或者减少比赛能力的药物，将会受到3年以下徒刑，或者惩以30万日元以下的罚金（吉田慎三，1971）。正是在这样的规范化管理下，赛马运动成为一项具有多元社会价值的事业。它除了能够创收之外，还能够支持社会福利事业，还能够带动一定的畜牧产业发展。日本赛马活动的这些经济价值、社会价值、娱乐价值，为现代马学的继续发展创造了重要社会环境。

现代赛马是一种商业性很强的娱乐活动。它的商业属性，为日本现代马学提出了一系列特殊问题，在一定程度上影响了其研究内容、研究重点。现代赛马活动在英国起源的时候具有明显的商业目的。例如，英国的赛马活动组织者建立封闭性比赛场地，一方面是为了让观众可以观看比赛的全过程，另一方面是为了收取入场费用。据《英国赛马的社会经济史》的记载，1875年英国伦敦的桑德公园首次采取所有观众都需要买票的封闭性赛马形式。在这之后的几十年里，英国几乎所有的赛马活动都采取了这种封闭形式（レイ·ヴァンプリュー，1985）[29]。另外，现代赛马比赛基本都采取短距离比赛形式，这主要是为了提高比赛的激烈程度，同时有利于提高赌博的不可预知性。赛马比赛只有具备很强的竞争性、不可预知性，才能激发观众的博彩需求，才能成为一种更受欢迎的娱乐产品。据《英国赛马的社会经济史》中的记载，十九世纪末的英国赛马活动为了吸引观众，放弃那种先后顺序非常明显的长距离赛马形式，而是采用了三岁马比赛、短距离赛马、障碍赛马等竞争性更强的比赛项目（レイ・ヴァンプリュー，1985）[33]。日本现代赛马不仅传承了这些比赛形式，而且围绕贩卖马券为核心形成了一个娱乐产业体系。赛马产业主要是由赛马爱好者、马主、调教师、马厩管理员、骑手、赛马组织者、赛马场地等构成，并且在它们之间分配贩卖马券获得的收入。赛马企业为了给观众提供一种竞争激烈、公平的游戏，特别重视对赛马的体力、能力、训练、营养、药物等方面的研究。同时，现代马学也成为日本现代赛马活动能够正常运转的重要一环。同时日本现代赛马活动也成为现代工业社会的一个有机组成部分了。可以说，日本现代赛马活动是一种现代马学、现代经济、现代城市相结合的特殊场域。

图 3.7　日本最高荣誉的赛马赛事——日本杯

资料来源：维基百科（日本杯），https：//1.800. gay/wiki/日本盃。

四、文化情境

文化是人类社会特殊性、多样性的重要内容，也是重要原因之一。正如吉尔兹（格尔茨）在《地方性知识：从比较的观点看事实和法律》中所言：不管是个体还是由这些个体组成的群体都是按照一定的意义结构来生活（2000）。而且知识是文化一个特殊而重要的组成部分。正如墨菲在《文化与社会人类学引论》中表述：价值和知识等文化组成部分相互组成一个系统。而且在这一系统里不同部分相互之间彼此适应，彼此表达意义（2009）[36]。马学知识与当地人们较特殊的精神信仰、风俗习惯、文化艺术等关联在一起，形成了较特殊的文化类型。

（一）蒙古传统马学与传统游牧文化

对传统蒙古族来讲，马不仅仅是某种工具，而且是他们的重要"伴侣"，有着一系列特殊的社会文化意义。而且这些社会文化意义与马学知识并不是以割裂的方式存在，而是相互关联、融合在一起。

第一，精神信仰。

马是古代蒙古族宗教信仰的重要组成部分。首先，马是蒙古族古代神话故事的重要题材。例如，在蒙古族的"麦德尔娘娘开天辟地"创世神话中，人和马一起降生，然后才有其他万物。该神话故事中描述，在远古时期，世界经历了一场大洪水，"麦德尔"女神及其坐骑拯救了人间（苏和等，2002）[24]。这从一个侧面反映了马在蒙古族早期精神世界里的重要地位。其次，马与蒙古族萨满教有着密切的联系。在蒙古族古代萨满教体系中，天地、山河、动植物都有各自的腾格里神。专管家畜的腾格里神叫作

"吉雅齐腾格里"（ᠵᠢᠶᠠᠭᠠᠴᠢ ᠲᠨᠭᠷᠢ，繁殖的意思）（宝音图，1985）[7]。马也有自己专管的神灵，叫作"哈阳黑日瓦"神（ᠬᠠᠶᠠᠩ ᠬᠢᠷᠸ᠎ᠠ）。它是一个萨满教和佛教信仰相结合的神灵。

马也是蒙古族祭祀活动的重要组成部分。例如，成吉思汗的八白室祭祀中，关于马的内容就占了三室。这三室分别祭祀一匹纯色白马、一尊马奶桶、还有一套马具（赛因吉日嘎啦，1983）[258-272]。

详细案例 3.3　　成吉思汗陵的八白室与马

成吉思汗陵的八白室，包括成吉思汗与孛儿帖勒金皇后灵帐、忽兰妃灵帐、古日别勒金妃灵帐、圣白马之白帐、马奶桶之白帐、弓箭之白帐、马鞍辔之白帐、仓储之白帐等。其中，圣白马之白帐供奉的是成吉思汗禅封的圣马，被视为来自天上的神驹。该白马任何人都不能触碰，任由它自由生息，只是每年成吉思汗祭祀的时候把它请到金帐之前，加以供奉。当这一匹马衰老时，另禅封相似的白马。马奶桶之白帐，供奉的是成吉思汗祭天用的鲜马奶桶。相传该桶中盛装九十九匹白骒马之奶，敬献九十九个腾格里神。马鞍辔之白帐，供奉的是成吉思汗所用过的马鞍和马辔。

资料来源：摘自《成吉思汗祭典》（蒙古文，1983 年），242 页至 279 页。

在这里体现了马、马副产品以及传统马学，在古代蒙古人生产生活、历史发展中的重要地位。在成吉思汗祭祀中，人与马互动最密切的是"查干苏鲁克祭祀"。在该仪式中祭洒九十九个白马之奶，是整个成吉思汗祭祀庆典的开端（赞必拉脑日布，1997）[53]。

详细案例 3.4　　成吉思汗祭祀——"查干苏鲁克"祭祀

"查干苏鲁克"祭祀（白马祭祀），据说是源于元代忽必烈汗旨意，每年春季举行的大型祭祀活动，也是成吉思汗祭祀活动最隆重的环节。3月21日为主祭日，以早上的祭洒鲜马奶作为整日祭祀活动的开端。首先，众人们来到拴在成吉思汗金殿前的白马跟前，敬献一只全羊、一尊圣酒。然后，进入金殿进行祭祀。从金殿出来之后，来到"宝日温都尔"（圣马奶桶）旁边敬献一只全羊、一尊圣酒。然后，把九十九匹白骒马之鲜奶装入"宝日温都尔"。主祭人从"宝日温都尔"舀出鲜马奶，开始祭天仪式，同时诵读《九十九匹白马之奶祭祀赞祝词》。赞祝词、祭文的内容主要包括向各个"腾格里"（天）、太阳、月亮、大山、大河、圣马等感恩、祈福。

资料来源：摘自《成吉思汗祭典》（蒙古文，1983年），140页至156页。

　　这里马和马奶桶成为重要的祭祀对象，马奶成为最珍贵的祭品。这些都体现了蒙古族与马的亲密关系。马也是蒙古族其他祭祀活动的重要祭品、随葬品等。这也从一个侧面体现了人们对马的一种崇尚之情。例如，在《黑鞑事略》中记载："牧而庖者，以羊为常，牛次之，非大燕会不刑马。"（彭大雅，1985）[3] 又例如，在《蒙古秘史》中记载："此等部众，聚于阿勒灰不剌阿之地，议欲举扎只剌歹之札木合为罕，共腰斩儿马（原蒙古文为种马，作者加），骒马，相誓为盟。"（1978）[108] 蒙古族关于马的这些仪式、习俗都体现了人与马、人与自然的一种紧密联系，也体现了他们尊重自然、尊重生命的文化特征。而且后来这些仪式、习俗的一些变化，也在一定程度上反映着人与马、人与自然之间关系的变化。正如迈克尔·赫茨菲尔德在《人类学：文化和社会领域中的理论实践》中所言：各种仪式是一种维护稳定的重要方式，仪式的变革也在一定程度上体现着实现秩序的某些变化或重新调整（2009）[237]。

马也是古代蒙古族重要文化象征符号。例如，古代蒙古族在制作旗帜时，经常用马的鬃毛。"黑苏力德（ᠬᠠᠷᠠ ᠰᠤᠯᠳᠡ）"是成吉思汗重要的战旗，它是用八十一匹枣红马的黑色鬃毛制作；"白苏力德（ᠴᠠᠭᠠᠨ ᠰᠤᠯᠳᠡ）"是用黄毛马的鬃毛制作；"花苏力德（ᠠᠯᠠᠭ ᠰᠤᠯᠳᠡ）"是古代吉祥物之一，用黑白相间的鬃毛制作（赛因吉日嘎啦，1983）[252-314]。这些都说明马在蒙古族的形成、成长、发展等历史过程中发挥了重要作用。这些关于马的象征符号，展现了蒙古族对生命、自然界的特殊观念或认识。正如瞿明安在《象征人类学理论》中所言：很多象征符号反映了群体的价值观、自然观，而且不同群体的象征符号、象征意义都存在一定的差异（2014）[25]。

古代蒙古人的这些精神信仰，并不是以与传统知识泾渭分明的方式存在，而是以一种共同体的方式存在。例如，他们的"万物有灵"、"敬畏生命"等特殊自然观、生命观，为生命体赋予了某种特殊的"有机性"、"神圣性"，使生命体与无生命体之间的差别更加明显。这些特殊的自然观、生命观与传统生命医学知识，在很多观念和认识方法上有相同之处。这种关系就像中医学中的"天人同理"、"天人相应"、"天人相参"等观念。

第二，风俗习惯。

马在传统蒙古族家庭礼仪、人生礼仪中占据着非常重要的地位。在蒙古人的多个重要生命历程中，马都以一定的形式出现。在人的成长过程中，以往的蒙古族从三四岁就开始学习骑马，这时候家长就用奶食涂抹孩子的额头和马的额头，然后父亲牵着马到亲戚或邻里那里接受美好的祝福。所到之处人们会对孩子说"骑上骏马，幸福相伴"，然后对马说"亲近主人，事情顺利"等话（赞必拉脑日布，1997）[64-65]。等到他们长大成人，结婚的时候，新郎将会佩戴弓箭，骑着种马，去迎娶新娘。新郎出发的时候，家人一边对坐骑进行涂抹礼仪，一边念赞祝词：像山一样的身躯，像海浪一样的步伐，打滚的地方生长花朵，跺脚的地方涌出泉水，力量与福运相伴，像野驴一样无畏，万骏之首，万相具备的种马，用珍贵的奶食涂抹你（哈斯毕力格图，1999）[37-40]。经过这些人生重要阶段的礼仪，人们在成长的同时，学习文化、践行文化、传承文化。从家庭生活、两性关系的角度来讲，养马是蒙古族传统家庭劳动分工的重要内容，这方面的工作主要由男性来负责。传统蒙古男性的成长、社会化、社会声望等，与养马劳动、马学知识有着密切的联系。马在一定程度上影响了传统蒙古家庭的劳动分工，家庭成员之间的关系等。可见，知识是在特殊的文化语境中，被特殊的群体所使用，并获得相应的社会文化意义。

马也是蒙古族时令节庆、集体活动的重要组成部分。在传统蒙古社会中，在一些重要节日，经常开展赛马、摔跤、射箭等集体娱乐活动。赛马活动，不仅是人们愉悦自己，也是感恩家畜、赞美家畜的重要节日。蒙古族对那些参加比赛的马、获奖的马，唱诵赞祝词，还进行鲜奶涂抹礼仪等，以表示感恩、崇敬之情。这也体现着蒙古族与自然共生的价值观念。与这样的价值追求相适应，蒙古族的传统马学也以遵循马的自然属性为重要特色。另外，蒙古族的打马印、骟马、剪马鬃、赛马等事务，也经常和邻里一起劳动，一起宴饮。例如，他们打马印的时候，需要邻里的协助。因为一两个人很难完成抓马、摁倒马、烧烫马印、烙马印等工作。在给马去势的时候也需要邻里的协助。一般年轻人抓马，老年人烧烫手术用具等（芒来等，2002）[234-235]。蒙古族这种邻里之间的互助劳动关系，不仅加强了邻里之间的亲密关系，也有利于交流和传承传统马学。正如科塔克在《文化人类学：领会文化多样性》所言：文化不是完全属于个体的属性，而是作为群体成员的个体所具有的属性。我们只有在与他人进行的观察、倾听、交谈、互动等实践活动中才能学会文化、理解文化、传承文化

(2014)[37]。在这些集体活动中，蒙古族的传统习俗、传统知识、传统观念都有机地融合在一起。可以说，马是蒙古传统文化非常重要的一个连接点、交叉点。

马也是蒙古族生活习俗的重要内容。例如，蒙古族忌讳击打马头，认为头是灵魂的处所；忌讳杀马，认为这如同杀害自己的伙伴；忌讳伤害马，认为这样会折损男人的福气；忌讳把去势马的睾丸随意放置，一般放入火里烧掉；忌讳宰杀或者贩卖长期使用的马以及繁殖多、挤奶多的马，而是让其自然衰老（苏努玛，2006）[120-137]。这种被封为"圣马"的马，任何人不得触碰、宰杀、贩卖它，让它自然老死。当"圣马"或自己的坐骑自然老死之后，蒙古族还会把它的头骨放到山峰或敖包之上，以表达尊敬之意。另外，蒙古族还有专门给家畜过年的习俗：新年初一，家畜放牧之前，要在种马、种牛、种骆驼、种绵羊、种山羊的额头上抹一点奶食品等食物，给家畜过年（东希格，2010）[113]。可见，对蒙古族来讲，马不仅仅是一种资源，人与马之间有很多社会性、文化性联系。

在传统蒙古社会中，人与马之间形成一种伙伴性的共生关系。这如同普理查德在《努尔人》中所描述的努尔人与牛的关系：人与牛以互惠方式维系着各自的生命，建立了非常亲密的共生关系（普理查德，2001）[46]。在这样的共生关系中，马以及自然，对蒙古族的意义不同于现代社会中工具化、资源化的认识。其实，蒙古族这种尊重生命、尊重自然的文化，在其他一些传统文化中也非常普遍。例如，日本学者山口未花子研究北美狩猎民族与动物的对话，发现对他们来讲动物是一种像人一样的存在物，他们对动物充满敬意，并且和动物建立了多种社会性联系（2012）。我们不能把这些共生文化简单地认为原始，而是需要看到这是一种与自然经过漫长交往而孕育出的一种具有长久生命力的文化。其中突出体现了人类与自然的一种互惠性、交换性、共生性理念。

第三，文学艺术。

蒙古族传统文学艺术中，马占据着非常重要的地位。它是蒙古族传统文化艺术的核心题材之一，主要歌颂对象之一，而且人与马往往"同甘共苦""命运与共"，较集中体现了蒙古族对马的崇尚之情。

详细案例 3.5　蒙古传统赛马活动中唱诵的《骏马赞祝词》

在一篇锡林郭勒地区的《骏马赞祝词》中写道：马群中的佼佼者，骏马中的优胜者，盛大那达慕中头一次参赛的马，体现了生命的雄壮，吸引了万众的目光，带来了无限的欢乐，赞扬可爱的骏马，圣山之巅站着出生，迎着天边的曙光降生，茂密的山林中腾跃着生长，嘶鸣声响彻山野，渴饮山泉之水生长，采食青草之精华生长，在广阔的戈壁打滚，在无垠的草原奔跑，有珍宝般的头颅，有白玉般的牙齿，有珍珠般的眼睛，有强健的体魄，有盘羊般的鼻端，有宽阔的胸膛，有平坦修长的腰，有俊美的犬齿，有结实的脖颈，有直立的双耳，有收紧的四蹄，有兔子般的背，有鹿一样的体型，有俊美的鬃毛，有强劲的肌肉，有吉祥的旋毛，在万骏的先头奔跑，拽直了钢铁打造的马衔，在千骏的前面奔跑，拉直了多股的缰绳，飞奔而来的骏马，像奔驰在戈壁上的鹿，像天边的闪电，像驰骋在草原上的野驴，获得了万众的赞赏，成了民众的欢乐，那达慕上获得了盛赞，美名在草原上传颂，成了家园的珍宝，为畜群带来了福祉，我们一起祝福这匹骏马。

资料来源：摘自特木尔吉如和，阿荣的《那达慕》（蒙古文，1998 年），330 页至335 页。

这里体现了蒙古族与马的伙伴关系，也体现了他们对马的感激之情。除了文学诗歌之外，马还对蒙古族的音乐、绘画、塑像等多个艺术领域产生了广泛影响。例如，马头琴的琴杆上雕刻马头，琴弦由马尾制作，特别是马头琴的演奏风格具有明显的游牧文化特色。

马也成为蒙古族表达"吉祥""福祉"等文化意义的一种符号。例如，蒙古族百姓经常挂"禄马风旗"，用于招祥纳福。旗上一般都画着驮宝物的骏马，四角还用龙、凤、狮、虎等动物图案来装饰，再加上一些经文（巴音贺西格，2009)[209-210]。另外，关于马的图案、符号在传统蒙古族日常生活中非常常见，用它们来装饰蒙古包、家具、物品等。这些关于马的符号，基本上都表达了一种吉祥、祈福的意思。

图 3.8 作为吉祥符号的蒙古马

资料来源：笔者拍摄于内蒙古自治区锡林浩特市额尔敦敖包。

　　这些符号化、吉祥化的马图像，体现了马从蒙古族生产生活领域，逐渐进入精神文化领域，并且占据了重要地位。

　　即使到了现在，对蒙古族来讲，马并不是已经淡出历史舞台的劳动工具，马学知识也不是被边缘化的畜牧兽医知识，它们都是蒙古族传统文化的重要组成部分。这些文化和知识时刻在教育着蒙古族应该怎样生活，应该怎样与大自然以及其中的万物相处。正如理查德·罗宾斯在《资本主义文化与全球问题》中所言：文化对生活在其中的人们有一定的确认、矫正作用。特定的文化就是一种特殊的矫正框架，它"告诉我们是谁、我们是什么、以及人们在更广大的事物安排中的地位"（2010）[21]。传统马文化和传统马学，对蒙古族来讲就是这样的一个"文化矫正框架"。

（二）日本现代马学与现代畜牧文化

　　第一，精神信仰。

　　不管是古代日本还是古代西方，都有一些关于家畜、自然的"万物有灵"等观点。例如，日本著名民俗学家柳田国男的著作《山岛民谭集（山島民譚集）》中，研究了两个较典型的神话"河童驹引""马蹄石"，而且都涉及了马与神灵之间的关系（森浩一，1984）[162]。又例如，在古希腊神话中，马被认为是海之神波塞冬所创，诞生于波浪之中（キャロライン・デイヴィス，2005）[142]。正如伊芙琳·凯勒在《生命的秘密与死亡的秘密》中所言：十八世纪初期为止，自然还是一种充满生机、灵性的领域，但是在此之后自然逐渐失去了生命和灵性（エヴリン F·ケラー，1996）[83-84]。首先，这一变化与现代科技认识事物的方式有着重要联系。例如，现代生物医学中的机械还原论在一定程度上淡化了生命体与无生命物质之间的界限，同时也淡化了人们对生命的尊重和敬畏之情。以往人与自然之间的亲密关系，被当今的人与人造物之间的亲密关系所取代了。正如马歇尔·萨林斯所言：在现代社会中，人们用自己生产的物品取代了各种自然事物。这些人造物已成为现代社会的一种"图腾"（西莉亚·卢瑞，2003）[15]。其次，这一变化与商业经济的发展有关。近代随着马的资源化、商品化开发，关于它的文化观念也发生了很大变化，人们更看重它所能带来的经济利润了。正如席瓦在《生物剽窃》中所言：人们把生命体当作机器来看待的时候，相关的道德观念也会发生一定的改变。机械论、还原论、简化论的生物医学知识，更关心的是产出的最大化，它在一定程度上移除或淡化了人们的道德关怀（2009b）[36]。

在当今，马的经济价值成为人们的主要追求目标。特别是二战之后，日本政府规范化管理赛马事业，使其成为一种国家控制下的公共社会事业。赛马经济也为政府带来了丰富的回报。例如，2001 和 2002 年日本赛马业的资金流动情况具体如下：赛马爱好者购买马券大约 3.6 兆日元，其中大约 2.7 兆归还赛马爱好者，训马师和骑手大约获得 524 亿日元，马主大约获得 1198 亿日元，生产者大约获得 55 亿日元，国家和地方财政能够获得 3249 亿日元，剩下的 4734 亿日元投入到举办赛马的各个环节（小山太良，2004）[16-17]。为了保证赛马经济的正常运转，日本现代马学中对赛马问题进行了系统研究。从日本赛马综合研究所设立的一般研究项目中可以看到，这种赛马学研究具有很强的经济目的，具有很强的应用性，基本以解决比赛中遇到的实际问题为主。

表 3.7 日本赛马综合研究所设立的一般研究项目

研究领域	具体研究项目
饲养	赛马饲料的种类、数量、营养价值研究（1960 年）；燕麦中的维他命 B_1 的吸收研究（1964 年）；精加工饲料的研究（1965—1966 年）；马各个成长阶段的饲料研究（1971 年）

续　表

研究领域	具体研究项目
运动	赛马疲劳判定法研究（1959—1963 年）；赛马体力判定法研究（1975—1977 年）；训练与马的自律神经关系研究（1965—1967 年）；赛马训练过程中的血液变化（1972—1975 年）；赛马运动过程中的乳酸变化（1989—1990 年）；马运动过程中的重心变化研究（1986—1990 年）；推进马体的生物力学机制（1995—1996 年）；赛马肌肉力量测定研究（1997—1999 年）；赛马奔跑过程中筋、韧带力量的测定研究（2005—2008 年）
生理	赛马的发育研究（1964 年）；赛马运动过程中的生理化学变化（1972—1975 年）；赛马呼吸机制的研究（1975—1976 年）；赛马血液循环机制的研究（1978—1981 年）；赛马血液运输氧气过程中的生物化学机制（1976—1977 年）；赛马呼吸过程中的生物化学变化（1978—1980 年）；马肌肉能量代谢过程中的生物化学机制（1987—1990 年）；马体发育曲线研究（1992 年）；马运动过程中的微量元素变化（1998—2000 年）；赛马无氧运动研究（1997—1998 年）
遗传	马的遗传特征与奔跑能力研究（1988—1993 年）；马繁殖的遗传学研究（1992—1993 年）

资料来源：整理于《赛马综合研究所业绩集（競走馬総合研究所業績集・昭和 34 年—平成元年）》（日文，1990 年），5 页至 7 页；《赛马综合研究所业绩集（競走馬総合研究所業績集・平成 2 年—平成 20 年）》（日文，2009 年），2 页至 12 页。

　　日本现代马业，不仅生产赛马，还深入开发利用了马的肉、骨、血、奶、皮毛等副产品，还用马的脂肪制作了特殊的护肤品，从孕马尿中提取了雌性激素（持田良吉，1960），从孕马血液中提取了血清促性腺激素（窪道護夫，1965）等。这种对自然进行控制、开发及利用的特点，其实在近代西方文化中早已出现。例如，近代英国的经济学家赫米亚·格鲁，特别重视对森林、畜牧、渔业的开发利用，以增加国家的生产效率。还有著名经济学家亚当·斯密把大自然视为人类的原料仓库等（康纳德·沃斯特，1999）[77]。日本在近代时期也接受了这套现代化模式，而且在该模式中科技、政府以及企业的合作变得更加紧密了。正如齐曼在《元科学导论》中所说：当今众多研究工作都在实验室、大学等规模大的组织机构中进行，而且科学正在卷入日益扩大的"研究与开发"系统中，由中央政府和私人工业提供资金，科学被纳入"合作"的控制之下，它已成为实现某些社会活动的一种工具（齐曼，1988）[199]。

在政治军事、经济等领域的较单一价值追求下，日本现代马学特别重视对马进行相关人工改造。这方面，马品种改良具有较强的代表性。为了达到改良的目的，一方面，日本马政管理机构采取了一系列强制措施，来管理马匹资源。例如，1901 年 4 月日本颁布了马匹《去势法》，用法律形式规定只有符合军事用途的马才能留作种马，除了疾病或者学术研究所用的马匹外，其余公马都需要进行去势手术（帝国競馬協会，1982）[710]；1921 年 4 月颁布了《马籍法》，把全国各地饲养的马匹都进行登记，详细记录马的雌雄、种类、生产年月、体格、所有者姓名等信息（帝国競馬協会，1982）[822]。正如席瓦在《绿色革命及其暴力》中所说：对自然的支配和对人的支配，都是集权化战略的重要因素（ヴァンダナ・シヴァ，1997）[6]。另一方面，他们运用了去势、选种、配种、改良等一系列现代马学知识来改良马的品种。通过这些努力确实打造出了世界一流的军马、赛马等，但也存在较明显的局限性。首先，导致了马品种的单一化发展，本土品种迅速衰弱。据统计，到 1991 年北海道和种马现存 2561 匹、吐噶喇马 118 匹、与那国马 112 匹、木曾马 90 匹、对州马 89 匹、御崎马 84 匹、夜间马 35 匹、宫古马 19 匹等（野澤謙，1992）。正如席瓦在《生物多样性的危机》中所言：从经济生产的角度来讲，农牧业品种的多样性与多产性存在着明显的矛盾（1997）。但是从普通民众需求的角度来讲，农牧业品种的多样性关系到人们的生计；从生态环境良性循环的角度来讲，农牧业品种的多样性无疑是有利于生态的可持续发展。所以我们不能把农牧业的高产化改良，简单地理解为农牧业进步的唯一途径。其次，这些改良马的自然生存能力比较弱，高度依赖人工环境。例如，日本现代赛马需要每年注射流行性感冒疫苗、日本脑炎疫苗、破伤风疫苗等多种药物等（日本中央競馬会競走馬総合研究所，1996）[199]。所以，在现代社会文化体系以及现代科学技术体系中，生命体生存能力的退化本身在一定程度上说明了它们的一些缺陷性。正如席瓦在《绿色革命及其暴力》中所指出：虽然从经济角度来讲生物改良技术具有重要意义，但是从生物多样性的角度来讲就成为一种退化（1997）[249]。马的这种品种单一化、自然生存能力的脆弱化，正是现代社会关于马的较单一价值追求的"后遗症"。而且科学技术在某些方面，加剧了这一趋势。

第二，风俗习惯。

古代日本也产生过很多崇尚马的风俗习惯。例如，京都的"时代祭"、金泽的"百万石祭"、名古屋的"名古屋祭"等都市里的养马习俗，主要体现了马与日本贵族、武士之间的密切联系；而岩手县、长野县、岐阜县、鹿儿岛县等地方上的仪式，更多体现了马与日本农耕、农民之间的密切联系（山森芳郎，1993）[388]。在古代日本逢年过节，也有感谢马的习俗。在新年或者初午节（2月份）有"马之岁""马之祝""马之饼""千匹粥"等给马制作食物的习俗，以祝愿和感激自己的马（山森芳郎，1993）[389]。例如，在以前，日本岩手县盛冈市每年举行一种叫作"ちゃぐちゃぐ馬こ"的民俗活动。这一习俗主要是为了祈祷自己的马，能够无病无灾。在活动当天，一家人会带着自家的马，到马的守护神——"蒼前様"跟前去参拜（原田俊治，1997）[168]。去的时候，人们用各种色彩的布带子装扮马匹，响着铃铛（ちゃぐちゃぐ），去参拜。

日本近代以来，马的标准化、企业化、规模化生产，逐渐代替了以往家庭生产模式。在这种经营模式下，人与马的联系发生了较大变化，马从人的"伴侣"变成一种创造利润的"工具"。正如麦茜特在《自然之死》中所说：为生计而生产被更加专业的为市场而生产所取代，货币的广泛使用促进了财富的无止境的积累（卡洛琳·麦茜特，1999）[59]。与此同时，日本古代那些关于马的社会文化习俗也开始迅速衰落。

随着对现代化、现代科技的不断反思，日本也积极开展一些普及马学知识、马文化，倡导爱马等社会活动。这方面日本在东京创建的"马事公苑"具有较强的代表性。其创建目的主要是：为各种国内外马术、赛马活动提供场所；向市民、学生、儿童普及骑术；为日本赛马会骑手提供训练场地等（武市银治郎，1999）[204]。马事公苑，开苑于1940年，在1964年和2021年都成为东京奥运会的马术比赛场地。当今马事公苑已成为日本开展各种马术比赛以及交流活动的重要基地；也成为市民体验骑马、休闲游览的著名景区；也成为传播马学知识、马文化的一个重要场所。

第三，文学艺术。

在近代时期，日本较重视马在政治、军事领域的用途。在这种时代背景下出现了很多歌颂军马的歌曲、影视作品、文学作品等。例如，20世纪初期，日本马政局开展了向军队、民众，征集军马歌曲的活动。该活动当时产生了较大的反响，共收集了4万首左右的歌词和3千首左右的曲子（武市银治郎，1999）[211]。可以说，当时的马主题文学艺术具有较强的政治性、军事性。

二战之后，随着赛马运动的兴起，日本逐渐产生了一系列关于赛马的文学艺术作品。例如，日本作家柴田哲孝写了《伝説のバイプレイヤー：歴史に残らなかった馬が残した物語》（1998年）、《たった一瞬の栄光：伝説を駆けぬけたサラブレッド》（1999年）、《伝説の名馬ライスシャワー物語：人のために生き人

のために死す》(1999 年)、《奔馬、燃え尽きるまで：伝説を駆け
ぬ•たサラブレッド》(2000 年)、《逃げ馬物語：逃走者への鎮魂
歌》(2002 年)、《サンデーサイレンスの奇跡》(2008 年) 等多部
以赛马为主题的纪实文学作品。这些作品围绕一些著名赛马的成
长、竞赛、荣誉、失利、伤病、安乐死等一系列具体历程，展现
了赛马与人的深厚情感，展现了现代日本社会一些新的马文化。
可以说，随着赛马经济的兴盛，赛马科技的发展，赛马文化的普
及，马以一种新的方式融入了日本现代人的生活。

五、生态情境

人和家畜以及自然的关系，在不同社会文化中有一定的差异
性，它们也是各自社会文化的一个重要组成部分。在有的社会中
主要以遵循家畜的自然属性为主，与家畜形成了一种共同进化的
模式；而在有的社会中不断增强人工干预、人工操作的程度，从
某种意义上使家畜的自然进化遇到了较大阻碍。正如《人类学：
文化和社会领域中的理论实践》中所说：耕种方式以及动物、植
物的关系决定着人类怎么认识周围的世界。在农耕中用根茎或插枝
繁殖的民族对自然的方式是非干预式的，而在农耕中用种子繁殖的
民族对自然的方式是干预较多（迈克尔•赫茨菲尔德，2009）[211]。蒙
古传统马学较尊重马的自然属性，较充分利用了当地自然资源，对
马的干预较有限；与此相反，日本现代马学从马体到饲料、牧场都
进行了大量的干预、改造，体现出较强的人工特征。

（一）蒙古传统马学与草原生态环境

第一，自然环境。
蒙古族历代生息的草原，其实从生态禀赋的角度来讲并不优

越，但是他们在长期的生存发展过程中，较好地适应了当地生态环境，孕育了一系列人与生态环境和谐共存的文化。其实，不同的民族或人群，都需要立足于一定的自然环境，并创造出各自的生计模式。这些都是人类非常重要的文明成就。虽然一些传统生产方式在直接经济效益方面，可能不如现代生产方式，但是它们对自然环境的破坏程度比较低，具有较强的可持续性。例如，游牧民族从事游牧生产已有几千年的历史。早在《史记·匈奴列传》中记载："唐虞以上有山戎、猃狁、荤粥，居于北蛮，随畜牧而转移。其畜之所多则马、牛、羊，其奇畜则橐驼、驴、嬴、駃騠、騊駼、驒騱。"（司马迁，1979）[2896]他们创造并依靠游牧文化，把较为脆弱的蒙古高原生态资源，可持续利用到现在。

从某种程度上，当地的生态环境也是塑造蒙古传统马学的一个重要因素。蒙古族根据当地的自然条件，总结提炼了一系列独具特色的牧马、训马、医马、相马知识。这方面游牧知识具有较强的代表性。他们选择"游牧"本身就是一种顺应自然的生产方式，遵循自然环境变化规律而总结出的特殊畜牧知识。具体来讲，传统蒙古族一般在二月、三月份迁往春季营地，选择冰雪易于融化、家畜易于觅食、人畜易于饮水的草场，并为迎接家畜产仔季节的到来，做充分准备；在六月份迁往夏季营地，选择河流附近的水草丰美、通风良好的草场；在八月份迁往秋季营地，选择与冬季营地较近、水草丰美的草场，这有利于家畜充分长膘，为过冬做准备；在十二月份迁往冬季草场，选择能够避风，长势较好的草场等（野泽延行，1991）[43-49]。特别是为了使家畜在秋季充分抓膘，蒙古族还专门采取"奥图尔"（远距离游牧）等游牧方式，让家畜在较短时间之内储备充分的脂肪，为渡过严寒的冬季、贫瘠的春季做好准备。这里蒙古族考虑到了当地的气候条件、地理环境、植被情况、动物自然属性等多种生态因素。特别值得注意的是，蒙古族经过这样漫长的发展历史，对周围的生态环境并没有产生严重的破坏。在这社会发展过程中，生态环境也对人们生产活动、生活方式、思想观念等产生了重要的建构作用。

正是与自然环境之间的长期互动过程中，蒙古马进化出了沙漠型、山地型、草原型、戈壁型、森林型等多种地方品种。例如，产于我国伊克昭盟毛乌素沙漠的"乌审马"，是一种较典型的沙漠品种；产于兴安岭西部、克什克腾旗山地的"白岔河马"，是一种较典型的山地品种；产于乌珠穆沁草原的"乌珠穆沁马"，是一种较典型的草原品种等（芒来等，2002）[82]。一方面，蒙古高原特殊的生态环境赋予了蒙古传统马学某些特殊性；而另一方面，蒙古传统马学反过来融入、适应了当地的整个生态系统。

第二，动植物资源。

蒙古族不仅通过游牧等方式，适应当地的生态环境，而且对当地牧草资源、水资源、盐等矿物质资源的利用方面积累了丰富知识。首先，蒙古族善于辨别马嗜好采食，并且对马体具有营养价值的植物。例如，蒙古马嗜好采食针茅冰草、针茅、碱草、冷蒿、莎草、苜蓿、山野豌豆等草原上的植物。有经验的牧马人，在放牧时，将有意识地把马群赶往这些植物生长茂盛的草场。其次，蒙古族还根据长期的畜养经验，总结出多种关于养马的物候学知识。例如，在利用植物方面，春夏之际马主要采食冷蒿等植物；夏季主要采食碱草、冰草等植物；秋季主要采食碱草、冰草、丛生隐子草、蒙古葱、山葱等植物（东希格，2010）[18-19]。又例如，在利用草场方面，春季马群适合放牧于生长较细牧草，饮水和舔碱便利的低洼草场；入夏季节适合放牧于生长嫩草的阳面坡地，用凉井水饮马有利于长膘；盛夏季节适合放牧于凉爽的阴面坡地或有凉风的山顶草场；入秋季节放牧于新的草场，寻找离水源和盐碱地较近的草场；深秋季节适合放牧于水草丰茂的草场；冬季适合放牧于背靠山岗，地势低洼的阳面草场（芒来等，2002）[248]。再次，蒙古族把丰富的经验知识经过不断加工，还产生了一些动植物资源利用方面的理论性认识。例如，最适合放牧赛马的草场是平地草场，因为这里生长的植物基本属于温性的，寒热性知识较平衡的植物。采食这些植物，对马体，对马奔跑的影响最小。而山谷草场的植物寒性较大；隔壁草场的植物热性较大（嘎林达尔，2005）[50]。

另外，蒙古马与广阔的草地、山林、野驴群、狼群等构成一种特殊的生态系统，并且在此系统中不断得到进化。具体来讲，广袤的蒙古草原为马的自由驰骋提供了天然的舞台，野驴群提供了不同种群混血的机遇，而狼群对马具有一定的优胜劣汰作用（嘎林达尔，2005）[41-46]。有时蒙古族为了获得善于奔跑的名马，专门把马群赶往野驴出没的草原，寻找混血的机会。一些草原上闻名的名驹，具有这样的混血背景。例如，20世纪初期的苏尼特草原出了一匹远近闻名的黄马。据说这匹马就有野驴的血统。它的体貌、行为特征，都与野驴十分相似。其中，一个较特别的特征是该马抬起一条腿，用三条腿站立着排尿。而且向前撒尿距离也很远。而野驴就是这样排尿的（嘎林达尔，2005）[164-165]。可以说，蒙古族之所以能够培育出一些优良家畜品种，是长期与自然和谐共生的结果，是长期遵循家畜自然进化属性的结果。

第三，人类活动。

人类也是生态环境的有机组成部分。其中，有些人类活动有利于生态环境的良性运转，而有些则损害生态环境的良性循环。蒙古族在漫长的畜牧实践中，对当地自然环境、动植物的自然属性方面有了较深刻的认识。首先，蒙古族很多生态智慧，直接源于当地生态环境。他们所采用的放牧方式、驯服方式、使役方式等，较符合家畜的天性。例如，挤马奶时往往用"幼驹催乳方法"。这里充分利用了哺乳动物的泌乳天性。正如亨利·戴维·梭罗所言：印第安人虽然在现代文明体系中遭遇到边缘化，但是他们有着丰富的如何在自然、森林中生存的知识。这种与自然环境的紧密接触，将产生很多有益的科学知识。他们的生命可以说是"生命里的生命"（康纳德·沃斯特，1999）[126]。其次，对蒙古族来讲自然资源几乎没有"多余"的事物。他们对自然资源的利用较为全面，而且对自然的干预也非常有限。蒙古马本土品种的多样性及其保留，是这方面的有力证据。正如《人类学：文化与社会领域中的理论实践》中所记载：如果一个民族对周围自然环境持有一种合理而全面的看法，认为人类和自然界之间没有任何距离与间隙，那么这一民族对自然资源的利用一定非常全面，他们对周围自然环境的每一部分都了如指掌（迈克尔·赫茨菲尔德，2009）[211]。正是在这种人与自然的关系中，蒙古族更深刻地感受到了自然的基础性地位，感受到了人类对自然的依赖性。而且这种文化在一定程度上要求人们对自然保持一种自我约束的状态。正如卡洛琳·麦茜特在《自然之死》中所言：在传统文化中每一个生命应该遵守自己在自然秩序中的位置，它们都是整体的一个组成部分（1999）[7]。

蒙古族创建的传统畜牧生产方式、畜牧兽医知识、畜牧文化都是草原生态环境良性运转的重要因素。正如印度学者席瓦所言：以生命为中心的社会、生命为中心的经济、生命为中心的组织、生命为中心的文化都具有如下三个方面的重要特征：多样性的原则；自主性的原则；互惠、互尊的原则（ヴァンダナ·シヴァ，2007）[210]。首先，蒙古族生产方式与自然环境相适应。这方面"游牧"具有较强的典型性。"游牧"不是到处随意游荡，而是根据草原环境、季节变化、畜群特征而进行的一整套有规律、有路线、有方法的知识体系和实践体系。其次，蒙古族畜牧兽医知识较注重遵循家畜的自然属性。例如，在日常管理中，蒙古族遵循马排斥近亲繁殖的习性，以每一个种马为核心组成一个小群，管理马群。正是在这些遵循自然属性的基础上，蒙古马进化出多种本土品种，也具备了超强的自然生存能力、抗疾病能力等。当然，蒙古传统马学也在一定程度上干预马体。例如，挑选种马和母马、放牧、训练、去势等。正所谓"家畜的历史不仅是自然淘汰的过程，也是人们选择的过程。"（J クラットン＝ブロック，1989)[30] 但是，蒙古传统马学的人为干预是有限的，所以并没有降低马的自然生存能力、自然繁殖能力等。这也是蒙古传统马学的可贵之处。再次，蒙古传统畜牧兽医文化强调人、家畜以及草原之间的相互依存关系。正如梁家勉在总结中国传统农业特点时所言：中国传统农业科学技术不仅仅是经验知识，也有自己的独特理论思想，即天、地、人相结合的"三才理论"。早在《春秋战国·审时》中提出："夫稼，为之者人也，生之者地也，养之者天也。"（梁家勉，1989)[586] 如同生态农业是传统农业的核心特征之一，生态畜牧业是蒙古族传统畜牧业的核心特征之一。可以说，蒙古族形成了一种"天—地—草—畜—人"相结合的一种特殊生态文化。

（二）日本现代马学与人工生态环境

第一，自然环境。

日本现代养马业，一方面，也注重利用当地的自然生态环境。例如，日高地区成为日本主要产马区，主要依赖于当地优越的自然条件。日高地区位于日高山的西南面，温度基本处于25℃至－10℃之间，冬季下雪也比较少，非常适合于养马（進藤賢一，1977)。另一方面，也非常注重对相关生态环境进行人工改造。经过"改良"的牧场、牧草等，已成为日本现代养马业的重要因素。而且这种人工改造过的自然环境，所占比例正在日益增多。其实，西方现代畜牧兽医学在进入日本之初，就表现出了较强的人工性、改造性。例如，日本最早的新式农业学校——驹场农学校，在成立之初聘请外国农学家科尔纳（Oskar Kellner）讲授了植物营养、土壤、家畜生理、家畜饲养、乳制品加工等课程（農文協，1983a）[170]。后来的日本现代养马从业者，为了从有限的土地中获取更多的经济效益，研究和应用了土壤改良、牧场改良、牧草改良等多种技术。随着日本畜牧业现代化的推进，牧场改良面积日益增多。例如，从 1958 年至 1969 年，日本每年改良牧场的净增面积分别为 8464 万平方米、8725 万平方米、9211 万平方米、13260 万平方米、16093 万平方米、18915 万平方米、21863 万平方米、21710 万平方米、21863 万平方米、21710 万平方米、23731 万平方米、28637 万平方米等（丸岡詮，1973）。而且在土壤改良、牧场改良中，耕作、施肥占据着重要地位。例如，20 世纪 70 年代日本赛马养殖者使用化肥改良土地的情况具体如下：日高地区割草牧场，每一千平方米使用化肥 45.1kg，石灰 105.1kg，鸡粪 54.8kg，堆肥 1062.7kg；放牧地每一千平方米使用化肥 36.1kg，石灰 79.7kg，鸡粪 60.9kg，堆肥 901.1kg 等（農文協，1983a）[482]。可见，现代马业对自然的改造是深入而系统的。

日本现代马业除了牧场之外，还依赖现代农场、现代赛马场、现代交通运输网络等众多人工环境。而且这一体系，已经远远超越了日本，与世界多个地区建立了千丝万缕的联系。当然，它的正常运转高度依赖现代科学技术。正如劳斯在《知识与权力》中所说：科学对社会实践和政治实践的最直接影响是，新技术、新材料、新方法、新设备从实验室向生活世界的"转移"（2004）[241]。但是我们需要反思这种巨型人工系统的高成本性、高风险性、高污染性等问题。而且人们对科学技术的过度依赖，容易忽略自然的基础性地位，容易忽略人类对自然的根本性依赖关系。

第二，动植物资源。

日本现代马业，较多依赖人工种植的牧草。其实，在现代化以前，日本民众主要利用当地的多种植物资源来饲养马匹。例如，根据《会津农书》（1684 年）的记载，日本东北地区的民众秋季较多储存柳叶、桑叶、山茱萸叶、胡枝子叶、艾草、藤叶、蕨类等多种植物，到了冬季作为养马的草料（農文協，1983a）[143]。但是现代经营者为了提高经济效益，在牧场种植较单一的高产牧草。这种牧草生产模式，使马的草料更加单一了。就像萨丕尔所言：对美洲土著狩猎者和采集者而言，我们把很多植物称为"杂草"非常不可思议，因为在他们看来每一个植物都有它的生存价值。其实就在我们的日常语言当中已经包含了我们看待自然界的方式以及我们的生活方式（穆尔，2009）[111]。现代畜牧业，放弃了多样化利用当地自然资源的很多传统生产模式，而选择了改造自然力度更大，人工化程度更高的现代生产模式。

日本现代养马业，还需要用大量粮食作为饲料。日本专门栽培饲料，基本上是从明治维新时期开始的。当时军队为了养马，收购大麦、燕麦、干草等饲料。同时规模化经营的鸡场、牛场也开始购买一些饲料（農文協，1983a）[193]。随着现代畜牧产业的发展，对粮食的需求量进一步扩大。例如，根据数据统计，1938 年日本农作物当中，用于饲料的粮食比率为燕麦 9.6％，玉米 84.7％，高粱 69.1％，大麦 26.8％，青稞 15.3％，粟、黍、稗 12.1％，大豆 6.2％，小麦 3.8％，荞麦 3％，番薯 13.5％，土豆 6.5％等（農文協，1983a）[194]。日本现代畜牧业，除了利用本国生产的粮食之外，还从国外进口了大量的粮食，用于饲料。例如，21 世纪初在日本进口的 2800 万吨谷物中，将把 2400 万吨用于喂养家畜，这占据了总进口额的 85％（大久保忠旦，2006）。这种饲养模式，不仅没有充分利用当地的自然资源，而且还加大了其他地区粮食生产的压力。日本现代畜牧业可以说是一种人工化程度较高，资源消耗较大的生产模式。家畜饲料较多依赖谷物、依赖进口，是发达国家的共同特征。根据日本学者大久保忠旦的统计，家畜饲料的利用方式方面，发达国家和发展中国家存在明显的差别。

表3.8　一些国家在畜牧经济中消耗谷物的情况

家畜	牛	羊	猪	马	鸡	谷物的饲料化比率
世界家畜实际头数（1991年，亿）	12.9	17	8.7	0.6	113.6	37%
北美	91	98	96	111	125	72%
欧洲	92	141	109	98	110	
澳洲	93	118	108	64	79	55%
日本	112	85	113	103	114	48%
亚洲	111	122	120	111	359	16%
非洲	108	115	169	114	154	16%
南美	106	112	162	107	140	36%

注：1981年的家畜头数为100，上面是1991年的比率数

资料来源：整理于大久保忠旦的《农业新垃圾问题：饲料谷物的大量进口及其相关的杂草、粪便污染（農業の新ゴミ問題：飼料穀類大量輸入に伴う雑草進入と糞尿污染）》（2006年）。

根据日本农林水产省的统计，日本的谷物自给率在所统计177个国家中排在124位。可见日本的畜产业对其他国家或地区带来了较大的环境压力（中山智晴，2012）。这种较单一饲料也不利于家畜较全面吸收各种营养物质，所以只能越来越依赖各种人造添加物。例如，家畜饲料当中需要添加防腐剂、各种营养成分、提高营养吸收能力的一些抗生素、一些预防疾病的药物等多种成分（農文協，1983a）[259]。用大量粮食作为饲料，不仅有各种添加剂，而且

营养过剩，对家畜原有的消化系统、生理机制有多种不良影响。

第三，人类活动。

日本现代马业，从娱乐、体育、旅游、畜产、制药等多个角度开发了马资源。这些经营活动，对马的人工干预强度较大，在一定程度上忽略了它的自然属性、生命属性。例如，为了提高经济效益，日本现代马业一般采用集中饲养模式，从而割断了马与生态环境之间的多种联系，把马限制在较狭小的空间之内。这种现代饲养模式不仅是一种高消耗、高投入的生产方式，而且在一定程度上影响了马的体质、抗病能力、自然生存能力等。同时在现代化、自动化、批量化生产体系中，人与家畜的"文化距离"拉大了。它们基本上被各种自动化生产体系所控制，在这种生产条件下很难产生各种尊重自然、敬畏生命等畜牧文化。正如席瓦所言：西方中心主义只把资本当作一种投入，从而只把利润视为收获。但是非西方的当地居民把劳动力、照顾、修整都看作投入。在这样的文化体系中除资本以外的意义和价值被保护和鼓励（ヴァンダナ・シヴァ，2007）[209]。另外，人与周围自然的关系也发生了变化。日本现代养马企业对自然资源进行大量人工化改造的同时，剥夺了很多农户与自然资源之间的依存关系。例如，马、家畜、牧草、牧场、土地、饲料的企业化经营，打破了原有的人们共同使用自然资源的模式，使这些自然资源逐渐商品化，导致了一些大型养殖企业与个人养殖户之间的不平等。

随着现代化的深入，日本家畜品种、马品种出现了较强的改良化、单一化特点。例如，随着日本马业迅速现代化，日本现有马种主要是英纯血马和阿拉伯马，而原有的北海道和种马、木曾马、宫本马、与那国马、御崎马、对州马等很多本土马种逐渐成为濒危品种。其实家畜品种的单一化，并不仅仅是经济方面的损失，而是这些家畜所承载的丰富生物资源的损失。正如西蒙・A・

莱文在《脆弱的领地：复杂性与公有域》中所言：随着生物多样
的消失，动植物所负载的丰富进化历史、生物信息也将永远地消
失（2006）[5]。这种多样性的消失，不仅损害家畜物种的生存，而且
最终也将损害人类的生存。

六、小结

第一，马学知识在情境维度上的地方性。

两种马学知识都具有较特殊的认识情境。蒙古传统马学在自
然观方面以有机整体论、寒热、三根、七素、五元、阴阳、五行
等传统医学理论为基础；思维方法方面较多应用了枚举推理等方
法，在演绎推理过程中往往以传统医学理论作为推理基础；语言
词汇方面具有明显的自然语言特点，所运用的基本概念具有明显
的整体性特征。而日本现代马学在自然观方面以还原论、机械论
等作为重要基础；思维方法方面较多应用了统计归纳方法，在演
绎推理过程中运用了大量的自然科学、生物医学理论作为推理基
础；语言词汇方面具有明显的人工语言特色，所使用的概念具有
明显的还原性特点。马学知识认识情境的特殊性，意味着科学知
识并不是以孤立、封闭的方式存在，而是当地整个意识形态领域
的有机组成部分。正如刘珺珺在《科学社会学》中所言：科学知
识社会学认为科学也是一种信仰，和其他的文化现象没有什么差
别，完全可以进行社会学、人类学研究（2009）[196]。可以说，马学
知识的地方性是一种包括认识情境在内的整体地方性。

两种马学知识的实践情境也具有明显的差异性。蒙古传统马
学与传统游牧生产、游牧生活等实践活动有着密切的联系；在其
发展过程中普通劳动者发挥了重要作用，同时在其理论化发展过
程中当时的官府兽医师、喇嘛医生等知识阶层发挥了重要作用；

而且蒙古传统马学与人的感觉器官，放血针刺等实践工具有着密切的联系。而日本现代马学与科学实验、实验室实验等实践活动存在着更密切的联系；其研究者、从业者基本都经过系统的学校学习，特别是受到现代畜牧兽医学专业的专门训练；而且日本现代马学与手术刀、显微镜、X光透视仪、立体照相机等实验工具有着密切的联系。从这里，我们可以看到科学技术是当地整个社会实践的有机组成部分。与科学技术相关的实践活动，实践者的成长、训练模式，所使用的实践工具等，都有很强的特殊性。这些实践情境的特殊性也是知识地方性的一个重要因素。

两种马学知识也都具有各自特殊的社会情境。蒙古传统马学，在经济生产方面，它与蒙古族传统畜牧经济、狩猎经济有着密切的联系；在政治军事方面，它与蒙古族古代政治军事活动、体制等有着密切的联系；在社会活动方面，它与蒙古族传统赛马运动有着密切的联系。而日本现代马学，在政治军事方面，它与近代时期日本的农业现代化、军事发展有着密切的联系；在经济生产方面，它是现代畜牧经济、赛马经济的组成部分，形成了较系统的产业链；在社会活动方面，它与现代赛马这一城市娱乐活动有着密切的联系。从这里我们可以看到两种马学知识都是当地社会生活的有机组成部分。而且两者与各自的社会情境有着重要的相互塑造关系。这里值得注意的是，较单一的社会驱动力，往往导致科学技术的畸形发展。这意味着社会的均衡发育，更有利于科技的健康发展。

两种马学知识的文化情境也具有明显的差异性。蒙古传统马学与蒙古族的萨满教、腾格里信仰、祭祀文化、儿童成长经历、婚礼习俗、节日节庆、诗歌、吉祥图案等有密切的联系。而日本现代马学与日本的科技文化、商业文化、赛马主题诗歌及电影等有着密切的联系。所以，两种马学分别属于两种较特殊的生活方式和价值体系。需要注意的是，在这些体系之间并不是简单的替代、进步关系，而是存在着一定的相互补充、多样共存关系。

两种马学知识的生态情境也具有明显的差异性。蒙古传统马学具有较强的遵循自然的特点，它以当地草原的生态资源、生态条件为基础，注重遵循草原、动植物、家畜的自然属性。而日本现代马学具有较强的改造自然的特点，不仅改良了家畜品种、品质，而且对土壤、牧场、牧草、粮食等也进行了系统的改造。而且两者都与当地的生态情境之间已形成了某种整体性关系。对蒙古传统马学来讲，与本土家畜品种的多样性、牧草的多样性、实际用途的多样性之间形成了一个系统。这个系统虽然创造的经济利润较小，但是具有较强的可持续性、稳定性。而对日本现代马学来讲，与经过改良的土壤、牧场、牧草、粮食、家畜形成了一个新的系统。这个系统虽然创造的经济利润较大，但是它的成本较高，风险也大。

第二，畜牧兽医知识在情境维度上的地方性。

马学知识的认识情境可以推广到畜牧兽医知识领域。蒙古传统畜牧兽医学，自然观方面也以有机整体论、寒热、三根、七素、五元、阴阳、五行等理论为基础。在思维方法方面，也注重枚举归纳、类比推理等方法。例如，关于牛、羊、骆驼等家畜的很多相貌、驯服、饲养、繁殖等方面的知识，大量源于生产实践中的不断积累。另外，蒙古族很多传统畜牧兽医学语言，一方面具有明显的自然语言特色，与他们的日常生活有着密切的联系；另一方面也具有明显的有机整体性特点。例如，金、木、水、火、土等五行概念、土、水、火、气、空等五元概念都是对事物抽象属性的高度概括。而日本现代畜牧兽医学，以多种现代生物医学理论、现代自然科学理论为基础，具有较强的机械论、还原论特色。在思维方法方面，注重统计推理、演绎推理等方法。在语言词汇方面，较多使用身体组织、细胞、细胞器、基因、生物分子等现代生物医学术语，具有较强的机械还原论特点。例如，根据《昭和农业技术发展史（昭和農業技術発達史）（4卷）》中的记载：日本母猪的分娩率从1978年的85％增长到1993年的90％；分娩次数从1978年的2次增长到1993年的2.2次；每一头母猪的生产数量从1978年的16头以上增长到20头以上（1995）[86]。可见，这些现代畜牧技术，较注重数量化研究，较关注经济效益问题。但是对家畜的过度人工化经营，会影响它们的正常自然进化，因为生命体毕竟有自己的特殊性。

马学知识的实践情境可以进一步推广到畜牧兽医知识领域。蒙古传统畜牧兽医学的实践情境，从实践活动的角度来讲，在深入认识马、牛、骆驼、山羊、绵羊等家畜的过程中，游牧实践发挥着重要作用。从实践者的角度来讲，牧民群众对传统畜牧兽医学经验知识的积累方面做出了重要贡献；而一些兽医师、喇嘛医生对传统畜牧兽医学理论知识的发展和运用方面做出了重要贡献。从实践工具的角度来讲，蒙古族在经营五种家畜的过程中充分发挥了各种感觉器官的能力。虽然他们使用一些针刺、刀具等工具，但都具有很强的整体性医疗意义。而日本现代畜牧兽医学的实践情境，从实践活动的角度来讲，现代养牛学、养猪学、养鸡学都是长期实验室研究的结果，在这些领域日本大学或研究机构建立了很多专门的实验场所。从实践者的角度来讲，这些专业领域的学生、工作人员、研究者都受到了系统的现代畜牧兽医学以及相关自然科学的训练。从实践工具的角度来讲，X射线、核磁共振、超声波等仪器设备在现代畜牧兽医学中的应用已经非常普遍。例如，在《昭和农业技术发展史（昭和農業技術発達史）（4卷）》中记载：日本在和牛养殖业中选择种牛、母牛时，经常用立体摄像技术等来测量牛背部脂肪厚度、里脊肉面积等特征（1995）[142]。畜牧兽医知识的实践情境意味着，它们都是当地实践活动的有机组成部分。这些畜牧兽医知识，不仅是一种知识体系，而且也是一种实践体系。

　　马学知识的社会情境可以推广到畜牧兽医知识领域。古代蒙古族的政治体制、日常生活、畜牧经济、社会活动，向传统畜牧兽医知识提出了多种需要解决的问题。而传统畜牧知识反过来也进一步推进了蒙古游牧文化的繁荣发展。它们之间是一种相互影响、相互依存的关系。蒙古族注重马、牛、羊、骆驼等家畜的多元使用价值，用来满足自己的饮食、穿着、居住、交通等多方面的需求。而且在这过程中，传统畜牧兽医学对家畜自然生存能力、自然进化能力的影响较有限。而日本现代畜牧兽医学是现代政治经济、社会文化的有机组成部分。日本现代畜牧兽医学是日本畜牧业现代化的重要科技支撑。在近代时期，日本畜牧兽医学领域中马学几乎占据着核心地位。这与当时马的政治军事意义有着密切的联系。后来随着社会经济的发展，牛、羊、猪、鸡等经济动物的养殖逐渐成为现代畜牧兽医学研究的核心领域。根据《昭和农业技术发展史（昭和農業技術発達史）（4卷）》中的记载：日本从20世纪初期开始对和牛的改良进行管理，20世纪中期左右施行严格的登录制度，对和牛的血统、外形、繁殖等方面进行了严格的选拔（1995）[71]。这些养牛知识的发展，与养牛业的地位提升，与当时畜产经济的结构变迁有着直接联系。特别值得注意的，随着商业化、规模化经营，畜产业逐渐集中到少数大型畜产企业的手里。根据《昭和农业技术发展史（昭和農業技術発達史）（4卷）》中的记载：1962年日本养猪户数量超过了100万户，但是到了1992年养猪户数已不到3万户（1995）[82]。而且在这过程中养猪的数量持续增长，这意味着畜牧业更加集中于少数人的手里。这种畜产业的企业化、规模化经营，与现代畜牧兽医知识的发展有着重要的相互促进关系。因为现代畜牧兽医学逐步解决了规模化经营中所面临的营养、卫生、效益等多种问题。这种互动关系也意味着，知识不是简单、纯粹的智力活动，而是内涵丰富的社会活动。这些社会情境不仅给科学发展提供动力，而且为科学研究提出问题、提出要求等。正如兰登·温纳所言的"技术律令"，即技术的使用本身要求对社会环境进行一定的重建。就像普及和推广汽车，就必须建立相应的制造业、维修业、燃料业、道路系统等（2014）[86-87]。

马学知识的文化情境可以推广到畜牧兽医知识领域。如何看待家畜、如何饲养家畜是人类非常重要的社会文化，与他们的动物观、生命观、自然观等密切相关。传统蒙古族与所畜养的五种家畜之间建立了多种"文化"联系。例如，尊重它们的生命价值，感激它们，为它们过新年，追求一种人畜兴旺、和谐共生的价值。其实古代日本也有不少人与家畜共生的多种"文化"联系。但是当今逐渐凋零，被取而代之的是企业与家畜之间的生产关系。畜牧兽医知识的文化情境意味着，它们是当地文化体系的重要组成部分。正如格尔茨在《作为文化体系的宗教》中讨论象征符号时所言：对宗教进行人类学研究，首先要分析各种宗教象征符号所表现出来的意义系统。然后把这些意义系统与社会结构和心理结构联系起来（2008）。我们不管是讨论蒙古传统畜牧兽医知识，还是讨论日本现代畜牧兽医知识，都需要把它们与各自的文化背景联系起来，并进一步挖掘其背后的意义系统。只有这样才能够较全面地把握科学知识的文化意义。

马学知识的生态情境可以推广到畜牧兽医知识领域。在传统畜牧生产方式、传统畜牧兽医知识的作用下，家畜具备了很强的自然生存能力，培育出多种本地品种。可以说，"是否立足于当地自然环境""是否有利于生态环境的良性循环""是否有利于家畜品种的多样化发展"，"是否有利于家畜的自然进化"等，是判断一种畜牧兽医知识是否具有可持续性的重要标志。传统畜牧兽医知识在多个方面较好地满足上述要求，展现了良好的可持续属性。而现代一些畜牧兽医知识比较依赖人工环境，依赖粮食、饲料、药物、人工添加剂等，形成了一种新的人与自然的关系。人类依赖现代科技、现代工业，在一定程度上实现了把多种自然元素按照自己的需要重新组合的目的。但是还未充分认识、解决它所导致的高成本、高风险、高消耗等负面影响。例如，在现代畜牧生产中，给家畜大量投喂添加剂、生长素，容易导致布鲁氏菌、沙门氏菌以及其他病毒导致的多种疾病。特别是舍饲圈养的饲养模式，把大量家畜限制在有限空间之内，降低了家畜的体质、自然生存能力，也在一定程度上破坏了家畜与当地自然环境之间的多种联系（吉尔嘎拉，2008）[93]。特别是在现代化发展过程中，生物多样性的损失、气候变化、环境恶化等长期效应，还未引起人们的足够重视。这意味着人们在引入、应用新的科学技术以及新的生产方式时，需要有生态维度的考量，把短期、长期生态效应都考虑进去。正如科尔曼（Coleman D A）在《生态政治：建设一个绿色社会》中所言：要扭转自然的过度商品化过程，就需要建立一套新的群体意识。而且这一群体意识中需要包含进一定的生态内涵，把社会和谐建立足于当地的自然环境之上（2002）[107]。只有这种与生态环境相互适应、相互促进的发展，才是可持续、良性的发展。

第三，生物医学知识以及其他知识在情境维度上的地方性。

马学知识的认识情境也可以推广到一些生物医学知识以及其他知识领域。知识的认识情境意味着它是当地整个意识形态领域的有机组成部分。正如格尔茨在《地方性知识：从比较的观点看事实和法律》中所言：法律事实不是自然产生的，而是由社会构造的。证据的规定、法庭上的礼仪、法律报告传统、辩护的技巧、法官的辞令、法学院的教育都是这种社会构造的来源（2000）。生物医学知识的产生和发展，离不开当地特殊自然观的指导，离不开当地特殊思维方式的运用，离不开当地特殊语言词汇的使用。例如，现代西医在自然观方面具有明显的还原论、机械论特征，在思维方法方面强调一些统计推理、演绎推理等方法，在语言词汇方面组织、细胞等概念具有较强的精确性；而传统中医在自然观方面具有明显的整体论、有机论特征，在思维方法方面强调一些枚举推理、类比推理等方法，在语言词汇方面阴阳、五行等概念具有明显的包容性。知识的认识情境意味着，我们不仅需要尊重不同的知识，而且还需要尊重和保护这些知识赖以存在的特殊自然观、思维方法、语言词汇等认识情境。

马学知识的实践情境也可以进一步推广到一些生物医学知识以及其他知识领域。它们也是当地社会实践的有机组成部分，这些实践不仅塑造了知识，并为它赋予了某些特殊意义。正如吉尔兹（格尔茨）在《巴厘的人、时间和行为》中所说：人类思想在起源、功能、形式、应用等方面都具有一定的社会性。从根本上讲，思维就是一种公众活动，它存在于院子、市场、广场等（2008）。这里提到的"社会性""公众活动"，从某种程度上就是指知识的实践情境。不管是现代科学技术还是传统科学技术，都不仅仅等同于科研结果，而是包括提出问题、设定目标、制定计划、使用方法、使用工具、培训人员、贯彻计划、获取成果等多方面的内容。正如李正风教授所言：不管是科学目的、科学过程、科学结果的角度来讲，科学都具有很强的实践特征（2006）[41]。这些实践活动，不仅推动着科学技术的发展，而且对科学技术成果也具有一定的建构作用。目前的科学实践哲学也关注科学技术的实践情境，但是它比较重视科学知识的实验室情境，而对其他实践情境没有太多关注。其实，不管是现代科学知识还是传统科学知识，不管是现代科学知识内部还是传统科学知识内部，实践情境都存在一定的差异性。例如，现代生物学较多用实验分析的方法去研究动植物，而传统生物学更多用观察分类的方法去研究动植物。这与他们各自的实践背景有着密切的联系。知识的实践情境意味着我们需要从过程的角度、从行动的角度去理解知识。在知识的生产过程中，参与者、具体环境、使用工具、具体过程、利益关系等都在起着一定的作用。正如劳斯在《知识与权力》中所说：在实验室中不仅对事物进行分割、观察、分类、记录，而且还建构、分解事物。物质、粒子、细胞、有机体、过程、反映、突变都是实验的产物。在实验室内的很多事物都以一种"非自然"的形式存在，并且相互作用。所以实验室就是某些事物被迫出现的特殊场所（2004）[237]。很多现代科学知识就是来自这种特殊的实验室环境。而且这些知识技术的推广还需要依赖多种人工条件，即实验室的特殊情境，被复制、推广到社会生活领域。但是这种推广和放大，往往带有一定的隐患。我们讨论知识的这些实践情境，有利于较综合地把握知识的各种影响因素，也有利于较全面认识不同知识的优缺点。

　　马学知识的社会情境也可以推广到一些生物医学知识以及其他知识领域。政治、经济以及其他社会情境不仅是生物医学知识发展的动力，并在一定程度上加入了对生物医学知识的建构、塑造过程。正如帕金斯在《地缘政治与绿色革命》中所言：从政治角度考虑农业的核心问题在于：人类为什么改造生态，怎样改造生态，从而获取他们所需要的农产品，并且又创造出怎样的政治经济制度来管理这些农产品的生产、分配等各个环节（2001）[12]。可以说，生物医学知识并不仅仅是一种知识体系，而且它是人们生活方式的一个重要组成部分。知识不是抽象的存在，而是与当地的社会生活有着千丝万缕的联系。地方性知识概念的提出者格尔茨在研究巴厘岛斗鸡文化时，把斗鸡与当地人的社会等级、经济利益相联系起来，并解读出更深层的社会意义。正如他在《深层游戏：关于巴厘岛斗鸡的记述》中所言：使巴厘人的斗鸡变得具有深刻意义的并不是金钱本身，而是金钱所导致的社会结果。投入的钱越多越是与巴厘社会的地位等级关系相互联系起来（2008）。这说明在游戏中已经融入了当地民众一些特殊的历史、生活、生产、情感、文化等。与此类似，在科学知识的发展过程中，政治、经济等社会情境也发挥着重要作用。例如，权力并不仅仅是控制和支配，而是包括经营、管理、运转、维护、监督、再生产等多方面的内容；资本也不仅仅是剥削和压迫，而是包括经营、管理、运转、维护、监督、再生产等多方面的内容。正如西蒙·冈恩在《历史学与文化理论》中所言：在福柯看来，权力不仅仅是压迫性力量，而且也是某种技术、某种策略、某种治理术（2012）[102]。特别是在现代科学技术的发展过程中，经济利益、政治权利的作用占据着非常重要的地位。反过来讲，现代国家之所以能够发展成一种包括政治、经济、军事、文化等多个领域的庞然大物，现代企业之所以能够积累巨额财富，在这过程中科学技术都发挥着关键性作用。随着科学社会学、科学人类学、科学史等领域的研究，让我们认识了更多关于科学技术与政治、战争、帝国主义、经济、全球化等社会问题之间的密切联系。正如荷兰学者维贝·E·比杰克用"社会技术综合体"（sociotechnical ensembles）这一概念来描述技术与社会之间的密切联系（维贝·E·比杰克，2004）。即便是对科学的社会研究有所批评的艾伦·索卡尔也承认：科学的价值应该服从于严格的社会分析，包括科学研究重要性的确定、科学研究资源的分配、科学对公共政策的影响、科学为谁谋利等（2003）。知识的社会情境意味着，知识并不是抽象的存在物，而是当地社会生活的有机组成部分。它与当地的政治、经济等有着密切的联系。社会情境进一步揭示了知识相关的特殊社会动力、关联、利益等。

马学知识的文化情境还可以推广到一些生物医学知识以及其他知识领域。如果说社会情境更多关注的是一种结构、功能方面的内容，那么文化情境更多关注的是意义、价值方面的内容。正如格尔茨所言：人们用文化来解释他们的经验，指导他们的意义；而社会结构是实际存在的社会网络。所以文化和社会结构是对同一对象的不同抽象（穆尔，2009）。所以，要想深入把握知识的社会文化特性，仅仅认识经济、政治等社会结构方面的特点还不够，需要进一步认识价值、意义等方面的特征。地方性知识概念的提出者——格尔茨，特别注重挖掘文化的价值、意义等内容。就像他在《深描说：迈向文化的解释理论》中所说："文化就是这样一些由人自己编织的意义之网，因此，对文化的分析不是一种寻求规律的实验科学，而是一种探求意义的解释科学。"（2008）所以要想较深入认识某一特殊知识，首先需要把它与相关文化情境联系起来，把它视为当地整个文化的有机组成部分。然后，用当地文化的视角去解读它的特殊意义。当今"价值中性论"、"普遍真理论"等观念，在一定程度上忽略或隐藏了科学技术的文化属性。即使现代科学技术，也是一种特殊文化。正如罗伯特·汉把现代生物医学视为和其他民族医学相同的一种"文化体系"（2010）[159]。而且不同文化体系中，科学知识的内容、形式、意义都有一定的差异性。例如，在一些现代文化中，自然往往被视为一些等待开发的资源库，现代科学技术就是开发这些资源的利器。正如劳斯在《知识与权力》中所言：在实验室内进行的各种测量、隔离、分解、提纯、重组、混合等研究实践，为把自然界理解为某种资源库的认识和活动提供了重要基础（2004）[256]。而在一些传统文化中，自然往往被视为人类赖以依存的基础，传统科学技术就是人与自然和谐共存的媒介。可以说，科学技术也是一种特殊的文化。它和人文社会科学、艺术一样，都具有特殊的文化属性。正如大卫·古丁在《改变认知范围：实验、视觉化与计算》中所言：现代主义者往往把科学与艺术对立起来，认为前者属于事实的范畴，后者属于表达或阐释的范畴。其实，它们的差异并不是完全对立或者完全不同（2015）。知识的文化情境意味着，科学技术都与当地的社会文化有一定的联系，而且只有通过一定的阐释性研究才能够更好地理解它的价值和意义。

马学知识的生态情境还可以推广到一些生物医学知识以及其他知识领域。它们也与当地的自然环境、动植物资源以及人类活动有着复杂而密切的联系。特别是人们对科学知识的普遍主义理解，在很大程度上忽略了它们与具体生态环境之间的密切联系。自然环境并不是外在于文化或者知识体系，而是其中的有机组成部分，它影响、塑造了一些知识的具体内容、形式等。在一些传统知识中，自然、动植物都是充满生机的有机体，当地民众与自然环境、动植物之间也形成了某种互惠性、共生性关系。而在一些现代知识中自然、动植物则变成了某种等待开发的资源，人与自然、动植物之间具有较强的工具性、功利性关系。例如，在1989年梁家勉在《中国农业科学技术史稿》中指出：现代农业日益依赖石油，而且导致了物种资源的减少。与此相反，传统农业不仅具有明显的生态特性、有机特性，而且保存和发展了多种生物资源。所以，传统农业遗产具有重要的传承价值（1989）[590]。在一定程度上可以说，各种知识是连接当地自然与人的重要"脐带"，而且不同地区、不同文化中存在着各自的"脐带"。正如凡登伯格在《生活在技术迷宫中》这一著作中所言：传统农业是一种与自然相互协作的模式，它通过与当地地理、水土、气候条件长期进化形成了一系列优良品种。而现代农业基本上是逆自然的，它通过一系列实验手段找到某些品种，然后与化肥、农药、灌溉等人工条件相互组合在一起（2015）[267]。这里需要注意的是，连接人类与自然"脐带"的多样性、牢固性问题。例如，一些科学技术较容易忽略自然资源的多重价值，表现出较强的单一性；一些科学技术较容易低估人对自然的依赖关系，表现出较强的脆弱性等。正如印度学者席瓦所言：这些简化论生物学家有个特征，就是对结构和功能的不彻底把握，而断然认为有些生物或功能是无用的。例如，树木被称为杂木，森林则看作树丛，还未被人们理解的 DNA 被视为垃圾 DNA 等（2009b）[24]。其实，在一定程度上可以说"大自然最了解它自己"。特别是很多现代工业生产、农业生产不考虑生态成本，把环境当作他们的资源库、垃圾场，导致了一系列环境污染和社会不平等。所以，不管是科学技术发展到什么程度，我们需要时刻铭记人类无法摆脱对生态系统的依赖，同时需要始终反省人类当今建构的这个现代文化体系的脆弱性及风险性。知识的生态情境意味着，生态环境是各种知识产生和发展的重要影响要素。所以在认识知识的过程中，需要加入一定的生态考量，看看它是否适合当地特殊的生态环境、是否思考了环境成本、是否尊重生命体的自然属性、是否有利于生态的良性循环等问题。正如保罗·埃利希和约翰·侯德伦在 1971 年提出的环境影响公式：$I = PAT$。其中"I"是环境影响，"P"是人口，"A"是单位人口的财富，"T"是所使用的技术（施奈德，2008）[8-9]。当然这一公式较为粗糙，没有反映出较少数人对自然财富的掠夺式开发，但是从人类整体角度来讲，这一公式展现了我们对环境带来的压力和破坏。

总之，不同的知识，都有其各自较特殊的认识、实践、社会、文化、生态等情境，而且它们之间形成了某种共同体。这种共同体如同席文教授所用的"文化簇"概念，需要从观念、经济、政治、社会、文化、宗教等多个维度研究某一具体的科学技术知识，才能较全面认识它（2011）[71]。在一定意义上，这些情境性是知识的有机组成部分，为它赋予了特殊的内涵。这些情境也是较全面和深入把握知识的重要基础。如果脱离了这些情境，那么对知识的了解是有缺陷的。正如白馥兰在《技术与性别：晚期帝制中国的权力经纬》中所言：李约瑟在中国科学技术史研究方面虽然贡献巨大，但是基本以现代科学技术体系为模型，来分门别类地研究中国古代科学技术，在一定程度上把科学技术与中国特殊的社会文化语境分离开来（2006）[8]。各种情境在塑造知识的同时，知识也在塑造着它的各种情境。知识有其特殊的情境，经过长期的互动影响，形成了某种整体。要想深入认识两者中的任何一方，都离不开另一方。正如吉尔兹（格尔茨）在《地方性知识：从比较的观点看事实和法律》中所说：将社会事件放在特定的文化背景考虑，对法律分析来讲具有至关重要的意义，对政治、经济、美学、历史、社会问题的分析来讲也具有同样至关重要的意义（2000）。而且知识与其情境之间的关系并不是死板的千篇一律，而是有着各自的特殊性。例如，对某一知识来讲，可能政治活动发挥了重要作用；而对另一知识来讲，可能经济活动发挥了重要作用。这些情境性的特殊性是知识地方性及多样性的一个重要根源。

第四章 发展的合力

> 当现代性的蔓延或扩张在全世界大部分地区发生之
> 时,并不只是产生了一种文明,一种意识形态和制度反应模
> 式,而是至少产生了几个基本的变种一以及对它的持续折射。
>
> ——艾森斯塔特《反思现代性》

艾森斯塔特对多元现代化的研究,对认识知识在发展方面的
地方性,具有重要启发意义。在知识传播交流日益迅速的今天,
在不少方面确实存在一体化现象,但同时也需要看到不断产生的
新多样性。可以说,知识是一种动态、开放、发展的体系。

两种马学知识,不仅有各自的传承延续,也有外来的交流吸
收,它们都是一种开放系统。同时两者既有现代化发展,也存在
本土化改造,都是一种发展系统。另外,它们背后也有着不同权
利之间的博弈。

一、传承与交流

(一)蒙古传统马学的开放性

第一,传承延续。

蒙古传统马学经过漫长的发展,已形成较成熟的理论体系,

有自己独特的经验知识与理论知识。其中，经验知识主要源于广大蒙古族长期游牧实践的积累，包括牧马、相马、训马、医马等丰富内容。而理论知识主要源于蒙古族、藏族、汉族以及国外的传统生命医学理论，并逐渐融会贯通形成了一套以三根、七素为主体，以寒热、阴阳、五行、五元理论为重要指导思想，以脏腑、脉络理论为重要基础的理论体系。

蒙古传统马学也已形成自身较稳定的传承途径。一方面，在蒙古族民间的家庭劳动、邻里互助劳动、赛马比赛、那达慕大会等社会实践中，蒙古传统马学得以继续传承。但是当今这些社会途径呈现出一定的弱化趋势，因为家庭劳动的不断机械化、现代化，新娱乐活动的不断涌现等，使原来的社会生活发生了较大改变。另一方面，以往进行医学理论教育的寺庙、官府等，已经被较系统的学校教育所代替。在今天的畜牧兽医专业教育、研究中，都加入了一定的传统畜牧兽医学内容。但是这些领域基本处于教育、研究的边缘性地位。

第二，交流吸收。

蒙古传统马学在发展过程中受到多种其他知识体系的重要影响。例如，随着佛教在蒙古地区的广泛传播，藏医学、印度医学对蒙古传统医学产生了深刻影响。当时的蒙古地区，很多寺庙都设有专门的医学教育机构——"满巴札仓"。这些寺庙机构、僧侣群体，对蒙古地区引进和传播藏医学、印度医学知识发挥了重要作用。又例如，在清朝大一统政治背景下，蒙古族不管是在官方还是民间，较多受到汉族兽医学的重要影响。可见，蒙古传统马学是一个多种知识相互交流吸收的产物。

发展到现在，蒙古传统马学越来越受到现代生物医学的重要影响。其中的很多内容已成了蒙古传统马学的重要组成部分。例如，现代畜牧兽医学中的解剖学、生理学、病理学、繁殖学、营养学等知识大量融入蒙古传统马学中，成为它的一个重要组成部分。具体在生理学方面，蒙古传统马学已熟悉马的消化系统、呼吸系统、血液循环系统、神经系统等重要生理系统及其相关功能（芒来等，2002)[102-108]。可以说，在当今这个快速现代化的时代，几乎不存在纯粹的传统知识。而且这种现代化基本上是利弊参半。一方面，现代科学技术在多个方面补充、发展了传统知识；另一方面，现代科学技术也在一定程度上剥夺了传统知识的生存空间与发展机会。

蒙古传统马学中的不同知识，往往以复合体、综合体的方式和谐共存，并在实践中发挥着各自的作用。例如，在牧草方面，蒙古传统马学除了辨别马采食的多种植物种类之外，也开始用现代营养学知识分析其中的营养成分，在一定程度上实现了传统知识和现代知识的融合：夏季生长期的碱草每 0.27 kg，含可吸收蛋白质 39 g；长穗期的碱草每 0.24 kg，含可吸收蛋白质 29 g；开花期的碱草每 0.23 kg，含可吸收蛋白质 29 g；种子成熟期的碱草每 0.28 kg，含可吸收蛋白质 39 g 等（芒来等，2002)[241]。

（二）日本现代马学的开放性

第一，传承延续。

日本从近代开始系统引入了西方现代马学、现代畜牧兽医学知识。例如，1887 年出版的一套兽医丛书《家畜医范》（十六卷），包括解剖学三卷、生理学三卷、内科学三卷、外科学两卷、产科学两卷、药物学三卷，是由日本从西方引进的学者和他们在日本培养的学生共同编写的经典教材，是西方现代畜牧兽医学在日本生根发芽的一个重要标志。

现代马学、现代畜牧兽医学知识，已成为日本新式农业学校相关专业的核心性教学内容。这些内容也成为当今日本相关科研机构的主要研究内容。例如，1959 年日本专门成立了赛马综合研究所（日本中央競馬会競走馬総合研究所），下设运动科学、生命科学、临床医学、微生物、分子生物、设备等 6 个研究室，系统研究赛马相关的各种科研问题。它是日本规模最大、研究水平最高的赛马研究机构，对日本现代马学以及日本赛马经济进入世界先进行列，发挥了重要作用。（日本中央競馬会競走馬総合研究所，2009a）[137]。

第二，交流吸收。

日本现代马学从近代开始受到多个国家现代马学的影响。日本从十八世纪左右开始接触西方兽医学知识。日本在 1725 年从荷兰输入洋马，并聘请荷兰兽医到日本讲授马兽医（白井恒三郎，1979）[179]。这是西方近代兽医学传入日本的开端。在之后的发展中，日本根据自身需要，先后从英国、法国、德国、美国等多个国家学习和引进了现代马学、现代畜牧兽医学知识。发展到现在，日本现代马学内部，也有不同的理论观点、不同的研究路径。它除了机械性、还原性知识之外，还有不少统计性、博物性知识等。例如，1964 年樱井信雄等人研究了马一日内尿的次数、每次尿的重量、每次尿的性质变化等方面的问题（桜井信雄 など，1964）；1965 年龟谷勉等人研究了马皮肤温度与环境气候之间关系的研究，发现马皮肤温度与环境温度有着密切的联系，尤其是四肢以下关系最为明显（亀谷勉 など，1965）；1971 年龟谷勉等人专门从形态学的角度研究了马的附蝉特征，他们对 139 匹马的附蝉进行拍照，然后根据它们的形态进行详细的分类（亀谷勉 など，1971）；1972 年樱井信雄等人专门研究了马眨眼动作的规律性，总结了注射肾上腺素或者疼痛刺激下马的眨眼动作（桜井信雄 など，1972）；1990 年松井宽二等人详细观察了马在放牧、舍饲过程中的采食速度、采食时间等行为特征（Kanji MATSUI et al.，1992）。

可见，日本现代马学中的"现代性"也不是"铁板一块"，而是存在一定的多样性。正如恩斯特·迈尔在《生物学思想发展的历史》中所言：生物学中的很多概括都是概率性的，生物学的很多规律都具有例外（2010）[26]。

日本现代马学也受到一定传统马学的影响。古代时期，主要受到东亚地区的影响。例如，日本的"古坟时代"，比起之前的"弥生时代"，马、马具、铁器都明显增多了（農文協，1983a）[131]。一些历史学家认为这是受到了当时东亚地区一些游牧文化的影响。后来，古代日本畜牧兽医学受到了中兽医学、朝鲜兽医学的重要影响，并形成了"太子流""仲国流"等不同的兽医学派（篠永紫門，1972）[2-3]。在日本亨德和康正时期（1452年—1456年）还引入了不少蒙古马等。

日本现代马学中的不同知识，也能够和谐共存，取长补短。例如，马的外貌方面，日本现代马学特别注重马体的各种测量，同时也关注一些特殊部位的形态特征。他们把马头分为直头、羊头、楔头、兔头、鲛头等类型；把马颈分为瘦颈、直颈、斜颈、肥颈、鹿颈、鹄颈等类型（野村晋一，1998）[160-166]。可见，日本现代马学也是多种传统知识、现代知识的一种融合体、复合体。

二、现代化与本土化

两种马学的发展，不是一个单一现代化、趋同化过程，而是在不断产生着新的多样性。它们在现代化发展的同时，也有一定的本土化发展倾向。这种本土化发展是保存文化知识多样性，形成新多样性的重要途径。正如吉尔兹（格尔茨）在《地方性知识：从比较的观点看事实与法律》中所言：不管是较特殊的法律体系，还是较普遍的法律体系，未来不可能相互之间变成完全统一，而是会出现更加多样化的发展（2000）。

（一）蒙古传统马学的发展性

第一，本土化。

蒙古传统马学虽然受到藏医学、中兽医学、乃至现代畜牧兽医学的影响，但是没有完全变成藏兽医、中兽医、甚至现代畜牧兽医学，而是形成了一定的自身特色。例如，蒙古传统训马知识虽然受到藏医学、中兽医学的理论解释，以及现代畜牧兽医学的理论解释的影响，但是传统马学中的拴吊、吊汗、奔跑训练等具有悠久历史的核心内容依然保留至今。还有畜养方面，虽然在牧草的营养价值方面受到现代植物学的影响，但是传统马学中的游牧、上膘以及很多本土植物学知识依然保留至今。例如，在春夏之际，马主要采食冷蒿等植物，夏季主要采食碱草、冰草等植物，秋季主要采食碱草、冰草、丛生隐子草、蒙古葱、山葱等植物（东希格，2010）[18-19]。这说明很多传统知识并未过时，需要我们进一步提炼其精华部分，积极传承和推广。

蒙古传统马学也不是一个发展完成，停滞不前的体系，而是还在按照自己的逻辑不断改进和完善。例如，蒙古传统兽医学中的五元学说和五行学说，两者之间的关系至今还未得到完全解决。其中，五元学说源于印度医学、甚至古希腊医学，五行学说源于中医理论。蒙古传统兽医学，在实践中往往根据需要选择五元学说或五行学说。具体来讲，主要用五元理论来说明三根、脏腑、脉络、五官、自然界的属性及其相互之间的关系。在三根方面，五元学说认为赫依属于气元，希拉属于火元，巴达干属于水和土元、赫依、希拉、巴达干属于空元等（巴音木仁，1996）[36]；在五脏方面，五元学说认为心属于空元，肺属于气元，肝属于火元，脾属于土元，肾属于水元等（巴音木仁，1996）[37]；在自然环境方

面，炎热天气、夏季、闷热环境、热和锐性食物都与火元密切相
关，而寒冷天气、冬季、阴凉环境、凉和钝性食物都与水元密切
相关（巴音木仁，1996）[38]。而主要用五行理论来说明五脏、六腑、
五官、五脉、五季、五气、五色、五味之间的辩证关系。在五脏
方面，肝属于木，心属于火，脾属于土，肺属于金，肾属于水；
在六腑方面，胆属于木，小肠属于火，胃属于火，大肠属于金，
膀胱属于水；在五官方面，目属于木，舌属于火，口属于土，鼻
属于金，耳属于水；在五季方面，春属于木，夏属于火，长夏属
于土，秋属于金，冬属于水等（巴音木仁，1996）[45]。蒙古传统马
学，除了理论知识的推进之外，经验知识也在不断积累。例如，
当今的驯马师们也在不断总结他们的养马经验，不断丰富着蒙古
相马知识、驯马知识等。他们不仅总结一些著名骏马的特征，甚
至还会简要画下这些马。

表 4.1　蒙古族画家兼训马师那顺瓦其尔（ᠨᠠᠰᠤᠨᠪᠠᠶᠠᠷ）总结的一些骏马相貌特征

骏马名称	骏马相貌特征
硕大枣骝马（ᠶᠡᠬᠡ ᠬᠡᠭᠡᠷ）	眼眶大，眼睑阔；臀部短；前肩粗；胸部大而向前突出；牙齿好，嘴阔
锥形栗色马（ᠱᠣᠪᠣᠭᠤᠷ ᠵᠢᠷᠤᠭᠠᠨ）	眉大，眼睛鼓起，眼神平静，颜色棕红色；腰驼；腹从胸部到阴部直顺；颈部和胸部连接处宽；嘴角大
黄铜枣骝马（ᠭᠠᠤᠯᠢ ᠬᠡᠭᠡᠷ）	颈部细长；腰短；尾根粗；下唇稍长，上下唇像镊子一样紧贴
健壮枣骝马（ᠪᠠᠲᠤ ᠬᠡᠭᠡᠷ）	顶、鬐甲、腰接平整；膁细；筋空隙稍大；头大；项粗；四肢直顺；大腿直顺，像公狍

资料来源：摘自塔瓦的《马经汇编》（蒙古文，2005 年），31—32 页。

这说明蒙古传统马学、蒙古传统畜牧兽医学都是处于发展中的理论，有着自己特殊的问题、方法、路径。

第二，现代化。

蒙古传统马学并不排斥现代化，它已经吸收了很多现代马学、现代生物医学知识。这些内容也成为蒙古传统马学的重要组成部分。例如，现代畜牧兽医学中的解剖、生理、病理、繁殖、营养等方面的知识，大量融入蒙古传统马学之中，已成为它的重要组成部分。具体来讲，在解剖学方面，蒙古传统马学已熟悉马的205块骨骼结构，也熟悉了马的平滑肌、心肌、骨骼肌等不同肌肉组织（芒来等，2002）[100-106]。

在蒙古传统马学中，传统知识和现代知识也不是以"两张皮"的方式存在。一方面，现代解剖知识、生理知识等为传统马学提供了一系列微观、生理机制方面的重要解释。例如，通过现代马学知识可以进一步认识蒙古传统吊马法相关的排汗机制、肌肉变化机制、呼吸变化机制等。另一方面，传统马学知识为现代马学提供了很多研究题材，特别是提供了新的补充性、对比性知识。这里值得注意的是，传统知识不仅仅是为现代研究提供"原材料"，而且是一些不同的知识类型。例如，蒙古传统吊马法中的吊汗、拴吊、奔跑训练等方法，明显有别于现代实验室内开展的赛马训练研究。

蒙古传统马学的现代化，并不意味着传统马学完全变成了现代马学，而是传统马学在保持自身特殊性基础上的一些新发展。

（二）日本现代马学的发展性

第一，现代化。

日本马学从18世纪中叶开始接触西方现代马学，到19世纪末期左右现代马学基本超越传统马学，占据了核心地位。从20世纪初期开始，日本现代马学已进入自主研究阶段。例如，松叶重雄等人关于马运动生理的研究，冈部利雄等人关于马呼吸机能的研究，野村晋一等人关于马体遥测系统的研究，泽崎坦等人关于马心脏机制的研究，中村良一等人关于家畜心电图、超声波的研究，都达到了当时的世界领先水平（铃木善祐，1985）。这意味着，日本现代马学经过了一个接触、吸收、自主研发等发展过程。

日本现代马学不仅系统学习西方现代马学，而且围绕日本养马业面临的一系列重大问题、紧迫问题开展研究，走上了具有一定自身特色的现代化发展道路。例如，1959 年日本赛马综合研究所（日本中央競馬会競走馬総合研究所）成立以来，运动科学研究室重点研究了马的呼吸技能、野外运动负荷、跑步机运动负荷、生物电子学、营养、群体遗传学、行为学等问题；临床医学研究室重点研究了运动疾病病理学、呼吸循环疾病病理学、消化疾病病理学、寄生虫疾病病理学、内科学、外科学、装蹄等问题；生命科学研究室重点研究了马的 DNA、基因、胚胎、情感等问题（日本中央競馬会競走馬総合研究所，2009a）[50-93]。这些现代马学研究，不仅是马学领域前沿问题，也是着眼于服务日本现代马业的发展，具有较强的特殊性。这些在一定意义上，使日本现代马学成为一种新的现代马学。正如艾森斯塔特在《反思现代性》中所言：现代性虽然在全球范围内蔓延，但是现代化有多种方式，即使是在美洲地区北美、加拿大、拉丁美洲的现代化也存在很大的差异性（2006）[7]。现代文化不断融入各个国家或地区的特殊历史进程、文化传统，从而在一定程度上形成了多样的现代性。

第二，本土化。

日本现代马学虽然继承了西方现代马学，但在发展过程中逐渐形成了自身特色，在一定意义上成为一种新的现代马学。例如，其研究和解决的问题都是日本当时面临的重要马学课题。二战之前，日本现代马学主要为农业、军事服务，二战之后主要为现代赛马服务。它主要解决了日本本土品种改良、当地疫情防治、当地畜牧资源利用等多方面的问题。

日本现代马学还出现了一些回归传统知识的现象。例如，现代日本养马者开始重视用无化肥、无污染的牧草来饲养赛马。日本日高地区的养马者冈本胜美，20世纪末期开始专门经营赛马，并且注意使用无化肥的牧草。因为附近的一些饲养户，使用了施化肥的牧草，出现了畸形、肌肉缺血等症状（農文協，1983a）[628-629]。冈本胜美以野草当饲料的同时，还减少粮食、人工饲料的投喂量。这样不仅提高了受胎率，而且也能够避免血液变浓以及其他一些疾病（農文協，1983a）[629]。另外，日本现代马学还十分注重吸收蒙古、汉、藏等多个民族或地区的传统畜牧兽医学知识。例如，在家畜治疗方面关注针灸疗法等技术，试图尽量减少药物治疗所带来的副作用。可见，现代化与本土化，不是相互矛盾与排斥，而是存在多个交叉与融合。

日本现代马学也注意用现代科学方法去研究一些传统畜牧兽医学知识。例如，温泉疗法是一种非常古老的疗法，现在受到日本现代马学研究者的重新关注和应用。目前温泉疗法主要用于马循环系统、呼吸系统等方面疾病的疗效。例如，在1965年樱井信雄等人详细研究了短期温泉治疗对马体体温、呼吸、脉搏、血压、血液成分等的影响（桜井信雄，1965）。后来日本赛马研究所建立了常磐支部，专门从事温泉治疗与相关研究，使温泉疗法成为一项重要治疗措施和研究领域。例如，从1973年5月到1977年12月期间，在常磐支部共有796匹马接受温泉疗法的治疗。其中，肌肉炎、肌肉硬化、屈腱炎、系韧带炎、球节炎等疾病占较大多数（山岡貞雄 など，1979）。这说明传统知识还可以结合现代科学技术，成为新的研究课题。

日本现代马学开始重视、研究一些传统知识，也提醒着我们不应该人为推进知识的单一化发展，反而应该创造一定的多样化发展空间，促进知识体系的良性运转。

三、不同权利之间的博弈

马学知识不仅仅是一种特殊的畜牧兽医学知识，它关联到"谁生产知识""谁使用知识""怎样生产与使用""哪里生产与使用""有什么短期利益与长远利益"等多方面的问题。这意味着，马学知识的发展变革将影响不同群体的多种权利。而且在它的发展过程中，需要警惕权力、资本的过度垄断、控制问题。它的发展变化应该更多取决于民众的根本利益、长远利益。

（一）蒙古传统马学的权利性

蒙古传统马学是传统游牧社会的重要组成部分。它在一定程度上影响着传统社会文化的传承和发展。首先，蒙古传统马学是传统游牧生产的重要组成部分。马在蒙古传统畜牧经济中发挥着重要作用，是五种家畜组合畜养体系正常运转的重要基础。同时，马以及马奶、鬃毛等副产品也是他们满足多种生活需求的重要资源。当然，马对蒙古族生产活动具有重要作用，并不是说蒙古族永远骑马，永远喝马奶，而更重要的是在社会生活中人们具有能够自我生产、自我满足的能力。在现代社会中，面对规模化、企业化生产，很多落后地区失去了自我生产、自我满足的能力。其次，蒙古传统马学是传统游牧文化的重要组成部分。学习和使用传统马学，在传统蒙古族的生命历程、家庭生活、集体活动中都占据着重要地位。养马活动，与传统蒙古家庭中父子之间的生产技能传承、邻里之间的互助劳动、那达慕大会、赛马活动等都有着密切的联系。除此之外，马还与蒙古族的宗教信仰、历史文化、思想观念等有着密切的联系。但这并不意味着传统文化需要永远保持原样，而是在保护好文化精华的同时注重推陈创新。再次，蒙古传统马学是传统生态文化的重要组成部分。蒙古马与草原生态环境形成了一定的良性循环关系。例如，马的奔跑有助于植物种子的散落，马的粪便可以成为养分等。但是随着蒙古地区的机械化普及，不仅原有的生态关系被打破，而且还更多依赖石油、机械、电力等。正如席瓦在《绿色革命及其暴力》中所指出：从20世纪80年代开始，亚洲很多国家面临两大危机。其一，是森林、水源、土地、物种等自然资源破坏的生态危机。其二，是文化多样性遭到破坏的民族文化危机（ヴァンダナ・シヴァ，1997）[1]。其实，在这种文化危机与生态危机之间有着密切联系。因为同一个系统中，某一部分的损坏，会影响其他部分的正常运转。即使在当今，马在草原地区经济生产、畜产品深加工、特色旅游等多个领域依然具有重要价值。另外，我们在关注人的权利的同时，也应该考虑马的权力。马作为一种经过亿万年进化的生物，本身具有生存、进化的权力，更何况还对人类历史发挥了非常重要的作用。但是在现代化进程中，这些和人类共同进化的家畜，正在面临着严峻的生存危机。希拉里・弗伦奇在其著作《消失的边界：全球化时代如何保护我们的地球》中谈道：在近一百年的时间里，农业动植物资源的多样性受到了前所未有的破坏，农民逐渐使用更单一化的农作物，根据联合国粮农组织的统计，在这段时间里将近百分之七十五的农作物失去了基因多样性（2002）[79]。可见，知识的变革不仅涉及人类的权力，还涉及动植物等其他生命体的权力。

在考虑蒙古传统马学的发展问题时，需要关注权利、资本的垄断、控制问题。首先，需要关注权力的垄断、控制问题。例如，在以往的封建统治、军阀统治、帝国主义统治下，蒙古地区的马资源往往成为被掠夺的对象。可以说，失去了主体性、主动性，民众就无法掌控赖以生存的自然资源，也无法发展和革新传统知识。即使到了现在，建立现代国家，但如果用强制手段推进较单一的现代知识，也会打破传统知识特有的生产、运用、传承方式。其次，需要关注资本的垄断、控制问题。当今随着市场经济的发展，马业发展以商业化开发为主要动力，以企业化经营为主要模式。这些畜产企业虽然在生产规模、马产品的深加工等方面获得了长足发展，但主要以获取更多经济利润为目的，在一定程度上忽略了马的社会、文化、生态等多种价值。正如席瓦所言：从现代企业和现代科学角度提出的"改良"，对第三世界贫穷阶层来讲可能是一种损失。因为与经济利益和人为控制密切联系的单一化生产威胁着当地的生物多样性（ヴァンダナ・シヴァ，1997)[72-105]。再次，需要关注权力和资本在全球范围内形成垄断和控制。在全球化、现代化浪潮中，落后国家、地区具有明显的脆弱性，没有多少参与、干预全球化的能力。正如席娃（席瓦）在《生物剽窃》中所言：全球化、同质化不仅仅是某一国家的主张，而是重新分配、控制资源的全球性强大势力。所谓自由市场、自由贸易是全球化的重要象征，但它不是保护落后地区人民和国家的机制，而是通过各种协商与条约，名正言顺地实行多种控制和剥削（2009b)[125]。这意味着我们需要建立一定全球层面的协调机制，其中特别需要关注欠发达国家和地区的权利，保护和推进社会文化的多样性发展。

民众的主体性、主动性问题是解决很多权利问题的核心环节。只有民众能够充分认识和实践这一主体性、主动性，才能真正把握自己的命运和未来。如果一味地被动发展，不仅始终处于被动地位、劣势地位，而且将丢失自己的生活方式、文化传统，还可能导致生态环境的恶化。草原地区近年来的多种生态灾难，与民众的权力意识淡薄，主动发展能力有限等有着密切联系。正如席瓦在《大地，非石油：气候危机时代下的环境正义》中所强调：可持续利用土地、水、动植物等自然资源，需要充分调动当地民众的积极性和主体性。生态安全、生机安全与粮食充足是可持续、公平农业政策不可缺少的三大要素（2009）[24]。特别是面对经济实力雄厚的开发商，民众较难抵挡一些眼前的利益诱惑，容易受到资本的控制。特别是权力和资本强强联手的时候，民众更处于被动地位了。当然，这并不是要当地民众完全拒绝现代科学技术或现代文化，而是强调在他们主动的、有所选择的、有所改造的引入现代科学技术和现代文化。只有这样，民众才是真正的受益者，才符合他们的长远利益、根本利益，而且现代科学技术也真正能够融入当地文化当中，成为其中的一个组成部分。这意味着我们也需要注意培育民众的权力意识、发展能力等。

（二）日本现代马学的权利性

日本现代马学的发展，不仅影响了畜牧兽医学领域，也对日本生产生活、社会文化、生态环境等都产生了一定的影响。首先，日本现代马学与当地的生产生活有着密切的联系。在近代以前，日本民众基本依靠牛、马等家畜经营着小农经济，过着自给自足的生活。根据日本最早的农书《清良记》（1628年）中的记载，当时的农民用牛或者马耕地，还利用家畜的粪便给农田施肥，而且主要用当地的各种草料喂养牛、马，只有冬季添加一些豆秧等农作物秸秆，从而形成了一个良性循环的生态经济体系（農文協，1983a）[141]。但是近代时期，随着日本农业的现代化，军事的发展，养马模式逐渐从个体经营转变为企业化经营，日本传统马学也被现代马学所代替。正如劳斯在《知识与权力》中所言：科学技术对日常生活、社会实践的最重要影响就是把新材料、新技术、新设备从实验室推向生活世界 (2004)[241]。其次，日本现代马业的发展，也带来了新的马文化。现代马学、现代赛马制度、现代赛马品种等都是现代马文化的重要组成部分。例如，现代赛马基本上被纯血马所统治。根据规定，这些纯血马需要追溯血缘关系连续 8 代都被登录在册，国际血统书委员会才认可是纯血马。日本为了融入这一社会文化体系，从 1925 年开始实行纯血马登录制度，1926 年出版了纯血马登录第一册。到 2001 年登录在册的种马 358 匹，母马 11878 匹（冲博宪，2003）。可以说，落后国家和地区只有接受这些现代马学、现代赛马制度，才能受到西方社会的认可。这其实就是一种发达国家对落后国家或落后地区的一种权力关系。再次，日本现代马学与一系列经过改造的生态环境有密切的联系。日本现代马学不仅大量改良了本土马种，而且对当地的土壤、肥料、牧场、牧草、农作物等都进行了较全面的改良。其实，人类对动植物品种、生态环境改造的各种长远效应、潜在效应，并非全部掌控。正如兰登·温纳所言：人类有时候并不十分了解他自己创造的事物；人类所有创造物并不是在牢固控制之下；人类的创造物都并不是价值中立的 (2014)[21]。而且人类制造的这些负面效应积累到一定程度之后，可能产生连锁效应，可能变成真正不可恢复的损失。另外，很多被认为经济价值较低的动植物资源，可能有着特殊的文化价值、生态价值以及未知的潜在价值等。可见，现代马学在考虑人的权力的同时，也需要考虑到其他生命体的生存、发展权力，不能仅仅以人类需要作为唯一的维度。

日本现代马学的发展过程中，也存在权力、资本的垄断、控制等问题。首先，在日本现代马学的早期发展过程中，政府权力发挥了主导作用。明治时期日本政府为了推进农业现代化、军事发展，设立农商务省、马政局、国营种马牧场、种马配种站等各种专门机构，创办了一系列新式农业院校，还制定了为期 60 年的长远发展计划。二战之后的日本赛马经济也是在政府控制下运转，是政府社会福利体系的一个组成部分。由此可见，在日本现代马业的发展过程中政府发挥了重要作用，现代马学是政府实现一系列政治目的的重要工具。没有政府的大力支持和投入，现代马学很难做到如此规模化、体系化推进。政府主导的这种发展模式，一方面，确实推进了现代马学的普及和研究。但是另一方面，也导致日本本土马种的迅速消失，自然环境的大面积人工改造等问题。例如，17 世纪左右，日本已经有了很多较出名的产马地区，形成了有特色的当地品种。例如，日本东北部的关东、东山、北陆、奥羽等地区，还包括西部的纪伊、出云、萨摩、大隅、日向等都是当时日本较有名的产马地区（農文協，1983a)[151]。但是随着日本养马业的现代化推进，马的品种日益单一化，很多本土品种迅速衰落。而且现代赛马提供的是一种博弈性游戏，需要马在短距离内展现出高强度运动状态，这类似于人类的短跑竞技。如果把一种动物全部打造为"短跑健将"，这种做法无疑是畸形的。这说明权力的过度集中，对知识的发展、自然资源的利用等方面都带来了一定的风险。其次，在日本现代马学的后期发展中，资本也发挥了重要作用。在商业化、企业化经营模式下，马、牧草、牧场、土地、饲料等要素越来越集中到大型畜产企业手里，个体农户很难与其竞争。正如齐格蒙特·鲍曼所言：商品化的结果是这些物品有明确的价格，而对这些价格有些人能够支付，而另一些人无法支付，从而导致消费者之间的隐性不平等（西莉娅·卢瑞，2003)[4]。企业化生产的一个重要特点是进行标准化生产，尽量节省成本、提高效率。在这过程中，科学技术发挥了重要作用。正如莱斯在《自然的控制》中所言：科学技术加大了个人、社会集团和国家间的力量分配不均，并且成为强者控制弱者的重要工具（2007）[108]。随着日本现代马业的规模化、企业化经营，原有的很多小农生产者被编入新的生产体系之中。正如西敏司在《甜与权力：糖在近代历史上的地位》中所言：农业的工业化不仅仅体现在机械化、规模化、科技化、人工化，而且体现在对劳动力本身的重新组织上。不管是专业的，还是非专业的，所有从业劳动者将被重新组织起来（2010）[60]。特别是政府、企业、学术界三股力量合在一起，共同形成了强劲的现代化浪潮。正如亨利·埃兹科维茨等人提出的政府-产业界-学术界的"三重螺旋"模型（李正风，2006）[19]。在日本现代马学的发展过程中，获得了政府、企业的大量项目、专利等支持。但是传统马学较缺乏这样的动力。正如席娃（席瓦）在《生物剽窃》中所言：当今在知识产权制度的保护下，那些牟利性创新获得鼓励，而那些自然本身的创造、传统知识的创造得不到应有的保护和鼓励。这说明现代发达国家关于科学研究、科学奖励的制度本身受到权力或资本的重要影响。这也是制造不平等或贫困的重要原因（2009b）[11]。再次，从全球化的角度来讲，日本现代马学已成为西方现代马学的重要组成部分。这在一定程度上强化了马学知识的单一化发展。现代马学与现代赛马经济、现代赛马制度等相互关联在一起，形成一股全球化力量，使各种本土马种、本土畜牧经营方式、本土畜牧文化等变得更为艰难。正如阿里夫·德里克在《全球现代性：全球资本主义时代的现代性》中所言：全球化发展在一定程度上掩盖了社会、经济的真正不平等，这种秩序不仅是过去的残余，而且是当今发展的产物（2012）[17]。在资本、权力驱使下的全球化，将重新在全球范围内分配生产资料，组织生产，销售商品。正如阿尔君·阿帕杜莱在《消散的现代性：全球化的文化维度》中所说：全球化生产体系主要由跨地方资本、跨国利益、全球管理、分散在各个地区的工厂、工人所构成；消费则由商品、媒体、广告等所诱导

(2012)[54-55]。这些全球化进程，进一步加速了社会文化的同质化、单一化，进一步扩大了发达国家与落后国家、发达地区与落后地区之间的差距。

克服现代马学带来的一系列问题，发挥民众的主体性、主动性也是关键环节。不管是发达国家还是发展中国家，应该把权力和责任更多地赋予民众，让他们更多参与到生产生活领域的重大决策中来。正如席娃（席瓦）在《生物剽窃》中所言：保护生物多样性，需要多种社会群体以及多种农业医药知识体系的相互合作。社会经济体系的分权化与多样化都是保护生物多样性的必要前提（2009b）[101]。在现代单一化生产体系中，不断淘汰那些所谓的"经济效益低"的动植物品种，严重影响了生物资源的多样性。这是一种片面的发展观，它不符合人类的整体利益、长远利益。其实，很多自然资源具有一定的不可代替性、不可再生性。正如埃里克·诺伊迈耶在《强与弱：两种对立的可持续性模式》中所言：一些自然资源是独一无二的，一旦遭到毁灭性破坏就很难再恢复原来的样子，就是说自然资源的破坏是不可逆或者至少是准不可逆（2002）[127]。而且现代生物医学带来一些严重问题时，那些管理者、投资者、研究者可以逃之夭夭，而相关的风险基本由普通民众来承担。所以，提升民众的主体性、主动性，有利于批判那些权力的过度垄断、资本的过度控制行为，从而遏制它们所带来的一些单一性、同质性、风险性问题。

四、小结

第一，马学知识在发展维度上的地方性。

两种马学知识都是动态、开放的系统，既有传承延续，又有交流吸收。例如，蒙古传统马学除了有自己古老的寒热理论之外，先后受到藏医、中医、印度医学的重要影响。而日本现代马学先后受到荷兰、法国、英国、德国、美国等多个国家近现代马学的重要影响，同时逐渐形成了一定的自身特色。而且两者内部都不是铁板一块，而是存在不同理论体系、不同派别。例如，蒙古传统马学，除了传统知识之外，又不断吸收了解剖学、生理学等现代马学内容；而日本现代马学中，除了结构性、功能性、还原性知识之外，还存在一定的统计性、博物性知识。这些知识不仅能够和谐共存于一个知识体系，而且在实践中发挥着各自的作用。

　　两种马学知识，既有本土化发展，也有现代化推进。例如，蒙古传统马学在本土化方面，在继续积累经验知识的同时，不断完善了基础理论体系，并进一步加强了理论与经验关联等；现代化方面，它也在不断吸收着解剖学、生理学等多种现代马学知识。而日本现代马学在注重各种现代生物医学实验的同时，也不断从传统马学中吸收有用成分，甚至重新恢复一些传统马学知识。这些本土化或现代化发展，在一定程度上使它们成了某种新的马学。正如席瓦在《生物剽窃：自然及知识的掠夺》中所言：生命科学的创造力需要包括以下三个层次：有机生命体自己的创造力，能自行演化、不断繁衍；本土群体的创造力，已发展出一套知识系统，以持续运用当地丰富的生物多样性；大学或企业内当代科学家的创造力，开发各种运用有机生命体获利的方式（2009）[8]。这意味着，我们应该支持知识体系的多样化发展，并鼓励知识体系之间的交流吸收。

　　马学知识还涉及一系列权利问题。首先，这些知识与当地的生产生活、社会文化、生态环境有着密切的联系。蒙古传统马学与蒙古族传统游牧生活方式、传统游牧文化、草原生态环境等都有密切的联系。而日本现代马学与日本的农业现代化、军事发展、赛马经济等有着密切的联系。正如约翰·博德利在《人类学与当今人类问题》中所言：一些现代科学技术的运用已经极大地改变了我们的环境与生活方式，但我们不能把它们视为孤立的存在，因为这些科学技术，是由某些投资者、企业家、政客所倡导的，他们主要在追求更大的经济增长（2010）[3]。其次，我们需要警惕权力和资本过度垄断、过度控制问题。随着日本现代马业的规模化、企业化经营，原有的很多小农生产者被编入新的生产体系之中。另外，在一定程度上，日本现代马学成为西方现代马学的一个组成部分，进一步强化了知识的单一化发展。正如席瓦在《大地民主：以地球与生命多样性为基础的民主主义（地球と生命の多様性に根ざした民主主義）》中所言：对生命的私有化，将把水、生物多样性、细胞、基因、动物、植物都变成私有物质。这样做的结果是不仅忽视了生物本身的自我价值、自我进化完善属性，而且剥夺了农民种植农作物，当地人采集药材，以及他们共同利用自然资源、生物资源的权力（ヴァンダナ・シヴァ，2007）[14]。再次，需要充分发挥民众的主体性、主动性。民众的权利包括生存权利、选择权力、发展权力、发扬传统文化的权力、保护生态环境的权力等多种内容。在当今畜牧资源、自然资源高度商业化的前提下，强调对动植物品种的专利权。这不仅损害了当地民众的权力，而且越来越多生命体被资本控制了。正如希拉里・弗伦奇在其著作《消失的边界：全球化时代如何保护我们的地球》中所说：很多发达国家政府不仅承认转基因大豆、大米、棉花的专利，而且也承认了一些传统农作物的专利权。例如一种印度古老的农作物尼姆树，还有一种产于南美安第斯山区的昆诺阿苋谷（quinoa）等（2002）[82]。这里民族上千年创造的文明成果被企业占有了，被资本剥夺了。这意味着需要进一步保护和加强民众的主体性、主动性，让他们成为当地动植物资源、自然资源可持续利用的重要力量。正如科尔曼（Coleman D A）在《生态政治：建设一个绿色社会》中所说：当地人最了解当地的生态环境，所以相关的使用权、监护权等应该在当地人的手里。这也是基层民主运动的一个重要组成部分（2002）[119]。

第二，畜牧兽医学知识在发展维度上的地方性。

马学知识的开放性，可以推广到畜牧兽医学领域。例如，蒙古族传统畜牧兽医学在一定程度上就是知识传播交流的产物。特别是在理论化、体系化发展过程中，先后受到藏医、中医、印度医学等理论的重要影响。日本近现代养牛学、养猪学、养鸡学、养羊学等畜牧兽医学知识，都曾受到西方近现代畜牧兽医学的重要影响。而且传统畜牧兽医学与现代畜牧兽医学之间并不是泾渭分明，而是合作与竞争并存，融合与分化并存。

马学知识的发展性，也可以推广到畜牧兽医学领域。首先，欠发达地区、落后地区在引进现代畜牧兽医学知识时，都需要进行一定的本土化处理。在当今的现代化、全球化浪潮中，落后地区更加脆弱，简单粗暴地推广现代化未必符合当地民众的长远利益、根本利益。正如席娃（席瓦）在《生物剽窃》中所言：不能仅仅从表面理解发展，因为它在很大程度上是一种外来的施与，与当地社会文化自身的发育存在很大的差异性。而且这种外力"施与"的发展很容易导致社会文化的同质性、单一性（2009b）[121]。这意味着，在畜牧业现代化的过程中，我们需要结合当地情况选择更合适的家畜品种、畜牧兽医技术等，并对引进的技术进行一定的本土化改造。其次，本土畜牧兽医知识也需要现代化发展。现代知识与传统知识并不对立，很多传统知识可以借助现代科技手段获得新生。在较单一经济效益视角下，蒙古马、蒙古牛、蒙古羊等本地家畜品种以及相关的传统畜牧兽医学知识往往被视为"低效"。而那些引进品种、改良品种以及相关的现代畜牧兽医学知识被视为"高效"。但是如果把相关的土壤、水资源、能源、生物多样性的消耗等因素综合考虑的话，所谓的"高效"也有可能变成"低效"。正如席瓦在《生物多样性的危机》中所言：把第三世界农民所使用的种子称为原始品种，把现代农业企业开发的种子称为优良品种，这种划分背后存在深刻的文化背景（ヴァンダナ・シヴァ，1997）[149-165]。又如迈克尔・赫茨菲尔德在《人类学：文化和社会领域中的理论实践》中所言：让人反感的"原始"与"现代"的经济体系划分方法，和其社会领域的二分法一样都是一种人为建构的产物（2009）[116]。这意味着我们需要重新认识本土家畜品种、本土知识的多元价值。

　　马学知识的权利性，也可以推广到畜牧兽医学领域。首先，不管是现代畜牧兽医学，还是传统畜牧兽医学，都关联到当地的生产生活、社会文化、生态环境等。例如，家畜的人工授精技术与畜牧业工业化、规模化生产有着密切的联系。据记载，家畜的人工授精开始于18世纪意大利对狗的实验，到1930年代，日本已经对马开展了人工授精实验（沢崎坦，1987）[149]。后来人工授精技术逐渐成为现代养牛业、养羊业、养猪业等的核心技术之一。但是，这一经济效益高的人工授精技术，却容易导致家畜品种的单一化发展。所以，在欠发达地区推广现代畜牧兽医学知识，需要充分考虑它将带来的生产、文化、生态等方面的变革。其次，当今现代畜牧兽医学知识已成为国家重要事业，企业重要经营领域的情况下，对它的合理管理和控制变得尤为重要。正如科尔曼在《生态政治：建设一个绿色社会》中所言：全球经济的主要命脉被大企业所主导，这些公司一部分属于私有企业，也有一部分属于是公有企业。但是不管公有企业还是私有企业，它们都以生产效率、利润率等作为主要的经济目标。在资本主义体制、社会主义体制或者混合体制中，政府的职责也大同小异，都在强调本国政治经济实力在全球中的竞争地位（2002）[89]。这种权力、资本的过度垄断、控制，很容易导致畜牧业、畜牧知识、畜牧文化的单一化发展。当今，蒙古族从原来的五种家畜组合畜养模式逐渐转变为单一养羊或养牛的道路，在很大程度上就是因为受到了市场经济的冲击。正如印度学者席瓦在《生物剽窃》中所言：同质性、单一性作物种植往往与各式各样的暴力行为有关……若是没有权力影响，这个本来充满多样性的自然世界，不可能出现单一性、同质性结构（2009）[115-116]。这需要我们更加重视，那些与当地民众生活密切相关的传统畜牧兽医学知识，并提高其在当今科学研发、教育、应用体系中的地位。再次，需要充分发挥民众的主体性、主动性，保护其长远利益、根本利益。各个地区的民众与当地自然资源之间有着重要的共生关系。而且民众与当地自然环境、动植物资源之间的关系是多样的、可持续的。其实，与外来投资者相比，当地民众更多关心当地动植物资源，自然生态环境的良性循环和可持续发展问题。因为外来投资者只看重自然资源的经济价值、投资回报。一旦，这些自然资源枯竭，其创造利润的能力下降，这些投资者将毫不犹豫地带着自己的资本，离开该地区，寻找新的投资机会。当地民众也是地方性知识的创造者、使用者、传承者。所以，在科学知识的研究、管理、应用过程中应该让民众也能够参与进来。另外，当今科学技术所带来的风险与日俱增，但是这些风险对国家、群体、个人的影响并不是均匀的。这些负面效应更多是由社会的弱势群体、边缘群体来承担。正如乌尔里希·贝克在《世界风险社会》中所言：科学技术不能够预测所有的风险，同时还常常带来新的风险。核能、臭氧层的破坏就是鲜明的例子（2004）[77-78]；全球范围内蔓延的各种风险并不是均匀分布，例如污染往往与贫困相互关联在一起（2004）[7]。所以，需要进一步保护和发扬民众的主体性、主动性，让他们成为当地自然资源利用、现代科技政策制定等方面的重要参与者。

第三，生物医学知识以及其他知识在发展维度上的地方性。

马学知识的开放性，也可以推广到一些生物医学知识以及其他知识领域。不管是传统科学知识还是现代科学知识，都有各自的传承发扬，也有彼此之间的交流吸收。例如，蒙古传统医学中存在古代蒙医、藏医、中医、印度医学等多方面的内容。与此相似，日本现代医学中，不仅有来自西方多个国家的生物医学知识，而且还存在古代日本医学、朝鲜医学、中医学知识等。可见，知识的多样性并不是一种相互孤立、相互排斥的多样性，而是一种"你中有我、我中有你"的多样性。可以说，几乎没有不受现代知识影响的传统知识，也几乎没有不受传统知识影响的现代知识领域。但是当今我们较多关注现代知识的发展，而对传统知识的发展有所忽略。特别是把传统知识的发展简单地理解为现代化，这在一定程度上忽视了它本身的不断积累和创新。另外，各种知识体系内部都存在一定的多样性。知识内部不是铁板一块，而是一种综合体、复合体的方式存在。就像卡特赖特在《斑杂的世界》中所言：科学知识并不是一个以物理学为基础的金字塔式的还原体系，而是围绕一些具体问题相互关联起来的知识，在这些知识之间都存在一定的边界，不存在定律的普遍性涵盖（2006）[7-8]。这些知识的多样性，非但不阻碍知识的进步，反而从多个方面促进知识的进步。它能够为知识的发展提供更多的素材，更多的选择性、灵活性等。所以，我们需要为不同知识的自由发展创造更为宽容、公平的发展机会和发展空间。

马学知识的发展性，也可以推广到一些生物医学知识以及其他知识领域。知识的发展不是简单的一种现代代替传统的过程。一方面，传统科学技术本身也有进一步的积累和发展。另一方面，现代科学技术也在发展中不断产生新的本土特色。可见，传统知识并非处于停滞状态，而现代知识也并非处于趋同化状态。传统知识的故步自封，现代知识的孤芳自赏，都不利于知识的交流与进步。特别是当今现代科学技术迅速传播的背景下，对现代科技的本土化处理具有重要意义。因为不同的国家、民族、地区具有不同的现代化诉求，甚至同一个国家内部也存在很多不同的诉求。它们会形成某种合力，影响着现代化发展的具体趋势、内容、方式等。正如艾森斯塔特在《日本和现代性文化方案的多元性》中指出：现代文化在全球范围内迅速扩张，但是并没有导致一种单一的文化，而是形成了多种现代文化（2006）。这种现代知识的本土化发展，已成为知识新多样性的重要源泉。

马学知识的权利性，也可以推广到一些生物医学知识以及其他知识领域。首先，科学知识涉及政治、经济、文化、生态等多方面的问题。例如，在生活方面，知识关系到当地民众的家庭关系、邻里关系、社会关系等；在文化方面，知识关系到当地历史、信仰、习俗等；在生态方面，知识关系到当地自然环境、动植物资源等。这说明知识是当地社会的有机组成部分，与民众的权利有着密切的联系。其次，知识的传播发展与权力、资本有着复杂的联系。正如劳斯在《知识与权力》中所说：把自然界理解为一种资源库的观点，在我们的实践活动中引入了一系列特殊的权衡关系，比如效率、消耗、稀缺性等。在当今社会实践中，物质、能量、时间、空间、知识、技能、劳动力、资本、森林、荒野、阳光、物种、基因无不受到这种权衡关系的影响（2004）[260]。而且在知识的发展过程中，需要特别关注权力、资本的垄断、控制问题。一方面，权力或资本的过度控制，可能形成现代知识的霸权地位，从而影响知识的多样性、生活方式的多样性、生态的多样性等。正如席娃（席瓦）在《生物剽窃》中所言：生物多样性大范围毁灭，主要原因是国家或企业的大型工程破坏了生态环境及其整体性。例如，建筑水电工程、高速公路、采矿等。还有以科技、资本以及权力推动的畜牧业、林业、农业、水产业的单一性，代替了自然原有的多样性（2009b）[75]。另一方面，这些权力和资本的垄断、控制，可能打破传统知识的原有再生产模式。正如阿里夫·德里克《全球现代性：全球资本主义时代的现代性》中所言：世界各个地区、各种文化或许将被重组，而重组在资本主义制度下进行。这种新的社会文化体制下，将以新的形式创造出一些不平等关系，而且这些不平等关系将逐渐固化为世界的新结构、新秩序（2012）[18]。另外，资本、权力的垄断、控制与一些科学技术的发展之间，形成了一种相互支撑关系。正如席瓦在《单一的精神文化（精神のモノカルチャー）》中所言：现代科学知识的片面性产生于科学知识与市场经济的密切联系。资源的市场化、商品化，打破了当地农业的原有系统性。所以，市场经济对利益的追求与现代科学技术的片面化发展之间有着相互促进的关系（ヴァンダナ・シヴァ，1997）[13-71]。再次，需要充分尊重和发挥民众的主体性、主动性。在当今，权力和资本的过度垄断，极大地削弱了民众的主动性。从权力的角度来讲，服务于某些较单一的社会目的，将大大推进社会文化的同质性、单一性发展。从资本的角度来讲，普通劳动者逐渐失去了创造者的角色，而成为庞大生产体系的某种工具。特别是在现代化、全球化的浪潮中，资本或权力逐渐集中到少数人的手中，可能形成较大的不稳定因素。而且这种畸形社会容易产生责任与利益的不均匀，利益永远被统治者占有，责任永远由被统治者承担。正如席瓦在《单一的精神文化（精神のモノカルチャー）》中所言：不同知识体系之间的平等、民主也是人类解放、民主自由的重要基础。特别是在知识的民主化过程中需要重新定义知识的概念，应当承认多种地方性知识的合法地位，而不能一味地视现代科学技术为普遍性知识（ヴァンダナ・シヴァ，1997）[13-71]。当今很多食品安全、生态危机等，往往与更大社会层面的权力、资本的垄断、控制等关联在一起。正如约翰·范德弥尔、伊薇特·波费托在分析雨林消失问题时所言：不能把雨林破坏的原因简单地归结为伐木工人的问题，而是需要分析伐木背后的社会力量、政治因素、经济因素、技术因素等（2009）[49]。所以，我们需要更好地保护民众赖以生存的知识、文化、自然资源，保护它们之间形成的某种"社会——文化——知识——生态"系统。正如席娃（席瓦）在《生物剽窃》中所言：生物多样性是当地民众以及全人类的重要资源。特别是对落后国家、落后地区的民众来讲，这些自然资源是食物、医药、能源、衣料、建材等重要生活来源。但是这些资源成为企业的原材料，其利用方式具有很强的单一性（2009b）[76]。同时进一步谨慎对待对动植物资源、自然资源的改造，充分尊重自然环境对人类文明的基础性地位。正如埃里克·诺伊迈耶在《强与弱：两种对立的可持续性模式》中所言：各种自然资源为生命的存在和延续提供着支持性功能，这种功能是别的任何资源都无法代替的。这说明自然是人类与非人类生命体共同的基础。所以自然生态系统包含了经济，而不是经济包含自然经济系统（2002）[126]。可以讲，不管是传统知识研究还是现代知识研究，都应该是人类共同的事业，而不是某些个人或群体的事业。

结语 知识的地方性与 "多样性的保护"

一、知识的地方性、多样性

从认知、历史、情境、发展等四个维度来看，蒙古传统马学与日本现代马学知识都具有明显的地方性，而且把相关的讨论可以进一步延伸到一些畜牧兽医学知识、生物医学知识以及其他知识领域。

从认知维度来讲，知识都具有各自特殊的视角、侧重点，具有各自的建构性，具有各自特殊的实践基础与理论根据，具有各自的优缺点。这些知识虽然把握了事物的某些特征，但是都没有穷尽事物的所有奥秘。知识在认知维度上的地方性意味着，我们需要充分发挥各种知识的长处，从而达到更全面认识事物的目的。

从历史维度来讲，知识都有着各自特殊的生成历程，也经历了各自特殊的理论化、体系化、现代化发展道路。这些特殊历史已融入相关知识之中，成为它的有机组成部分。知识在历史维度上的地方性意味着，我们不仅需要关注知识当下的特殊性，而且需要考虑它们历史变迁的特殊性，从而看到知识的当下与过去之间的更多联系。

从情境维度来讲，知识有着各自特殊的认识情境、实践情境、社会情境、文化情境、生态情境等。其中，认识情境包括自然观、思维活动、语言词汇等；实践情境包括实践活动、实践者、实践工具等；社会情境包括经济、政治、社会活动等；文化情境包括精神信仰、风俗习惯、文学艺术等；生态情境包括自然环境、动植物资源、人类活动等多种因素。知识在被各种情境所塑造的同时，也参与了对周围情境的塑造过程。知识在情境维度上的地方性意味着，我们在关注知识的同时，也需要关注与它相关的各种情境，从而从更整体的角度来把握知识的特性。

从发展维度来讲，知识是一种动态、开放、发展的体系。在知识的发展过程中，传承与交流之间的张力，现代化与本土化之间的张力，知识背后不同权利之间的张力等都在发挥着一定的作用。知识在发展维度上的地方性意味着，不同的知识之间往往以"你中有我，我中有你"的方式存在；一些多样性弱化、消失的同时，新的多样性也在不断涌现。

对知识的认知、历史、情境、发展等多个维度的研究，为认识知识的地方性，提供了一种立体分析框架。其中，认知视角指向知识自身，情境视角指向知识的环境，历史视角指向知识的过去，发展视角指向知识的未来。这一立体分析框架较系统、深入展示了知识的地方性，而且这些知识的地方性共同构成了知识的多样性。

既然知识具有较强的地方性和多样性，那么在这些知识之间就不能简单划定为"先进"与"落后"、"中心"与"边缘"等类型，而是需要为它们提供更好的发展、交流环境，让它们多元共存、良性发展。正如吉尔兹（格尔茨）在《地方性知识：从比较的观点看事实与法律》中所言：通过人类学研究，阐释某些特殊法律文化或知识，其目的不是为了用较普遍的法律代替这些特殊的法律文化，也不是为了用特殊的法律文化来代替较普遍的法律。而是通过揭示它们各自的特殊意义，从而对道德、政治、思想方面形成一种相对性、多样性的观念（2000）。

二、社会文化的多样性

知识的多样性，对应着生计活动的多样性。在一定生态区域内，人们经过漫长的生存和发展，几乎都孕育出了较成体系的自然资源利用模式、较特殊的知识体系，较稳定的群体协作模式。可以说，知识的多样性与生计活动的多样性之间是一种相生相伴的关系。在一定程度上，前者是后者的理论总结，而后者是前者的实践展开。在当今的全球化浪潮中，生产活动、生计方式日益单一化，不断威胁着人类社会文化的多样性。特别是在传统生计活动中，民众既是生计活动的开展者、推进者、受益者，也是知识的创造者、使用者、传承者。而现代生产体系中，科学研究日益成为一项高度专业化的工作。在这种情况下，民众对知识的把控能力明显减弱了，但是他们也应该具有重要的参与、选择、改造的权力。

知识的多样性，也对应着文化生活的多样性。生存于世界各个角落的民众，除了创造各具特色的生计活动、知识体系之外，还创造了丰富多彩的文化艺术。在一定意义上可以说，生计活动、知识体系以及文化艺术的多样性，是人类社会多样性的不同侧面。它们共同构成了社会文化的多样性。正如吉儿兹（格尔茨）在《地方性知识：从比较的观点看事实与法律》中所言：我这些讨论所要传达的核心观点就是"世界是一个多样化的地方"。例如伊斯兰教和印度教之间的多样性，大传统和小传统之间的多样性等（2000）。在当今现代化、全球化浪潮中，文化生活的多样性面临着科技化、西方化等一些单一化发展趋势的困扰。正如威廉姆·H·凡登伯格在《生活在技术迷宫中》中所言：人类社会、文化、自然中的各个元素，以一系列技术为基础重新组合成一个新的全球网络，而且在这个网络中技术秩序发挥着非常重要的作用（2015）[233]。这意味着，我们需要较系统保护生计方式、知识体系、文化艺术的多样性，从而保护社会文化的多样化。

三、生态环境的多样性

知识的多样性、社会文化的多样性，对应着生态环境的多样性。它们之间是一种"一荣俱荣，一损俱损"的关系。生态环境"欣欣向荣"的地区，各种知识和生活方式往往各得其所。生态环境"奄奄一息"的地区，知识和生活方式往往高度单一化。正如席瓦在《单一的精神文化（精神のモノカルチャー）》中所言：现代科学技术往往低估地方性知识的价值，现代农业把那些对当地有用的植物视为杂草，减少植物的多样性。现代农业技术主要关注粮食产量，而忽视了地方性知识所重视的生态价值（ヴァンダナ・シヴァ，1997）[13-71]。

生态环境的多样性，不仅关乎生态系统的延续与进化，而且关乎人类的整体利益和终极利益。在当今较单一的知识体系、生产体系中，动植物品种的多样性、自然环境的多样性受到了前所未有的冲击。例如，席瓦在《生物剽窃》中谈道：传统农业，依靠的是土地养分的再循环。土壤的养分供给植物的生长，然后又以自然的方式回归到土壤，形成一种良性循环。而现代农业，给土地不断追加大量的化学肥料，以保证单一化种植模式下的粮食产量（2009）[56]。其实，动植物品种多样性、生态环境多样性都是人类异常宝贵的资源，它们一旦到了某个临界点可能产生无可挽回的损失。保护这些生态环境的多样性，一个重要前提就是保护相关知识以及社会文化的多样性。这些多样性与多样性之间相互对应形成的链条，是人类文明以及生态环境充满生机和活力的重要源泉。保护这些多样性"链条"也是我们人类共同的责任。为此，当今人们需要具备较充分的多样性知识观、社会文化观、生态观等。正如约翰·汤姆林森在《全球化与文化》中所言：作为一个"世界公民"，不能仅仅关注一种地方性知识、一种生活方式，而是需要关注整个世界复杂性、未来、责任等问题（2002）[271]。

　　总之，如同"多样性的危机"是一个系统性问题，"多样性的保护"也是一项系统性事业，需要知识、社会文化、生态环境等多个方面的思考和实践。本书主要是想从"知识"这个角度出发，进一步推进这一事业。

参考文献

汉文文献

阿尔丁夫. 关于蒙古族传说中的马及其原名考. 内蒙古社会科学：文史哲版, 1992, (4): 103-107.

阿尔君·阿帕杜莱. 消散的现代性：全球化的文化维度. 刘冉, 译. 上海：上海三联书店, 2012.

艾森斯塔特. 全球化时代的多元现代性//艾森斯塔特. 反思现代性. 旷新年, 王爱松, 译. 北京：生活·读书·新知三联书店, 2006: 19-35.

加兰·E·艾伦. 20世纪的生命科学史. 田洺, 译. 上海：复旦大学出版社, 2000.

安岚. 中国古代畜牧业发展简史（续）. 农业考古, 1989, (2): 341-350.

安富海. 论地方性知识的价值. 当代教育与文化. 2010, 2 (2): 34-41.

安维复, 郭荣茂. 科学知识的合理重建：在地方知识和普遍知识之间. 社会科学, 2010, (9): 99-109.

安德鲁·芬伯格. 在理性与经验之间：论技术与现代性. 北京：金城出版社, 2015.

敖仁其, 单平, 宝鲁. 草原"五畜"与游牧文化. 北方经济, 2007, (8): 78-79.

玛格丽特·J·奥斯勒. 重构世界：从中世纪到近代早期欧洲的自然、上帝和人类认识. 张卜天, 译. 长沙：湖南科学技术出版社, 2012.

巴·吉格木德. 蒙古医学简史. 曹都, 译. 呼和浩特：内蒙古教育出版社, 1997.

巴菲尔德. 危险的边疆：游牧帝国与中国. 袁剑, 译. 南京：江苏人民出版社, 2011.

巴甫洛夫. 巴甫洛夫全集（第二册，上）. 杏林, 译. 北京：人民卫生出版社, 1958.

巴甫洛夫. 论唾液分泌的反射性抑制//巴甫洛夫. 巴甫洛夫全集（第二册，上）. 杏林，译. 北京：人民卫生出版社，1958：1 - 33.

巴音木仁. 蒙古兽医学. 呼和浩特：内蒙古人民出版社，1997.

巴音木仁. 蒙古兽医研究. 沈阳：辽宁民族出版社，2006.

白馥兰. 技术与性别：晚期帝制中国的权力经纬. 江湄，邓京力，译. 南京：江苏人民出版社，2006.

威廉·F·拜纳姆. 19 世纪医学科学史. 曹珍芬，译. 上海：复旦大学出版社，2000.

贝尔纳. 实验医学研究导论. 夏康农，管光东，译. 北京：商务印书馆，2009.

路德维希·冯·贝塔朗菲. 生命问题：现代生物学思想评价. 吴晓江，译. 北京：商务印书馆，1999.

乌尔里希·贝克. 风险社会. 何博闻，译. 南京：译林出版社，2004.

乌尔里希·贝克. 世界风险社会. 吴英姿，孙淑敏，译. 南京：南京大学出版社，2004.

维贝·E·比杰克. 技术的社会历史研究//希拉·贾萨诺夫，等. 科学技术论手册. 盛晓明，等，译. 北京：北京理工大学出版社，2004：175 -195.

卞管勾集，注. 郭光纪，等，注释. 校正增补痊骥通玄论注释. 北京：农业出版社，1991.

罗伯特·芮德菲尔德. 农民社会与文化：人类学对文明的一种诠释. 王莹，译. 北京：中国社会科学出版社，2013.

柏朗嘉宾蒙古行纪，鲁布鲁克东行纪. 耿昇，何高济，译. 北京：中华书局，2002.

约翰·博德利. 人类学与当今人类问题：5 版. 周云水等，译. 北京：北京大学出版社，2010.

波·少布. 蒙古民族的马文化. 内蒙古社会科学：文史哲版，1994，（1）：37 - 43.

波特. 剑桥插图医学史. 张大庆，译. 济南：山东画报出版社，2007.

布迪厄，华康德. 实践与反思：反思社会学引论. 北京：中央编译局出版社，1998.

蔡景峰. 藏医学通史. 西宁：青海人民出版社，2002.

蔡仲. 地方性知识之困境："范式"的规训与惩罚. 哲学动态，2013，（1）：89 - 93.

曾健. 生命科学哲学概论. 北京：科学出版社，2007.

曾雄生. 中国农学史. 福州：福建人民出版社，2008.

陈恩志. 相马术源流和古代养马文明. 农业考古，1987，（2）：339-347.

陈杰. 家畜生理学. 北京：中国农业出版社，2003.

陈守良. 动物生理学. 4版. 北京：北京大学出版社，2012.

陈文华. 中国古代农业文明史. 南昌：江西科学技术出版社，2004.

大司农司. 农桑辑要. 马宗申，译注. 上海：上海古籍出版社，2008.

道润梯步. 新译简注《蒙古秘史》. 呼和浩特：内蒙古人民出版社，1978.

德里克. 全球现代化：全球资本主义时代的现代性. 胡大平，付清松，
    译. 南京：南京大学出版社，2012.

阿里夫·德里克. 全球现代性：全球资本主义时代的现代性. 胡大平，付
    青松，译. 南京：南京大学出版社，2012.

笛卡尔. 第一哲学沉思集. 徐陶，译. 北京：中国社会科学出版社，2009.

刁生富. 中心法则与现代生物学的发展. 自然辩证法研究，2000，16
    （9）：51-55.

丁建国. 中西医冲突的潜在逻辑. 医学与哲学：人文社会医学版，2009，
    30（4）：66-67.

董常生. 家畜解剖学. 北京：中国农业出版社，2009.

董新民，张清源. 生命科学的哲学原理. 台北：五南图书出版股份有限公
    司，2012.

杜石然，等. 中国科学技术史稿. 北京：北京大学出版社，2012.

恩格尔. 需要新的医学模型：对生物医学的挑战. 医学与哲学，1980，
    （3）：88-90.

威廉姆·H·凡德伯格. 生活在技术迷宫中. 尹文娟，陈凡，译. 沈阳：
    辽宁人民出版社，2015.

约翰·范德弥尔，伊薇特·波费托. 生物多样性的早餐：破坏雨林的政治
    生态学. 台北市：绿色阵线协会，2009.

符拉基米尔佐夫. 蒙古社会制度史. 刘荣焌，译. 北京：中国社会科学出
    版社，1980.

希拉里·弗伦奇. 消失的边界：全球化时代如何保护我们的地球. 李丹，
    译. 上海：上海译文出版社，2002.

甘肃农业大学主编. 养马学. 北京：农业出版社，1981.

盖山林. 阴山岩画. 北京：文物出版社，1986.

西蒙·冈恩. 历史学与文化理论. 韩炯，译. 北京：北京大学出版

社，2012.

高作信. 兽医学. 北京：中国农业出版社，2001.

格尔茨. 文化的解释. 韩莉，译. 南京：译林出版社，2008.

格尔茨. 深描说：迈向文化的解释理论//文化的解释. 韩莉，译. 南京：译林出版社，2008：3 – 34.

格尔茨. 文化概念对人的概念的影响//文化的解释. 韩莉，译. 南京：译林出版社，2008：33 – 89.

格尔茨. 作为文化体系的宗教//文化的解释. 韩莉，译. 南京：译林出版社，2008：93 – 133.

格尔茨. 智慧的野蛮人：评克劳德·莱维-斯特劳斯的著作//文化的解释. 韩莉，译. 南京：译林出版社，2008：355 – 371.

格尔茨. 巴厘的人、时间和行为//文化的解释. 韩莉，译. 南京：译林出版社，2008：372 – 423.

格尔茨. 深层游戏：关于巴厘岛斗鸡的记述//文化的解释. 韩莉，译. 南京：译林出版社，2008：424 – 468.

格尔茨. 烛幽之光：哲学问题的人类学省思. 甘会斌，译. 上海：上海人民出版社，2013.

格尔茨. 追寻事实：两个国家、四个十年、一位人类学家. 林经纬，译. 北京：北京大学出版社，2011.

格尔茨. 反"反相对主义"//烛幽之光：哲学问题的人类学省思. 甘会斌，译. 上海：上海人民出版社，2013：36 – 60.

格尔茨. 托马斯·库恩的遗产：适当时机的适当文本//烛幽之光：哲学问题的人类学省思. 甘会斌，译. 上海：上海人民出版社，2013：148 – 154.

葛根高娃. 当代蒙古民族游牧文化相关问题之新解读. 中央民族大学学报：哲学社会科学版，2010，(6)：143 – 146.

古川安. 科学的社会史. 杨舰，梁波，译. 北京：科学出版社，2011.

拜伦·古德. 医学、理性与经验：一个人类学的视角. 吕文江，余晓燕，余成普，译. 北京：北京大学出版社，2010.

大卫·古丁. 改变认知范围：实验、视觉化与计算//汉斯·拉德. 科学实验哲学. 吴彤，何华清，崔波，译. 北京：科学出版社，2015：224 – 250.

桂起权，傅静，任晓明. 生物科学的哲学. 成都：四川教育出版社，2003.

郭郛，李约瑟，成庆泰. 中国古代动物学史. 北京：科学出版社，1999.

郭雨桥. 细说蒙古包. 北京：东方出版社，2010.

郭怀西，注释. 新刻注释马牛驼经大全集. 北京：农业出版社，1988.

哈金. 表征与干预：自然科学哲学主题导论. 王巍，孟强，译. 北京：科学出版社，2010.

哈维. 心血运动论. 田洺，译. 北京：北京大学出版社，2007.

亨宁·哈士纶. 蒙古的人和神. 徐孝祥，译. 乌鲁木齐：新疆人民出版社，2010.

亨廷顿，哈里森. 文化的重要作用：价值如何影响人类进步. 程克雄，译. 北京：新华出版社，2010.

罗姆·哈勒. 关于实验的某种形而上学中的工具物质性//汉斯·拉德. 科学实验哲学. 吴彤，何华清，崔波，译. 北京：科学出版社，2015：16 -33.

桑德拉·哈丁. 科学的文化多样性：后殖民主义、女性主义和认识论. 夏侯炳，谭兆民，译. 南昌：江西教育出版社，2002.

威廉·W·哈维兰. 文化人类学：十版. 瞿铁鹏，张珏，译. 上海：上海社会科学院出版社，2005.

海屯行纪，鄂多立克东游录，沙哈鲁遣使中国记. 何高济，译. 北京：中华书局，1981.

罗伯特·汉. 疾病与治疗：人类学怎么看. 禾木，译. 上海：东方出版中心，2010.

迈克尔·赫茨菲尔德. 人类学：文化和社会领域中的理论实践. 刘珩，石毅，李昌银，译. 北京：华夏出版社，2009.

洪书云. 元代养马业初探. 郑州大学学报：哲学社会科学版，1986，(1)：88 - 93.

侯灿. 从现代医学发展的特点和医学方法论看中西医结合. 医学与哲学，1980，(2)：24 - 28.

胡和鲁. 内蒙古养马业发展简史. 内蒙古社会科学，1983，(4)：57 - 59.

胡文耕. 生物学哲学. 北京：中国社会科学出版社，2002.

胡元亮. 中兽医学. 北京：农业出版社，2006.

胡壮麟. 语言学教程. 4 版. 北京：北京大学出版社，2013.

黄世瑞. 中国古代科学技术史纲（农学卷）. 沈阳：辽宁教育出版社，1996.

爱德华·霍尔. 无声的语言. 何道宽，译. 北京：北京大学出版社，2010.

吉尔兹. 地方性知识：阐释人类学论文集. 王海龙，张家瑄，译. 北京：中央编译局出版社，2000.

吉尔兹. 文化持有者的内部眼界：论人类学理解的本质//吉尔兹. 地方性知识：阐释人类学论文集. 王海龙，张家瑄，译. 北京：中央编译局出版社，2000：70-92.

吉尔兹. 作为文化体系的常识//吉尔兹. 地方性知识：阐释人类学论文集. 王海龙，张家瑄，译. 北京：中央编译局出版社，2000：70-92.

吉尔兹. 作为文化体系的艺术//吉尔兹. 地方性知识：阐释人类学论文集. 王海龙，张家瑄，译. 北京：中央编译局出版社，2000：121-158.

吉尔兹. 地方性知识：从比较的观点看事实与法律//吉尔兹. 地方性知识：阐释人类学论文集. 王海龙，张家瑄，译. 北京：中央编译局出版社，2000：222-322.

吉尔嘎拉. 游牧文明：传统与变迁［博士学位论文］. 呼和浩特：内蒙古大学，2008.

吉尔伯特. 历史学：政治还是文化：对兰克和布尔哈特的反思. 刘耀春，译. 北京：北京大学出版社，2012.

安东尼·吉登斯. 批判的社会学导论. 郭中华，译. 上海：上海译文出版社，2007.

加藤茂生. 殖民地科学技术史研究的理论与方法//梁波，陈凡，包国光. 科学技术社会史：帝国主义研究视阈中的科学技术. 沈阳：辽宁科学技术出版社，2008：72-81.

贾思勰. 齐民要术. 缪启愉，缪桂龙，译注. 上海：上海古籍出版社，2009.

郭霭春. 黄帝内经素问校注. 北京：人民卫生出版社，1992.

希拉·贾萨诺夫，等. 科学技术论手册. 盛晓明，等，译. 北京：北京理工大学出版社，2004.

江上波夫. 蒙古高原行纪. 赵令志，译. 呼和浩特：内蒙古人民出版社，2008.

金重冶. 新牛马经. 北京：农业出版社，1958.

金哈斯. 蒙古族游牧经济中的地方性知识研究［硕士学位论文］. 呼和浩特：内蒙古师范大学，2009.

卡斯蒂廖尼. 医学史. 程之范，等，译. 桂林：广西师范大学出版社，2003.

南希·卡特赖特. 斑杂的世界：科学边界的研究. 王巍，王娜，译. 上海：上海科技教育出版社，2006.

爱德华·霍列特·卡尔. 历史是什么?. 吴柱存，译. 北京：商务印书馆，1981.

康芒纳. 与地球和平共处王喜六，等，译. 上海：上海译文出版
　　社，2002.

柯林斯，平奇. 勾勒姆医生：作为科学的医学与作为救助手段的医学. 上
　　海：上海科学教育出版社. 2009.

科尔曼（Coleman, William）. 19 世纪的生物学和人学. 严晴燕，译. 上
　　海：复旦大学出版社，2000.

科尔曼（Coleman, D. A.）. 生态政治：建设一个绿色社会. 梅俊杰，译.
　　上海：上海译文出版社，2002.

科塔克. 文化人类学：领会文化多样性. 三版. 徐雨村，译. 台北市：麦
　　格罗希尔，2014.

克诺尔·塞蒂纳. 制造知识：建构主义与科学的与境性. 王善博，等，
　　译. 北京：东方出版社，2001.

诺里塔·克瑞杰. 沙滩上的房子：后现代主义者的科学神话曝光. 蔡仲，
　　译. 南京：南京大学出版社，2003.

M·克莱因. 西方文化中的数学. 张祖贵，译. 上海：复旦大学出版
　　社，2004.

拉铁摩尔. 中国的亚洲内陆边疆. 唐晓峰，译. 南京：江苏人民出版
　　社，2005.

布鲁诺·拉图尔，史蒂夫·伍尔加. 实验室生活：科学事实的建构过程.
　　刁小英，张伯霖，译. 上海：东方出版社，2004.

拉伍洛克. 盖亚：地球生命的新视野. 肖显静，范祥东，译. 上海：上海
　　人民出版社，2007.

威廉·莱斯. 自然的控制. 岳长岭，译. 重庆：重庆出版社，2007.

西蒙·A·莱文. 脆弱的领地：复杂性与公有域. 吴彤，等，译. 上海：
　　上海世纪出版股份有限公司，2006.

劳斯. 知识与权力. 盛晓明，邱慧，孟强，译. 北京：北京大学出版
　　社，2004.

劳埃德. 古代世界的现代思考：透视希腊、中国的科学与文化. 钮卫星，
　　译. 上海：上海科技教育出版社，2008.

雅克·勒高夫. 历史与记忆. 方仁杰，倪复生，译. 北京：中国人民大学
　　出版社，2010.

李根蟠. 农业科技史话. 北京：社会科学文献出版社，2011.

李根蟠. 我国农业科技发展史中少数民族的伟大贡献（下篇）. 农业考古，

1989，（1）：58 - 63.

李建会. 生命科学哲学. 北京：北京师范大学出版社，2006.

李经纬. 中医史. 海口：海南出版社，2007.

李静静. 科学实践哲学视野中的风水研究［博士学位论文］. 北京：清华大学，2006.

李琦. 认知实践视野中的地方性知识［博士学位论文］. 南京：南京农业大学，2012.

李群. 我国古代的养马技术. 古今农业，1996，（3）：14 - 23.

李石，等. 司牧安骥集. 北京：中国农业出版社，2001.

李永年. 蒙古马源流考述. 黑龙江民族丛刊，1998，（4）：92 - 93.

李根蟠. 农业科技史话. 北京：社会科学文献出版社，2011.

李志常. 长春真人西游记. 丛书集成初编（3177）. 北京：中华书局，1985.

李正风. 科学知识生产方式及其演变. 北京：清华大学出版社，2006.

李迪. 蒙古族科学技术简史. 沈阳：辽宁民族出版社，2006.

栗山茂久. 身体的语言：古希腊医学和中医之比较. 陈信宏，张轩辞，译. 上海：上海书店出版社，2009.

梁家勉. 中国农业科学技术史稿. 北京：农业出版社，1989.

梁家勉. 我国传统农业的特点. 学术研究，1987，（5）：128 - 129.

梁波. 技术与帝国主义研究. 济南：山东教育出版社，2006.

林蔚然，郑广智. 内蒙古自治区经济发展史 1947 - 1988. 呼和浩特：内蒙古人民出版社，1990.

廖育群. 阿输吠陀印度的传统医学. 沈阳：辽宁教育出版社，2002.

廖育群. 岐黄医道. 海口：海南出版社，2008.

廖育群. 医者意也：认识中医. 桂林：广西师范大学出版社，2006.

廖育群. 中国古代医学对呼吸、循环机理认识之误. 自然辩证法通讯，1994，（1）：42 - 49.

刘兵，章梅芳. 性别视角中的中国古代科学技术. 北京：科学出版社，2005.

刘兵. 关于 STS 领域中对"地方性知识"理解的再思考. 科学与社会，2014，（4）3：45 - 58.

刘兵，卢卫红. 科学史研究中的"地方性知识"与文化相对主义. 科学学研究，2006，24（1）：17 - 21.

刘绍民. 中华生物学史. 台北：台北商务印书馆，1991.

刘虹，等. 新编医学哲学. 南京：东南大学出版社，2010.

刘秀峰，马珍. 新疆蒙古族那达慕赛事的可持续发展研究. 新疆师范大学
　　学报：自然科学版，2010，29（2）：29-33.

卢风. 地方性知识、传统、科学与生态文明：兼评田松的《神灵世界的余
　　韵》. 思想战线，2010，36（1）：123-130.

西莉娅·卢瑞. 消费文化. 张萍，译. 南京：南京大学出版社，2003.

罗斯，霍奇森. 马兽医手册. 北京：中国农业出版社，2008.

理查德·罗宾斯. 资本主义文化与全球问题：4 版. 姚伟，译. 北京：中
　　国人民大学出版社，2010.

斯蒂芬·罗斯曼. 还原论的局限：来自活细胞的训诫. 李创同，王策，
　　译. 上海：上海译文出版社，2006.

玛丽·莫妮卡·罗宾. 孟山都眼中的世界：转基因神话及其破产. 吴燕，
　　译. 上海：上海交通大学出版社，2013.

罗桂环. 中国近代生物学的发展. 北京：中国科学技术出版社，2014.

吕秀华. 蒙古族节日民俗中动物元素之探析——以那达慕为例. 中央民族
　　大学学报：哲学社会科学版，2011，（2）：87-91.

吕不韦. 吕氏春秋. 郑州：中州古籍出版社，2010.

约恩·吕森. 历史思考的新途径. 綦甲福，来炯，译. 上海：上海人民出
　　版社，2005.

马可波罗行纪. 沙海昂，注. 冯承钧，译. 北京：商务印书馆，2012.

马跃. 中国封建社会前期的马政和养马业. 中国农史，1990，（1）：93-99.

洛伊斯·N·玛格纳. 生命科学史. 3 版. 刘学礼，译. 上海：上海人民
　　出版社，2009.

迈尔. 生物学哲学. 涂成晟，等，译. 沈阳：辽宁教育出版社，1992.

迈尔. 生物学思想发展的历史. 涂成晟，等，译. 成都：四川教育出版
　　社，1990.

恩斯特·迈尔. 进化是什么. 田铭，译. 上海：上海科学技术出版社，
　　2009.

卡洛琳·麦茜特. 自然之死. 吴国盛，译. 长春市：吉林人民出版社，
　　1999.

比尔·麦克基本. 自然的终结. 孙晓春，马树林，译. 长春市：吉林人民
　　出版社，2000.

芒来. 蒙古族马文化与马产业发展之我见. 内蒙古农业大学学报：社会科
　　学版，2008，（4）：229-233.

拉·梅特里. 人是机器. 顾寿观，译. 北京商务印书馆，2009.

孟古托力. 骑兵的定界和起源. 北方文物，2003，(2)：85-94.

孟古托力. 骑兵建设推动养马业的发展——战马马源之分析. 北方文物，2005，(3)：84-95.

蒙本曼. 壮族地方性知识的建构［硕士学位论文］. 南宁：广西大学，2005.

莫斯. 论技术、技艺与文明. 蒙养山人，译. 北京：世界图书出版公司北京公司，2010.

墨菲. 文化与人类学引论. 王卓君，译. 北京：商务印书馆，2009.

穆尔. 人类学家的文化见解. 欧阳敏，邹乔，王晶晶，译. 北京：商务印书馆，2009.

纳古单夫. 蒙古马与古代蒙古骑兵作战艺术. 内蒙古社会科学：文史哲版，1994，(4)：64-71.

纳古单夫. 蒙古族"那达慕"文化考. 内蒙古社会科学：文史哲版，1992，(6)：49-54.

南京中医药大学. 黄帝内经灵枢译释. 3 版. 上海：上海科学技术出版社，2011.

南京中医药大学. 黄帝内经素问译释. 4 版. 上海：上海科学技术出版社，2009.

尼古拉斯·罗斯. 生命本身的政治：21 世纪的生物医学、权力和主体性. 尹晶，译. 北京：北京大学出版社，2014.

诺伊迈耶. 强与弱：两种对立的可持续性模式. 王寅通，译. 上海：上海一本出版社，2002.

区结成. 当中医遇上西医：历史与反思. 北京：生活·读书·新知三联书店，2005.

帕金斯. 地缘政治与绿色革命：小麦、基因与冷战. 王兆飞，郭晓兵，等，译. 北京：华夏出版社，2001.

庞晓光. 科学与价值关系的历史演变. 北京：中国社会科学出版社，2011.

路易斯·佩尔森. 科学与帝国主义//梁波，陈凡，包国光. 科学技术社会史：帝国主义研究视阈中的科学技术. 沈阳：辽宁科学技术出版社，2008：32-42.

彭大雅，撰. 徐霆，疏证. 黑鞑事略. 丛书集成初编（3177）. 北京：中华书局，1985.

平锋. 地方性知识的生态性与文化相对性意蕴. 黑龙江民族丛刊，2010，
　　(5)：142-145.

皮国立. 近代中国的身体观与思想转型：唐宗海与中西汇通时代. 北京：
　　生活·读书·新知三联书店，2008.

皮克斯通. 认识方式：一种新的科学、技术和医学史. 陈朝勇，译. 上
　　海：上海科技教育出版社，2008.

詹姆斯·皮科克. 人类学透镜：2版. 汪丽华，译. 北京：北京大学出版
　　社，2009.

普理查德. 努尔人. 褚建芳，等，译. 北京：华夏出版社，2001.

安托万·普罗斯特. 历史学十二讲. 王春华，译. 北京：北京大学出版
　　社，2012.

齐曼. 元科学导论. 刘珺珺，张平，孟建伟，译. 长沙：湖南人民出版
　　社，1988.

齐曼. 真科学：它是什么，它指什么. 曾国屏，匡辉，张成岗，译. 上
　　海：上海科技教育出版社，2008.

瞿明安，等. 象征人类学理论. 北京：人民出版社，2014.

乔中翔. 对肉苁蓉植物地方性知识研究 [硕士学位论文]. 呼和浩特：内
　　蒙古大学，2014.

任晓明. 归纳逻辑教程. 天津：南开大学出版社，2012.

萨加德. 病因何在：科学家如何解释疾病. 刘学礼，译. 上海：上海科技
　　教育出版社，2007.

萨林斯. 文化与实践理性. 赵丙祥，译. 上海：上海人民出版社，2002.

斯塔尔. 血：作为医药与商品的历史. 罗卫芳，郭树人，译. 海口：海南
　　出版社，2001.

考林·斯伯丁. 动物福利. 崔卫国，译. 北京：中国政法大学出版
　　社，2005.

司马迁. 史记今注（第六册）. 马持盈，注. 台北：台湾商务印书馆股份
　　有限公司，1979.

宋涛. 我国古代的养马业. 甘肃社会科学，1994，(5)：110-111.

苏和，陶克套. 蒙古族哲学思想史. 沈阳：辽宁民族出版社，2002.

苏日娜，闫萨日娜. 蒙古族的马崇拜及其祭祀习俗. 内蒙古大学学报：哲
　　学社会科学版，2008，(3)：3-15.

苏萌杭，等. 北洋马医学堂——陆军兽医学校历史//张仲葛，朱先煌. 中
　　国畜牧史料集. 北京：科学出版社，1986：401-306.

艾伦·索卡尔. 《社会文本》的事件证明了什么和没有证明什么？//诺里塔·克瑞杰. 沙滩上的房子：后现代主义者的科学神话曝光. 蔡仲, 译. 南京：南京大学出版社，2003：4 - 27.

山田庆儿. 古代东亚哲学与科技文化：山田庆儿论文集. 沈阳：辽宁教育出版社，1996.

山田庆儿. 模式·认识·制造：中国科学的思想风土//山田庆儿. 古代东亚哲学与科技文化：山田庆儿论文集. 沈阳：辽宁教育出版社，1996：69 - 124.

山田庆儿. 中国古代医学的形成. 廖育群，李建民，译. 台北：东大图书股份有限公司，2003.

山田庆儿. 中国医学的思想性风土//山田庆儿. 中国古代医学的形成. 廖育群，李建民，译. 台北：东大图书股份有限公司，2003：37 - 69.

盛晓明. 地方性知识的构造. 哲学研究，2000，(12)：36 - 44.

盛彤笙. 加强畜牧兽医科学中的爱国主义思想教育：深入进行我国畜牧科学技术史的研究//张中葛，朱先煌. 中国畜牧史料集. 北京：科学出版社，1986：10 - 12.

施奈德. 地球：我们输不起的实验室. 诸大建，周祖翼，译. 上海：上海科学技术出版社，2008.

理查德·施韦德. 道义地图，"第一世界"的自吹自擂，及新福音传道者//亨廷顿，哈里森. 文化的重要作用：价值如何影响人类进步. 程克雄，译. 北京：新华出版社，2010：208 - 224.

沈斌华. 内蒙古经济发展史札记. 呼和浩特：内蒙古人民出版社，1983.

沈霞芬. 家畜组织学与胚胎学. 4 版. 北京：中国农业出版社，2009.

唐吉思. 蒙古族佛教文化调查研究. 沈阳：辽宁民族出版社，2010.

唐云. 走近中医：对生命和疾病的全新探索. 桂林：广西师范大学出版社，2004.

约翰·汤姆林森. 全球化与文化. 郭英剑，译. 南京：南京大学出版社，2002.

田代华. 黄帝内经素问校注. 北京：人民军医出版社，2011.

田山茂. 清代蒙古社会制度. 潘世宪，译. 北京：商务印书馆，1987.

特纳. 象征之林：恩登布人仪式散论. 赵玉燕，等，译. 北京：商务印书馆，2006.

特木尔. 内蒙古农业大学校史. 呼和浩特：内蒙古人民出版社，2012.

约翰·托什. 史学导论：现代历史学的目标、方法和新方向. 吴英，译.

北京：北京大学出版社，2007.

基思·托马斯. 人类与自然世界：1500—1800 年间英国观念的改变. 宋丽丽，译. 南京：译林出版社，2009.

佟新. 社会性别研究导论. 北京：北京大学出版社，2011.

托雅. 蒙古马及其文化. 社会科学辑刊，1994，(4)：28-31.

汪子春，范楚玉. 农学与生物学志. 上海：上海人民出版社，1998.

王路. 蒙古汗国及其前期蒙古族的畜牧业经济. 内蒙古社会科学，1980，(1)：36-43.

王明荪. 早期蒙古游牧社会的结构. 中国台湾花木兰文化出版社，2009.

王一雪. 西欧科学观念的地方性解构与后殖民重构［硕士学位论文］. 昆明：云南师范大学，2014.

王铭农. 《元亨疗马集》的成就及明代的牧政. 农业考古，1988，(1)：340-346.

王铁权. 现代赛马入门. 北京：北京农业大学出版社，1993.

王颖超. 史诗《江格尔》中的马及其文化阐释. 民族文学研究，2005，(1)：68-71.

王祯. 东鲁王氏农书. 缪启愉，缪桂龙，译注. 上海：上海古籍出版社，2008.

王静. "地方性知识"对中国现代化问题的启示. 重庆科技学院学报（社会科学版），2011，(12)：18-20.

王铭铭. 西方人类学思潮十讲. 桂林：广西师范大学出版社，2005.

汪子春，范楚玉. 农学与生物学志. 上海：上海人民出版社，1998.

理查德·S·韦斯特福尔. 近代科学的建构：机械论与力学. 彭万华，译. 上海：复旦大学出版社，2000.

吴彤. 走向实践优位的科学哲学：科学实践哲学发展述评. 哲学研究，2005，(5)：86-93.

吴彤. 复杂性、地方性与文化多样性//中国少数民族哲学及社会思想史学会第四届理事会成立及学术研讨会. 科学发展观与民族地区建设实践研究，2008.

吴彤. 复归科学实践：一种科学哲学的新反思. 北京：清华大学出版社，2010.

吴彤. 两种"地方性知识"：兼评吉尔兹和劳斯的观点. 自然辩证法研究，2007，23 (11)：87-94.

吴彤. 再论两种地方性知识：现代科学与本土自然知识地方性本性的差

异. 自然辩证法研究，2014，30（8）：51－57

吴彤. 从科学哲学的视野看地方性知识研究的重要意义——以蒙古族自然知识为例//中国少数民族哲学与社会思想史学会 2005 年年会. 中国少数民族和谐思想研究，2005.

乌云毕力格，白拉都格其. 蒙古史纲要. 呼和浩特：内蒙古人民出版社，2006.

乌峰，包庆德. 蒙古族生态智慧论. 沈阳：辽宁民族出版社，2009.

五十八. 蒙兽医学研究. 内蒙古兽医，1996，（2）：28－33.

康纳德·沃斯特. 自然的经济体系：生态思想史. 侯文蕙，译. 北京：商务印书馆，1999.

希波克拉底. 希波克拉底文集. 赵洪钧，等，译. 北京：中国中医药出版社，2007.

席文. 科学史和医学史正发生着怎样的变化. 北京大学学报：哲学社会科学版，2010，（1）：93－96.

席文. 科学史中的比较. 浙江大学学报：人文社会科学版，2010，（9）：9－15.

席文. 通过大众文化研究科学史. 南开大学学报：哲学社会科学版，2010，（5）：41－46.

席文. 文化整体古代科学研究之新路. 中国科技史杂志，2005，26（2）：99－106.

席文. 科学史方法论演讲录. 任安波，译. 北京：北京大学出版社，2011.

席娃. 大地，非石油：气候危机时代下的环境正义. 陈思颖，译. 台北：绿色阵线协会，2009a.

席娃. 生物剽窃：自然及知识的掠夺. 杨佳蓉，陈若盈，译. 台北：绿色阵线协会，2009b.

西敏司. 甜与权力：糖在近代历史上的地位. 王超，朱健刚，译. 北京：商务印书馆，2010.

萧大亨. 史料四编：北虏风俗. 台北：广文书局，1972.

肖峰. 论身体信息技术. 科学技术哲学研究，2013，30（1）：65－71.

谢成侠，沙凤苞. 养马学. 南京：江苏人民出版社，1961.

谢成侠. 中国养马史. 北京：科学出版社，1959.

谢成侠. 中西兽医学史略//张中葛，朱先煌. 中国畜牧史料集. 北京：科学出版社，1986：349－360.

邢莉. 蒙古族游牧文明的标志性符号. 中央民族大学学报：哲学社会科学版，2010，37（4）：73-79.

邢玉瑞. 中医学术发展的动力机制研究. 医学与哲学：人文社会医学版，2009，30（9）：57-59.

辛格. 动物解放. 祖述宪，译. 青岛：青岛出版社，2004.

徐光启. 农政全书. 陈焕良，罗文华，译. 长沙：岳麓书社，2002.

徐一慧，夏林亚. 对中医发展中存在问题的思考. 医学与哲学：人文社会医学版，2009，30（1）：61-62.

亚里士多德. 动物四篇. 吴寿彭，译. 北京：商务印书馆，2010.

严胜柒，张云峰. 自然选择新图景：兼谈必然性和偶然性在生物进化中的作用. 自然辩证法研究，2000，16（5）：6-10.

姚新奎，韩国才. 马生产管理. 北京：中国农业大学出版社，2008.

阎万英，尹英华. 中国农业发展史. 天津：天津科学技术出版社，1992.

杨庭硕. 地方性知识的扭曲、缺失和复原：以中国西南地区的三个少数民族为例. 吉首大学学报（社会科学版），2005，26（2）：62-66.

杨时乔. 新刻马书. 北京：农业出版社，1984.

杨直民. 农学思想史. 长沙：湖南教育出版社，2006.

叶立国. 系统生物学范式：中西医结合路径探讨. 科学技术与辩证，2009，26（1）：37-42.

伊光瑞. 内蒙古医学史略. 北京：中医古籍出版社，1993.

宇妥·元丹贡布. 四部医典. 李永年，译. 北京：人民卫生出版社，1983.

于川，徐飞. 现代农业生物科技的认知困境及反思：从当前关于转基因食品的争议谈起. 自然辩证法研究，2015，31（1）：108-114.

喻本元，喻本亨. 元亨疗马集许序注释. 郭光纪，荆允正，注释. 济南：山东科学技术出版社，1983.

邹介正，王铭农，牛家藩，等. 中国古代畜牧兽医史. 北京：中国农业科技出版社，1994.

邹介正. 中兽医医药的特色和优势. 中兽医药杂志，1989，（1）：1-3.

札奇斯钦. 蒙古文化与社会. 台北：台湾商务印书馆. 1987.

张占元，邢永增. 疗马录. 北京：农业出版社，1986.

张仲葛，朱先煌. 中国畜牧史料集. 北京：科学出版社，1986.

赵春江. 现代赛马. 北京：中国农业大学出版社，2011.

赵尔巽，等. 清史稿. 北京：中华书局，1977.

中国畜牧兽医学会. 中国近代畜牧兽医史料集. 北京：农业出版社，1992.

中国科学院古脊椎动物研究所. 东北第四纪哺乳动物化石志. 北京：科学出版社，1959.

中国人民革命军事博物馆. 中国战争发展史（上、下册）. 北京：人民出版社，2001.

周东浩. 中医：祛魅与返魅. 桂林：广西师范大学出版社，2008.

周俊华，秦继仙. 全球化语境下民族地方性知识的价值与民族的现代发展：以纳西族为例. 云南民族大学学报（哲学社会科学版），2008，25（5）：21 - 25.

朱洪启. 地方性知识的变迁与保护：以浙江青田龙现村传统稻田养鱼体系的保护为例. 广西民族大学学报（哲学社会科学版），2007，29（4）：22 - 27.

朱晓鲜. "地方性知识"视域下的中国古代科学［硕士学位论文］. 新乡：河南师范大学，2012.

西文文献

Akio AMADA, Naoaki KoIKE. A Specially Made Transmitter for Recording of Exercise Electrocardiograms in the Racehorse by Radiotelemetry. Bulletin of Equine Research Institute, 1980,(17):32 - 38.

Aklo AMADA, Haruo KURITA. Treatment of Atrial Fibrillation with Quinidine Sulfate in the Racehorse. Bulletin of Equine Research Institute, 1978,(15):47 - 61.

David Anthony, Dorcas Brown. The Origin of Horseback Riding. Anitiquity, 1991,(65):22 - 38.

Bat Ochir Bold. Mongolian nomadic society: a reconstruction of the "medieval" history of Mongolia. New Yor: Martin's Press, 2001.

Bat-Ochir Bol. The Quantity of Livestock Owned by the Mongols in the 13th Century. Journal of the Royal Asiatic Society, Third Series, 1998,8(2): 237 - 246.

Borelli. On the movement of animals. Springer-Verlag, 1989.

Brooke. M. H, Kaiser. K. K. Muscle fiber types: how many and what kind? . Arch Neurol. 1970,23:369 - 379.

Yoshikazu Fujii, Hiromasa WATANABE, Takeshi YAMAMOTO, et al.

Serum Creatine Kinase and Lactate Dehydrogenase Isoenzymes in Skeletal and Cardiac Muscle Damage in the Horse. Bulletin of Equine Research Institute, 1983, (20):87 - 96.

Yoshikazu Fujii, Hiromasa WATANABE, Yahiro VEDA, et al. Diagnostic Value of Free Hydroxyproline in Horse Serum. Bulletin of Equine Research Institute, 1981, (18):73 - 83.

Yoshikazu FujIT, Syozi IKEDA, Hiromasa WATANABE. Analysis of Creatine Kinase Isoenzyme in Racehorse Serum and Tissues. Bulletin of Equine Research Institute, 1980, (17):21 - 31.

Geertz, C. Local knowledge: Fact and law in comparative perspective//Local Knowledge: Further essays in interpretive anthropology. New York: Basic Books, 1983:167 - 234.

Geertz, C. The Interpretation of Cultures. New York: Basic Books, 1973.

Kei HANZAWA, Kentaro ORIHARA, Katsuyoshi KUBO, et al. Changes of Plasma Amino Acid and Inorganic Ion Concentrations with Maximum Exercises in Thoroughbred Young Horses. Japanese Journal of Equine Science, 1992, 3(2):157 - 162.

Karasszon. A concise history of veterinary medicine . Budapest: Akadémiai Kiadó, 1988.

Keiji KIRYU, Mikihiro KANEKO, Masaaki OIKAwA, et al. Histopathogenesis of Atriai Fibrillation in the Horse: Card iopathology of an Additional Case. Bulletin of Equine Research Institute, 1977, (14):54 - 63.

Katsuyoshi KUBO, Tetsuo SENTA, Osamu SGIMOTO. Relationship between Training and Heart in the Thoroughbred Racehorse. Experimental Reports of Equine Health Laboratory, 1974, (11):87 - 93.

Keiji KIRYU, Mikihiro KANEKO, Masaaki OIKAWA , Takumi KANEMARU, Toyohiko YOSHIHARA, Hiroshi SATOH Histopathogenesis of Atrial Fibrillation in the Horse Bulletin of Equine Research Institute. 1977, (14):54 - 63.

Katsuyoshi KUBO, Tetsuo SENTA, Osamu SGIMOTO. Relationship between Training and Heart in the Thoroughbred Racehorse. Bulletin of Equine Research Institute, 1974, (11):87 - 93.

Katsuyoshi KUBO, Tetsuo SENTA, Osamu SUGIMOTO. Cardiac Output in the Thoroughbred Horse. Bulletin of Equine Research Institute, 1973, (10):84 - 89.

Makoto KAI. Distribution of Fiber Types in Equine Middle Gluteal Muscle. Bulletin of Equine Research Institute, 1984,(21):46 - 50.

Makoto KAI. Distribution of Fiber Types in Equine Middle Gluteal Muscle. Bulletin of Equine Research Institute, 1984,(21):46 - 50.

Takeshi KUMANOMIDO, Yutaka AKIYAMA. A Simple Method for Collection of Nasal Secretion in Horses . Experimental Reports of Equine Health Laboratory, 1974,(11):128 - 132.

Pita Kelekna. The horse in human history. Cambridge, New York: Cambridge University Press, 2009.

Lindner, Rudi Paul. Nomadism, Horses and Huns. Past & Present, 1981: 3 -19.

J. N. Langley. On the Course and Connections of the Secretory Fibres supplying the Sweat Glands of the Feet of the Cat. The Journal of Physiology, 1891,12(4):347 - 374.

Kanji MATSUI, Akio AMADA, Toru SAWASAKI, et al. Changes in Electrocardiographic Parameters with Growth in Thoroughbred Horses and Shetland Ponies. Bulletin of Equine Research Institute, 1983, (20): 77 -86.

Kanji MATSUI, Erika SHISOE, Tadakatu OKUBO . Automatic Determination of Grazing and Feeding Behavior of Horse in Paddock and Stall . Nihon Chikusan Gakkaiho, 1990,61(7):648 - 654.

Mitsuru Murakami, Nobuo Sakurai. Equine Alkaline Phosphatase. Experimental Reports of Equine Health Laboratory, 1970,(7):29 - 32.

Mitsuru MURAKAMI, Teruyuki IMAHARA, Toshihiko INUI, Akio AMADA, Tetsuo SENTA, Shigeyoshi TAKAGI, Katsuyoshi KUBO, Osamu SUGIMOTO, Hiromasa WATANABE, Syozi IKEDA, Tsutomu KAMEYA. Swimming Exercises in Horses. Experimental Reports of Equine Health Laboratory, 1976,(13):27 - 49.

Yuhzo NAGATA. Studies on Relationship between Periodic Variances of Calcium and Phosphorus Contents in Hair and Development of Cannon Bone Circumference in Growing Race Horses. Bulletin of Equine Research Institute, 1971,(8):82 - 90.

Yuhzo NAGATA. Effects of Various Degrees of Size and Hardness of Complete pelletized Feed on Feeding Behavior in Horses. Experimental Reports of Equine Health Laboratory, 1971, (8):72-81.

Yuhzo NAGATA, Mitsuru MURAKAMI, Nobuo SAKURAI. Effect of Complete Pelletized Rations on the Growth of Race Horses. Experimental Reports of Equine Health Laboratory, 1970, (7):43-57.

Yoshihiro OKUDA, Yuhzo NAGATA, Katsuyoshi KUBO, et al. Grazing Behavior and Heart Rate of Young Thoroughbreds on Pasture. Bulletin of Equine Research Institute, 1980, (17):8-20.

Kenichiro ONO, Kenjiro INUI, Takashi HASEGAWA, Naoaki MATSUKI, Hiromasa WATANABE, Shigeyoshi TAKAGI, Atsuhiko HASEGAWA, Isamu TOMODA . The Changes of Antioxidative Enzyme Activities in Equine Erythrocytes Following Exercise . The Japanese Journal of Veterinary Science, 1990, 52(4):759-765.

Yoshihiro OKUDA, Yuhzo NAGATA, Katsuyoshi KUBO, Makoto KAI, Akito TOKIMI . Grazing Behavior and Heart Rate of Young Thoroughbreds on Pasture . Bulletin of Equine Research Institute, 1980, (17):8-20.

Olsen, S. J. The Horse in Ancient China and Its Cultural Influence in Some Other Areas. Proceedings of the Academy of Natural Sciences of Philadelphia, 1988, 140(2):151-189.

Robert H. Dunlop, David J. Williams. Veterinary medicine: an illustrated history. mosby, 1996.

Mitsuo SONODA. Electron Microscopy of Agranulocytes in the Peripheral Blood of Clinically Healthy Horses. Bulletin of Equine Research Institute, 1979, (16):37-45.

Tetsuo SENTA, Katsuyoshi KuBo. Experimental Induction of Atrial Fibrillation by Electrical Stimulation in the Horse. Bulletin of Equine Research Institute, 1978, (15):37-46.

Yoshio TOMIOKA, Mikihiro KANEKO, Masa-aki OIKAWA, et al. Bone Mineral Content of Metacarpus in Racehorses by PhotonAbsorption Technique: In vitro Measurement. Bulletin of Equine Research Institute, 1985, (22):22-29.

Yoshio ToMIOKA, Mikihiro KANEKO. Relationship between Ultrasonic

Pulse Velocity and Bone MineralContent in the Distal Part of the Equine Third Metacarpus. Bulletin of Equine Research Institute, 1986, (23): 67 -69.

Shigeyoshi TAKAGI, Nobuo SAKURAI. Changes of Glucose, pyruvate, and Lactate in Blood of Horses at Rest and During Exercise. Bulletin of Equine Research Institute, 1971, (8):100 - 109.

Shlgeyoshl TAKAGI. Effect of Training on Glucose Utilization in the Racehorse . Bulletin of Equine Research Institute, 1983, (20):71 - 76.

Nobuyoshi UEHARA, Hiroshi SAWAZAKI, Koshi MOCHIZUKI. Changes in the Skeletal Muscles Volume in Horses with Growth. The Japanese Journal of Veterinary Science, 1985, S47(1):161 - 163.

Hiromasa WATANABE, SyoZi IKEDA, Sadao YAMAOKA, et al. Evaluation of Myoglobin Determination for the Diagnosis of Tying-up Syndrome in Racehorses in Japan. Bulletin of Equine Research Institute, 1978, (15):79 - 90.

Hlromasa WATANABE, Yoshikazu FujII, Fumlkatsu ICHIKAWA, et al. A High-Performance Liquid-Chromatographic Analysis of Serum Tocopherols in Thoroughbred Horses. Bulletin of Equine Research Institute, 1982, (19):51 - 58.

Waddington, Caroline Humphrey. Horse Brands of the Mongolians: A System of Signs in a Nomadic Culture. American Ethnologist, 1974, (1): 471 - 488.

Sadao YAMAOKA, Syozi IKEDA, Hiromasa WATANABE, et al. Clinical and Enzymological Findings of Tying-up Syndrome in Thoroughbred Racehorses in Japan. Bulletin of Equine Research Institute, 1978, (15): 62 -78.

Toyohlko YOSHIHARA, Masa-akl OIKAWA, Ryulchl WADA et al. Bone Morphometry and Mineral Contents of the Distal Part of the Fractured Third Metacarpal Bone in Thoroughbred Racehorses. Bulletin of Equine Research Institute, 1990, (27):1 - 6.

Toyohlko YOSHIHARA, Masa-akl OIKAWA, Ryulchl WADA, et al. Bone Morphometry and Mineral Contents of the Distal Part of the Fractured Third Metacarpal Bone in Thoroughbred Racehorses. Bulletin of Equine Research Institute, 1990, (27):1 - 6.

Mamoru YAMAGUCHI, Alissa WINNARD, Kazushige TAKEHANA, et al. Molecular Analysis of Horse Skeletal Muscle Myosin. Bulletin of Equine Research Institute, 1993, (30): 15 - 25.

Mamoru YAMAGUCHI, Alissa WINNARD, Kazushige TAKEHANA, et al. Molecular Analysis of Horse Skeletal Muscle Myosin. Bulletin of Equine Research Institute, 1993, (30): 15 - 25.

Ruini Carlo. Anatomia del cavallo, infermità, et suoi rimedii. Venetia, 1618.

Philippe Étienne Lafosse. Cours d'Hippiatrique, ou traité complet de la médicine des chevaux. Parigi, 1772.

日文文献

アイヒバウム. 獣医学史提要. 東京: 陸軍省, 1899.

朝井洋, 水野豊香, 山本修, 藤川洋史. 子馬の骨端症発症率からみた銅および亜鉛の必要量. 日本畜産学会報, 1993, 64 (12).

荒木貞勝. 蹄の機能に関する研究. 日本中央競馬会競走馬保健研究所報告, 1965, (3): 157 - 162.

天田明男, 千田哲生. 競走馬の心電図に関する研究, 第2報不整脈の心電図学的観察. 日本中央競馬会競走馬保健研究所報告, 1964, (2): 9 - 27.

天田明男, 千田哲生. 競走馬の心電図に関する研究. 日本中央競馬会競走馬保健研究所報告, 1964, (2): 1 - 8.

天田明男. 運動時のウマの心電図観察のための磁気記録方式心電計の試作について. 家畜の心電図, 1974, (7): 28 - 34.

天田明男. ウマの心電図誘導法の歴史. 家畜の心電図, 1977, 10 (10): 19 - 27.

田垣住雄. 実験馬學綜説. 東京: 養賢堂, 1950.

白井恒三郎. 日本獣医学史. 東京: 文永堂, 1979.

伊地知長生. 馬ノ血液中ノ結合炭酸. 日本獣醫學會雑誌, 1922, 1 (2): 67 - 79.

伊東俊夫, 青木秀夫, 高橋嘉幸. 馬の汗腺の細胞学的組織学的研究. 日本組織学記録, 1961, 21 (2): 199 - 220.

伊澤信一. 馬の知識. 東京: 牧書房, 1944.

池田音次郎君. 歐米畜産視察談. 中央獣醫會雑誌, 1904, 17 (1):

24 -39.

池田正二，山岡貞雄，渡辺博正，亀谷勉．セルロゲル膜による競走馬の
　　LDHアイソエンザイム分析について．日競研報，1978，(15)：1 - 7.

井上邦子．モンゴル国の伝統スポーツ：相撲・競馬・弓射．東京：叢文
　　社，2005.

市川収．馬の生物学．東京：創元社，1944.

市川収．蒙古馬鼻疽肺臓病變300例ノ形態學的變化トまれいん反應トノ
　　關係ニ就テ．日本獸醫學雑誌，1940，2 (2)：195 - 236.

今村明恒．蘭学の祖今村英生．東京：朝日新聞社，1942.

農文協．畜産総論・馬．東京：農山漁村文化協会，1983a.

農文協．畜産総論．東京：農山漁村文化協会，1983b.

ヴェサリウス．人体構造論抄．中原泉，訳．東京：南江堂，1994.

レイ・ヴァンプリュー．英国競馬の社会経済史．宗田実，訳．東京：日
　　本中央競馬会，1985.

ロイ・ウイリス．人間と動物．小松和彦，訳．東京：紀伊国屋書
　　店，1979.

上原伸美．競走馬に用いられる飼料中のZn．Mn．Co．の含有量の分析
　　成績．日本中央競馬会競走馬保健研究所報告，1961，(1)：145 - 148.

岡部利雄，杉山豊一．馬運動間ノ呼吸ニ關スル實驗的研究．I．特ニ呼吸
　　數ノ變化ニ就テ．日本獸醫學雑誌，1944，6 (1)：1 - 17.

奥野克巳．人と動物の人類学．横浜：春風社，2012.

細田達雄．馬血液型検査の実際とその応用（I）．日本獣医師会雑誌，
　　1977，30 (5)：272 - 277.

織田益吉．支那の牧場及支那馬に就て．中央獸醫會雑誌，1920，33
　　(8)：465 - 469.

里深文彦．共生する科学技術．東京：コロナ社，2006.

大蔵平三．馬学説約．東京：陸軍士官学校，1882.

大蔵平三．馬学説約附図．東京：陸軍士官学校，1882.

大久保忠旦．農業の新ゴミ問題：飼料穀類大量輸入に伴う雑草進入と糞
　　尿汚染．学術の動向，1999，4 (3)：48 - 57.

大竹修．日本の近代獣医学史：特に獣医学の基礎を築いた人達．動物臨
　　床医学，24 (1)：39 - 42.

及川正明，兼丸卓美，吉原豊彦，兼子樹広，桐生啓治，佐藤博．馬の結
　　核症の1剖検例に関する病理学的観察．日本中央競馬会競走馬保健研

究所報告. 1976, (13): 19-26.

尾形学. 日本獣医学の進展. 東京: 東印刷株式会社, 1985.

スティーブ・オルソン. 生物学と人間の価値. 中村桂子, 訳. 東京: オーム社, 1992.

川原善之, 谷山政純, 安田三郎. 馬における PMS 及び HCG の応用について. 家畜繁殖誌, 1958, 4 (3): 123-124.

關東軍獸醫部. 代用馬糧として玉蜀黍飼養試驗成績. 中央獸醫會雜誌, 1923, 36 (4): 298-305.

加藤嘉太郎. 家畜の解剖と生理. 東京: 養賢堂, 1974.

勝島仙之助. 家畜医範 (10—12 巻, 内科学). 東京: 有隣堂, 1887.

菅野礼司. 科学は「自然」をどう語ってきたか: 物理学の論理と自然観. 京都: ミネルヴァ書房, 1999.

關根富治. 運動間に於ける装蹄判斷の基本的研究特に運動間に於ける肢蹄の態度に就て. 中央獸醫學雜誌 1936, 49 (8): 669-749.

窪道護夫. 日本における動物用ホルモン製剤の現況とその応用. 日本獣医師会雑誌, 1965, 18 (5): 283-287.

菊池東水. 解馬新書 (1—2 巻). 1852.

原島善之助. 産馬大鑑. 東京: 裳華房, 1907.

倉兼英二, 天田明男. カルシウム剤の静脈内投与がウマの心臓機能に及ぼす影響について. 家畜の心電図, 1979, 12 (12): 1-7.

亀谷勉, 山岡貞雄, 宮木秀治, 根岸孝. 競走馬における蹄葉炎罹患蹄角質部の化学的組成について. 日競研報, 1979, (16): 1-8.

亀谷勉, 山岡貞雄. 馬の皮膚温と気象条件について, 日本中央競馬会競走馬保健研究所報告, 1968 (5): 1-12.

亀谷勉, 吉田慎三, 桐生啓治, 山岡貞雄. 馬の附蟬の形態について. 日本中央競馬会競走馬保健研究所報告, 1971, (8): 10-25.

小山太良. 競走馬産業の形成と協同組合. 東京: 日本経済評論社, 2004.

小倉幸子, 牛見忠蔵, 上原伸美. サラ系馬の血液と体毛のセレニウム含量. 日本畜産学会報, 1981, 52 (11): 823-824.

妹尾俊彦. レントゲン影像上における競走馬の四肢骨の化骨期の研究 (1) 胎児四肢骨のレ線的観察. 日競研報, 1961, (1): 59-62.

菰田文男. 科学・技術と価値: 連関分析アプローチ. 東京: 多賀出版, 2000.

木全春生．馬の運動と血壓の變化に就て．應用獸醫學雑誌，1932，5（12）：925‐931.

近藤誠司．ウマの動物学．東京：東京大学出版社，2001.

デニス・クレイグ．競馬：サラブレッドの生産および英国競馬小史佐藤正人，佐藤正人，訳．東京：中央競馬ピ‐ア‐ル・センタ‐，1986.

エヴリンF・ケラ‐．生命とフェミニズム．広井良典，訳．東京：勁草書房，1996.

ジェ‐・コラン（Colin Gabriel Constant）．獣医生理書（第1編）．小沢温吉，訳．東京：獣医書典出版義会，1887.

佐々木義夫，西川義正．馬の人工授精に關する研究．日本畜産学会報．1949，20（2）：51‐57.

佐藤邦忠，三宅勝，吉川友喜，神戸川明．馬の性周期並びに妊娠期における血中プロゲステロンの消長．家畜繁殖研究會誌，1975，21（3）：113‐115.

佐藤邦忠，三宅勝，角田修男，中川明，岩村俊春．3歳種雄候補馬の精液性状，血中テストステロン値ならびにエストロジェン値について．日本畜産学会報，1981，52（6）：447‐450.

櫻井信雄．競走馬能カト其ノ赤血球沈降速度二就テ．日本獸醫學雑誌，1941，（36）：651‐661.

桜井信雄，小川諄．幼駒の発育並びに鍛練に伴う循環好酸球数及び赤血球沈降速度について日本中央競馬会競走馬保健研究所報告1961，（1）：115‐119.

桜井信雄，上原伸美，村上碩，永田雄三．馬尿性状の日内変動について．日本中央競馬会競走馬保健研究所報告，1964，（2）：71‐75.

桜井信雄，下田勝太郎，亀谷勉，上原伸美，天田明男，村上碩，吉田慎三，荒木貞勝，渡辺博正．短期温泉浴による馬の生体反応について．日本中央競馬会競走馬保健研究所報告，1965，（3）：111‐121.

桜井信雄，高木茂美．馬の興奮時におけるまばたきについて．日本中央競馬会競走馬保健研究所報告，1972，（9）：67‐73.

桜井信雄，山岡貞雄，村上碩．運動の強さとウマの血液変動について．日本中央競馬会競走馬保健研究所報告，1967，（4）：15‐19.

桜井信雄，上原伸美，山岡貞雄，天田明男，千田哲生．騒音がウマの心拍数および血液性状に及ぼす影響について．日本中央競馬会競走馬保健研究所報告，1967，（4）：10‐14.

桜井信雄，村上碩，天田明男，高木茂美インターバル・トレーニングの馬への応用について．日本中央競馬会競走馬保健研究所報告，1969，(6)：1-9.

桜井信雄，上原伸美，田口邦臣，田辺俊文．競走馬の発育調教に伴う血液性状の変化について．日本中央競馬会競走馬保健研究所報告，1964，(2)：67-70.

桜井信雄，上原伸美，田口邦臣．馬の血液性状の日内変動について．日競研報，1961，(1)：107-114.

櫻井信雄．競走馬能カト其ノ赤血球沈降速度二就テ．日本獣醫學雑誌，1941，3 (6)：651-661.

雑録：馬政局事業．中央獣醫會雑誌，1909，22 (6)：352-379.

沢崎坦．わが国における家畜心電図研究のあゆみ．家畜の心電図，1972，5 (5)：1-14.

沢崎坦．馬は語る．東京：岩波書店，1987.

新城明久．宮古馬の体型と改良の経過．日本畜産学会報，1976，47 (7)：423-429.

新山荘輔，時重初熊．家畜医範（4—6巻，生理学）．東京：農商務省農務局，1888.

篠永紫門．日本獣医学教育史．東京：文永堂，1972.

JRA競走馬総合研究所．競走馬の科学．東京：講談社，2006.

柴田哲孝．伝説の名馬ライスシャワー物語：人のために生き人のために死す．東京：祥伝社，1998.

ヴァンダナ・シヴァ．緑の革命とその暴力．浜谷喜美子，訳．東京：日本経済評論社，1997.

ヴァンダナ・シヴァ．生物多様性の危機．高橋由紀，戸田清，訳．東京：三一書房，1997.

ヴァンダナ・シヴァ．種子と糸車技術開発と生物多様性保護//ヴァンダナ・シヴァ．生物多様性の危機．高橋由紀，戸田清，訳．東京：三一書房，1997：149-165.

ヴァンダナ・シヴァ．バイオテクノロジーと環境//ヴァンダナ・シヴァ．生物多様性の危機．高橋由紀，戸田清，訳．東京：三一書房，1997：106-148.

ヴァンダナ・シヴァ．生物多様性：第三世界の視点//ヴァンダナ・シヴァ．生物多様性の危機．高橋由紀，戸田清，訳．東京：三一書房，

1997：72‐105.

ヴァンダナ・シヴァ．精神のモノカルチャー//ヴァンダナ・シヴァ．生
物多様性の危機．高橋由紀，戸田清，訳．東京：三一書房，1997：
13‐71.

ヴァンダナ・シヴァ．アース・デモクラシー：地球と生命の多様性に根
ざした民主主義．山本規雄，訳．東京：明石書店，2007.

ウー・シッペルレン．獣医全書（1‐冊）．フー・セ・ベクメール，訳．
坪井信良，再訳．東京：内務省，1881.

ショウヴホウ（Chauveau Auguste）．獣医解剖書．今泉六郎，訳．東京：
獣医書典出版義会，1887.

鈴木善祐．生理学・薬理学分科会//尾形学．日本獣医学の進展．東京：
東印刷株式会社，1985：35‐36.

鈴木喬．蒙古馬幼駒の腺疫に就いて．應用獸醫學雜誌．1941，14（7）：
471‐475.

進藤賢一．日高地方における軽種馬の生産構造．北海道地理，1977，
（51）：13‐19.

田中宏．家畜医範（1‐3巻，解剖学）．東京：農商務省農務局，1888.

田中宏．馬体解剖実習指針．東京：文永堂書店，1944.

田原口貞生，岡井和彦，織田康裕，桑野睦敏，上野孝範，谷山弘行．母
馬の濃厚飼料給与量と子馬胃潰瘍の関係．日本獣医師会雑誌，2004，
57（6）：366‐370.

田口鎭雄．蒙古馬の型態學的研究（豫報）．日本畜産学会報 1934，7：
149‐155.

帝国競馬協会．日本馬政史（四巻）．東京原書房，1982.

増井清．馬匹體格體型の生物測定學及び遺傳學的研究第一．日本畜産学
会報，1936，（9）：78‐165.

中央競馬ピーアールセンター．名馬の探究．東京：中央競馬ピーアール
センター，1981.

武市銀治郎．富国強馬：ウマからみた近代日本．東京：講談社，1999.

土川健之，上原伸美，多田恕，吉田光平，吉田慎三，竹永士郎，竹内
啓．大型X線装置による競走馬のX線撮影に関する研究1正常股関節
の撮影条件の検討．日競研報，1977，（14）：13‐21.

土川健之，上原伸美，多田恕，吉田光平，山本栄一，吉田慎三，竹内
啓．大型X線装置による競走馬のX線撮影に関する研究2．肩関節の

撮影条件の検討と臨床応．日競研報，1978，(15)：18-30.

土江義雄，幡谷正明．馬ノ四肢筋腱ノ作用二關スル研究 II. 後肢．日本獸醫學雜誌，1943，5 (2)：115-138.

沖博憲，深谷徳善．サラブレッド種における多数部位体計測値の一日の変動．日競研報，1983，(20)：11-15.

沖博憲，市川文克，久保勝義．ステレオカメラによる馬体三次元計測法について．日競研報，1988，(25)：1-5.

沖博憲，永田雄三．サラブレッド種における馬体多数部位の成長の調査．日競研報，1983，(20)：16-26.

沖博憲，永田雄三．ステレオカメラのトレーニング効果判定への応用．日競研報，1982，(19)：38-42.

沖博憲．馬の育種：今、昔—サラブレッド種の成立から現代まで．動物遺伝育種研究，2003，31 (1)：39-45.

伴仲藏．馬匹外貌學．東京：文永堂書店，1941.

東京衛生試驗所．馬匹飼糧分析成績表．東京化學會誌，1888，9 (9)：178.

長谷川晃久，益満宏行，上田八尋，富岡義雄．競走馬における超音波伝播速度法の臨床応用に関する研究．日競研報，1985，(22)：16-21.

長沢孝司，尾崎孝宏．モンゴル遊牧社会と馬文化．東京：日本経済評論社，2008.

長沢孝司．世代の継承と馬文化//長沢孝司，尾崎孝宏．モンゴル遊牧社会と馬文化．東京：日本経済評論社，2008：59-86.

中山智晴．競争から共生の社会へ．東京：北樹出版，2012.

中村洋吉．獣医学史．東京：養賢堂，1980.

中島剛，村上碩，永田雄三．競走馬血液成分の正常値，特にヘモグロビン含量，ヘマトクリツト値，比重及び血漿蛋白質含量について．日本中央競馬会競走馬保健研究所報告，1961，(1)：129-132.

中島剛，大石幸子．競走馬へのデキストラン鉄筋注後の血液性状の変化について．日本中央競馬会競走馬保健研究所報告，1965，(3)：33-39.

江島真平，武藤喜一郎．馬の汗腺細胞の分泌現象に就て．実験医誌，1935，(19)：1735-1742.

江島眞平．馬の汗腺こ其の分泌（發汗）現象．臨床實驗，1936，9 (6)：332-335.

永田雄三，中島剛．燕麦の繊維の消化率に及ぼす C. M. C. の影響について．日本中央競馬会競走馬保健研究所報告，1965，(3)：55 - 57.

日本中央競馬会広報室．日本中央競馬会三十年史．東京：日本中央競馬
　　会，1985.

日本中央競馬会総務部調査課．日本競馬史（第三巻）．東京：日本中央
　　競馬会，1968.

日本中央競馬会競走馬総合研究所．サラブレッドの科学：競走馬の心・
　　技・体．東京：講談社，1998.

日本中央競馬会競走馬総合研究所．競走馬総合研究所 50 年のあゆみ．
　　宇都宮：日本中央競馬会競走馬総合研究所，2009a.

日本中央競馬会競走馬総合研究所．競走馬総合研究所業績集（平成 2
　　年―平成 20 年）．宇都宮：日本中央競馬会競走馬総合研究所，2009b.

日本中央競馬会競走馬総合研究所．競走馬総合研究所業績集（昭和 34
　　年―平成元年）．東京：日本中央競馬会競走馬総合研究所，1990.

日本中央競馬会競走馬総合研究所．馬の科学：サラブレッドはなぜ速い
　　か．東京：講談社，1986.

日本中央競馬会競走馬総合研究所．馬の医学書．東京：日本中央競馬会
　　弘済会，1996.

日本中央競馬会十年史編纂委員会．日本中央競馬会十年史．東京：日本
　　中央競馬会，1965.

日本中央競馬会総務部．日本中央競馬会二十年史．東京：日本中央競馬
　　会，1977.

西川義正，黒田範雄，山崎良夫．馬の人工排卵に關する研究．日本畜産
　　学会報，1949，20 (2)：61 - 64.

西川義正，杉江佶．馬精蟲の抵抗力に關する研究．日本畜産学会報，
　　1949，20 (4)：116 - 122.

西川義正，和出靖．馬の人工授精に關する研究．日本畜産学会報，
　　1949，20 (4)：123 - 128.

西川義正．満 50 才を迎えた日本の家畜人工授精．日本獣医師会雑誌，
　　1963a，16 (5)：161 - 167.

西川義正．満 50 才を迎えた日本の家畜人工授精．日本獣医師会雑誌，
　　1963b，16 (6)：201 - 209.

西川義正．世界の家畜人工授精．日本獣医師会雑誌，1965，18 (6)：
　　327 - 333.

仁木陽子，上田八尋，益満宏行．床反力による馬の運動解析 3．駈歩時

の垂直，前後分力波形と馬体動作との関連性．日競研報，1984，(21)：8 - 18.

農商務省農務局．駒場農学校一覧．東京：農商務省農務局，1884.

農林水産省農林水産技術会議事務局昭和農業技術発達史編纂委員会．昭和農業技術発達史（4 巻）．東京：農林水産技術情報協会，1995.

野村晋一，天田明男，千田哲生，沢崎坦，富永聰，茨木弟介．筋運動における心拍数および心拍間隔時系列に関する研究．日競研報，1961，(1)：45 - 58.

野村晋一．概説馬学．下関市：新日本教育図書株式会社，1997.

野沢延行．モンゴルの馬と遊牧民．東京：原書房，1991.

野澤謙．東亜と日本在来馬の起源と系統．Japanese Journal of Equine Science，1992，3 (1)：1 - 18.

根岸孝，宮木秀治，亀谷勉．馬蹄角質部の蛋白質含量と脂質組成について．日競研報，1977，(14)：22 - 28.

バロン．馬学教程．秋庭守信，訳．東京：兵林館，1891.

馬事文化財団馬の博物館．文明開化と近代競馬：特別展・横浜開港 150 周年記念．横浜：馬事文化財団，2009.

馬史．村上要信，訳．東京：大日本農会，1887.

久合田勉．馬學：蕃殖・育成篇．東京：養賢堂，1943.

廣野喜幸，市野川容孝，林真理．生命科学の近現代史．東京：勁草書房，2002.

広瀬恒夫．獣医臨床にお画像診断学//尾形学．日本獣医学の進展．東京：東印刷株式会社，1985：343 - 347.

廣重徹．科学の社会史（上）．東京：岩波書店，2002.

廣重徹．科学の社会史（下）．東京：岩波書店，2003.

平戸勝七，三浦四郎，大屋正，葛西勝彌．馬ノ傳染性流産ニ關スル實験的研究．II. 實験流産馬ニ於ケル血液學的觀察．日本獸醫學會雑誌，1935，14 (3)：295 - 313.

平山八彦，遠藤司郎，渡部敏，真下安雄，小野元雄，大山兼司，妹尾俊彦．ビタミン B₁ 投与馬における血液ならびに尿中のビタミン B₁ および焦性ブドウ酸の経時的変化について．日本中央競馬会競走馬保健研究所報告，1965，(3)：27 - 32.

深井豪一．放牧地に於ける野草の榮養學的研究（第 1 報）．日本農芸化学会誌，1940，16 (6)：519 - 525.

富岡義雄，長谷川晃久，兼子樹広，及川正明．サラブレッド種における第 三中手骨ならびに第三中足骨の超音波伝播速度と骨性状に関する形態学的検討．日競研報，1985，（22）：8‐15.

帆保誠二．呼吸異常を呈したサラブレッド種競走馬1008頭における上気道の内視鏡検査所見．日本獣医師会雑誌．2000，53（10）：661‐663.

キャロライン・デイヴィス．図説馬と人の歴史全書．別宮貞徳，訳．東洋書林，2005.

クラットン・ブロック．馬と人の文化史．清水雄次郎，訳．東京：東洋書林，1997.

J．クラットン＝ブロック．図説・動物文化史事典：人間と家畜の歴史．増井久代，訳．東京：原書房，1989.

楠瀬良，畠山弘，久保勝義，木口明信，朝井洋，藤井良和，伊藤克己．育成期の馬の至適放牧地条件1．放牧地の面積がサラブレッド種育成馬の行動に及ぼす影響．日競研報，1985，（22）：1‐7.

本村凌二．馬の世界史．東京：株式会社講談社，2001.

ホアン・マシア．生命哲学：いのちの操作への疑問．千葉県：有限会社教友社，2003.

メルシュ（Mersch）．相馬学（上、下巻）．東京：陸軍文庫，1879.

松井鍵．遊牧という文化．東京：吉川弘文館，2001.

松尾信一．明治農書全集．東京：農山漁村文化協会，1985.

松葉重雄，島村虎猪，木全春生，島崎保正，木島俊雄，四條隆徳．競走馬の能力に關する研究．I．中央獸醫學雜誌，1938a，51（1）：1‐69.

松葉重雄，島村虎猪，四條隆徳．競走馬の能力に關する研究．中央獸醫學雜誌，1938b，51（7）：585‐641

丸岡詮．九州における草地の実態と放牧利用の問題点．日本草地学会九州支部会報，1973，3（2）：1‐9.

三浦清吉．奥羽種馬牧場ニ於ケル實驗談．中央獸醫會雑誌，1906，19（7）：245‐254.

宮木秀治，大西忠男，山本隆幸，亀谷勉．馬蹄における蹄角質の水分含量について．日本中央競馬会競走馬保健研究所報告，1974，（11）：15‐20.

宮木秀治，笹森喜弥太，渡辺善己，亀谷勉．幼駒の発育調教に伴う蹄の変化について．日本中央競馬会競走馬保健研究所報告，1969，（6）：34‐39.

村瀬雅俊. 歴史としての生命：自己・非自己循環理論の構築. 京都：京都大学学術出版会 2000.

森周六，山時隆信. 農馬の牽引能力測定法に就て農業土木研究 1935：7（2）：41-50.

森浩一. 馬（日本古代文化の探究）. 東京：社会思想社，1974.

武藤喜一郎. 汗腺に對する交感神經及副交感神經の分佈に就て. 中央獸醫會雑誌，1917，30（8）：593-605.

持田良吉. 妊馬尿中の非発情酸性分割に関する研究. 順天堂医学，1960，6（5）：342-353.

スタンリー・J. ライザー. 診断術の歴史：医療とテクノロジー支配. 春日倫子，訳. 東京：平凡社，1995.

P. ローズ. 医学と社会のあゆみ. 丸井英二，訳. 東京：朝倉書店，1990.

安井淳之助. 歐米視察談. 中央獸醫會雑誌，1902，15（6）：1-16.

安田純夫，仁田原耕三，萩原昇. 軍馬の心臟の電氣心働圖學的研究（上）. 綜合獸醫學雑誌，1944，1（3）：57-65.

安田純夫，仁田原耕三，萩原昇. 軍馬の心臟の電氣心働圖學的研究（下）. 綜合獸醫學雑誌，1944，1（3）：109-117.

山口未花子. 人と動物の関係を地球規模で見てみる//奥野克巳. 人と動物の人類学. 横浜：春風社，2012：序.

山口俊男. 競走馬の運動器疾患に対するレーザー照射の影響. 東北家畜臨床研究会誌，1994，17（2）：76-85.

山岡貞雄，乗上信幸. 競走馬の温泉療法とリハビリテーション. 日本温泉気候物理医学会雑誌，1979，43（1）：6-11.

山野辺啓，平賀敦，久保勝義. 日々のウォーミングアップ中の心拍数を用いた馬のトレーニング効果の評価. 日競研報，1993，（30）：5-8.

山野浩一. サラブレッドの誕生. 東京：朝日新聞社，1990.

山森芳郎. 図説日本の馬と人の生活誌. 東京：原書房，1993.

楊海英. 草原と馬とモンゴル人. 東京：日本放送出版社，2001.

ウキルリエム・ユーアット（Youatt William）. 泰西馬誌：英国馬史編. 村山通定，長嶋市太郎，訳. 東京：潤生舎等，1885.

吉田光平，上田八尋，長沢良信，益満宏行，藤井良和. サラブレッドの化骨に関するX線学的研究1. 尺骨頭と踵骨の化骨過程について. 日競研報，1981，（18）：8-18.

吉田光平，上田八尋，益満宏行．サラブレッドの化骨に関する X 線学的研究 2．第三中手骨遠位端，基節骨近位端および橈骨遠位端の骨端線の閉鎖融合過程ならびに骨成熟評価法について．日競研報，1982，(19)：18 - 29.

吉原公平．蒙古馬政史．東京：東學社，1938.

吉田慎三．競走馬の禁止薬物について．獣医麻酔，1971，(2)：57 - 59.

湧井秀雄．呼倫貝爾地方に多發する一種の馬蠅幼虫に因る馬の顔面爬行症に就て．中央獸醫學雑誌，1935，48 (7)：562 - 573.

蒙古文文献

ᠠᠭᠤᠳᠠᠮ（阿古达木），ᠤᠷᠠᠨ（乌日根）．ᠮᠣᠩᠭᠣᠯ ᠶᠣᠰᠣᠨ（蒙古族婚礼）．ᠬᠥᠬᠡᠬᠣᠲᠠ：ᠥᠪᠥᠷ ᠮᠣᠩᠭᠣᠯ ᠤᠨ ᠠᠷᠠᠳ ᠤᠨ ᠬᠡᠪᠯᠡᠯ，2009.

ᠠᠶᠤᠷᠵᠠᠨᠠ（阿玉尔扎那），ᠲᠦᠮᠡᠨᠦᠯᠵᠡᠢ（图门乌力吉）．ᠣᠷᠳᠣᠰ ᠤᠨ ᠮᠠᠯ ᠠᠵᠤ（鄂尔多斯牧业文化）．ᠬᠥᠬᠡᠬᠣᠲᠠ：ᠥᠪᠥᠷ θ ᠬᠡᠪᠯᠡᠯ ᠤᠨ ᠬᠣᠷᠢᠶ᠎ᠠ，2002.

ᠪᠠᠶᠠᠷᠮᠠᠨᠳᠠ（巴雅尔芒奈）．ᠮᠣᠩᠭᠣᠯᠴᠤᠳ ᠤᠨ ᠠᠳᠤᠭᠤ ᠮᠠᠯᠯᠠᠬᠤ ᠶᠣᠰᠤᠨ ᠤ ᠤᠯᠠᠮᠵᠢᠯᠠᠯ（蒙古族养马传统）．ᠬᠥᠬᠡᠬᠣᠲᠠ，1998.

ᠪᠠᠶᠠᠷᠮᠠᠨᠳᠠ（巴雅尔芒奈）．ᠲᠦᠮᠡᠨ θ ᠲᠡᠷᠢ（万骏之首）．ᠬᠥᠬᠡᠬᠣᠲᠠ，2005.

ᠳᠠᠢᠴᠢᠩ（岱青）．ᠠᠳᠤᠭᠤ ᠦᠵᠡᠬᠦ ᠲᠣᠪᠴᠢ（相马要略）．ᠬᠥᠬᠡᠬᠣᠲᠠ：ᠥᠪᠥᠷ ᠮᠣᠩᠭᠣᠯ ᠤᠨ ᠰᠤᠷᠭᠠᠨ ᠬᠥᠮᠦᠵᠢᠯ ᠤᠨ ᠬᠡᠪᠯᠡᠯ ᠤᠨ ᠬᠣᠷᠢᠶ᠎ᠠ，1998.

ᠠᠳᠤᠭᠤ ᠰᠤᠷᠭᠠᠬᠤ ᠪᠠ ᠰᠤᠷᠭᠠᠬᠤ ᠠᠳᠤᠭᠤ ᠰᠤᠷᠭᠠᠬᠤ (相马与训马篇)// ᠯᠤᠪᠰᠠᠩᠪᠠᠯᠳᠠᠨ（罗布桑巴拉丹）．ᠠᠳᠤᠭᠤ ᠤᠨ ᠰᠤᠳᠤᠯᠤᠯ（相马）．ᠬᠥᠬᠡᠬᠣᠲᠠ：ᠥᠪᠥᠷ ᠮᠣᠩᠭᠣᠯ ᠤᠨ ᠠᠷᠠᠳ ᠤᠨ ᠬᠡᠪᠯᠡᠯ，1999:32-49.

ᠢᠰᠢᠪᠠᠯᠵᠤᠷ（伊希巴拉珠儿）．ᠠᠮᠤᠷᠳᠠ ᠳᠥᠷᠪᠡᠨ（甘露四部）．ᠭᠠᠳᠠᠭᠠᠳᠤ，ᠠᠮᠤᠷᠳᠠ．ᠬᠥᠬᠡᠬᠣᠲᠠ：ᠥᠪᠥᠷ ᠮᠣᠩᠭᠣᠯ ᠤᠨ ᠠᠷᠠᠳ ᠤᠨ ᠬᠡᠪᠯᠡᠯ，1998.

ᠬᠥᠬᠡᠬᠣᠲᠠ ᠬᠣᠲᠠ ᠶᠢᠨ ᠡᠷᠲᠡᠨ ᠦ ᠨᠣᠮ ᠪᠢᠴᠢᠭ ᠵᠠᠰᠠᠪᠤᠷᠢᠯᠠᠬᠤ ᠠᠵᠢᠯ ᠤᠨ ᠭᠠᠵᠠᠷ（赤峰市古籍整理办公室）．ᠠᠳᠤᠭᠤ θ ᠰᠤᠳᠤᠯᠤᠯ ᠤᠨ ᠨᠣᠮ（马经大全）．ᠬᠥᠬᠡᠬᠣᠲᠠ：ᠥᠪᠥᠷ ᠮᠣᠩᠭᠣᠯ ᠤᠨ ᠰᠤᠷᠭᠠᠨ ᠬᠥᠮᠦᠵᠢᠯ ᠦᠨ ᠬᠡᠪᠯᠡᠯ ᠦᠨ ᠬᠣᠷᠢᠶ᠎ᠠ，1996.

ᠨᠢᠭᠡ ᠨᠡᠷ᠎ᠡ ᠦᠭᠡᠢ ᠠᠳᠤᠭᠤ（无标题马经）// ᠯᠤᠪᠰᠠᠩᠪᠠᠯᠳᠠᠨ（罗布桑巴拉丹）．ᠠᠳᠤᠭᠤ ᠤᠨ ᠰᠤᠳᠤᠯᠤᠯ（相马）．ᠬᠥᠬᠡᠬᠣᠲᠠ：ᠥᠪᠥᠷ ᠮᠣᠩᠭᠣᠯ ᠤᠨ ᠠᠷᠠᠳ ᠤᠨ ᠬᠡᠪᠯᠡᠯ，1999: 79-84.

ᠨᠢᠭᠡ ᠨᠡᠷ᠎ᠡ ᠦᠭᠡᠢ ᠠᠳᠤᠭᠤ（无标题马经）// ᠯᠤᠪᠰᠠᠩᠪᠠᠯᠳᠠᠨ（罗布桑巴拉丹）．ᠠᠳᠤᠭᠤ ᠤᠨ ᠰᠤᠳᠤᠯᠤᠯ（相马）．ᠬᠥᠬᠡᠬᠣᠲᠠ：ᠥᠪᠥᠷ ᠮᠣᠩᠭᠣᠯ ᠤᠨ ᠠᠷᠠᠳ ᠤᠨ ᠬᠡᠪᠯᠡᠯ，1999:92-101.

ᠨᠢᠭᠡ ᠨᠡᠷ᠎ᠡ ᠦᠭᠡᠢ ᠠᠳᠤᠭᠤ（无标题马经）// ᠯᠤᠪᠰᠠᠩᠪᠠᠯᠳᠠᠨ（罗布桑巴拉丹）．ᠠᠳᠤᠭᠤ ᠤᠨ ᠰᠤᠳᠤᠯᠤᠯ（相马）．ᠬᠥᠬᠡᠬᠣᠲᠠ：ᠥᠪᠥᠷ ᠮᠣᠩᠭᠣᠯ ᠤᠨ ᠠᠷᠠᠳ ᠤᠨ ᠬᠡᠪᠯᠡᠯ，1999:156-162.

ᠨᠠᠮᠳᠣᠷᠵᠢ（那木道尔吉）．ᠮᠣᠩᠭᠣᠯ ᠤᠨ ᠠᠳᠤᠭᠤ（蒙古马）．ᠬᠥᠬᠡᠬᠣᠲᠠ：ᠥᠪᠥᠷ ᠮᠣᠩᠭᠣᠯ ᠤᠨ ᠠᠷᠠᠳ ᠤᠨ ᠬᠡᠪᠯᠡᠯ，1958.

ᠬᠣᠣᠰᠣᠯ ᠤᠨ ᠬᠣᠣᠰᠣᠯ ᠢ ᠵᠢ ᠵᠢᠯᠡᠭᠡ ᠬᠢᠭᠡᠳ ᠤᠷᠤᠯᠳᠤ ᠤᠯᠤᠰ（致密致隐篇）// ᠯᠣᠪᠰᠠᠩᠪᠠᠯᠳᠠᠨ（罗布桑巴拉丹）. ᠠᠳᠤᠭᠤ ᠤᠨ ᠰᠤᠷᠪᠤᠯ（相马）. ᠬᠥᠬᠡᠬᠣᠲᠠ: ᠥᠪᠥᠷ ᠮᠣᠩᠭᠣᠯ ᠤᠨ ᠠᠷᠠᠳ ᠤᠨ ᠬᠡᠪᠯᠡᠯ, 1999:10-19.

ᠯᠢᠷᠪ（瑙日布）, ᠠᠯᠲᠠᠨᠰᠦᠬᠡ（阿拉坦苏和）. ᠠᠳᠤᠭᠤ ᠤᠢ ᠲᠡᠵᠢᠭᠡᠯ（养马）. ᠬᠥᠬᠡᠬᠣᠲᠠ: ᠥᠪᠥᠷ ᠮᠣᠩᠭᠣᠯ ᠤᠨ ᠠᠷᠠᠳ ᠤᠨ ᠬᠡᠪᠯᠡᠯ, 1999.

ᠪᠠᠶᠠᠨᠬᠡᠰᠢᠭ（巴音贺西格）. ᠪᠠᠭᠠᠷᠢᠨ ᠤ ᠵᠠᠩ ᠦᠢᠯᠡ（巴林风俗）. ᠬᠥᠬᠡᠬᠣᠲᠠ: ᠥᠪᠥᠷ ᠮᠣᠩᠭᠣᠯ ᠤᠨ ᠠᠷᠠᠳ ᠤᠨ ᠬᠡᠪᠯᠡᠯ, 2009.

ᠪᠠᠲᠤᠪᠣᠯᠤᠳ（巴图宝鲁德）. ᠠᠳᠤᠭᠤ ᠰᠤᠷᠪᠤ ᠤᠨ ᠲᠠᠢᠯᠤᠷ（相马术解析）. ᠬᠥᠬᠡᠬᠣᠲᠠ, 2006.

ᠪᠠᠢ ᠴᠢᠩ ᠶᠦᠨ（白清云）. ᠳᠤᠮᠳᠠᠳᠤ ᠤᠯᠤᠰ ᠤᠨ ᠠᠨᠠᠭᠠᠬᠤ ᠤᠬᠠᠭᠠᠨ ᠤ ᠨᠡᠪᠲᠡᠷᠬᠡᠢ ᠲᠣᠯᠢ · ᠮᠣᠩᠭᠣᠯ ᠠᠨᠠᠭᠠᠬᠤ ᠤᠬᠠᠭᠠᠨ · ᠳᠡᠭᠡᠳᠦ（中国医学百科全书 · 蒙医学 · 上）. ᠬᠥᠬᠡᠬᠣᠲᠠ: ᠥᠪᠥᠷ ᠮᠣᠩᠭᠣᠯ ᠤᠨ ᠰᠢᠨᠵᠢᠯᠡᠬᠦ ᠤᠬᠠᠭᠠᠨ ᠮᠡᠷᠭᠡᠵᠢᠯ ᠦᠨ ᠲᠧᠭᠨᠢᠭ ᠦᠨ ᠬᠡᠪᠯᠡᠯ ᠦᠨ ᠬᠣᠷᠢᠶ᠎ᠠ, 1986.

ᠪᠠᠢ ᠴᠢᠩ ᠶᠦᠨ（白清云）. ᠳᠤᠮᠳᠠᠳᠤ ᠤᠯᠤᠰ ᠤᠨ ᠠᠨᠠᠭᠠᠬᠤ ᠤᠬᠠᠭᠠᠨ ᠤ ᠨᠡᠪᠲᠡᠷᠬᠡᠢ ᠲᠣᠯᠢ · ᠮᠣᠩᠭᠣᠯ ᠠᠨᠠᠭᠠᠬᠤ ᠤᠬᠠᠭᠠᠨ · ᠳᠡᠭᠡᠳᠦ（中国医学百科全书 · 蒙医学 · 上）. ᠬᠥᠬᠡᠬᠣᠲᠠ: ᠥᠪᠥᠷ ᠮᠣᠩᠭᠣᠯ ᠤᠨ ᠰᠢᠨᠵᠢᠯᠡᠬᠦ ᠤᠬᠠᠭᠠᠨ ᠮᠡᠷᠭᠡᠵᠢᠯ ᠦᠨ ᠲᠧᠭᠨᠢᠭ ᠦᠨ ᠬᠡᠪᠯᠡᠯ ᠦᠨ ᠬᠣᠷᠢᠶ᠎ᠠ, 1987.

ᠬᠥᠬᠡᠮᠥᠴᠢ（呼和牧奇）. ᠠᠳᠤᠭᠤᠨ ᠤ ᠰᠣᠶᠣᠯ ᠤᠨ ᠲᠡᠮᠳᠡᠭᠯᠡᠯ（马的文化志）. ᠬᠥᠬᠡᠬᠣᠲᠠ: ᠥᠪᠥᠷ ᠮᠣᠩᠭᠣᠯ ᠤᠨ ᠠᠷᠠᠳ ᠤᠨ ᠬᠡᠪᠯᠡᠯ, 2002.

ᠵ · ᠵᠢᠭᠮᠡᠳ（吉格木德）. ᠮᠣᠩᠭᠣᠯ ᠠᠨᠠᠭᠠᠬᠤ ᠤᠬᠠᠭᠠᠨ ᠤ ᠲᠡᠦᠬᠡ ᠪᠢᠴᠢᠭ ᠦᠨ ᠰᠤᠳᠤᠯᠤᠯ（蒙医学史与文献研究）. ᠤᠯᠠᠭᠠᠨᠪᠠᠭᠠᠲᠤᠷ: ᠮᠣᠩᠭᠣᠯ ᠤᠨ ᠠᠷᠠᠳ ᠤᠨ ᠬᠡᠪᠯᠡᠯ, 2004.

ᠪᠣᠶᠠᠨᠲᠤ（宝音图）. ᠮᠣᠩᠭᠣᠯ ᠤᠨ ᠪᠥᠭᠡ ᠶᠢᠨ ᠱᠠᠰᠢᠨ ᠤ ᠲᠡᠦᠬᠡ（蒙古萨满教事略）. ᠬᠥᠬᠡᠬᠣᠲᠠ: ᠥᠪᠥᠷ ᠮᠣᠩᠭᠣᠯ ᠤᠨ ᠠᠷᠠᠳ ᠤᠨ ᠬᠡᠪᠯᠡᠯ, 1985.

ᠪᠣᠤ ᠵᠤ（宝柱）, ᠤᠷᠢᠲᠤᠨᠠᠰᠤᠲᠤ（乌日图那苏图）. ᠮᠣᠩᠭᠣᠯ ᠤᠨ ᠠᠷᠠᠳ ᠤᠨ ᠢᠷᠦᠭᠡᠯ ᠮᠠᠭᠲᠠᠭᠠᠯ（蒙古族民间祝词颂词）. ᠬᠥᠬᠡᠬᠣᠲᠠ: ᠥᠪᠥᠷ ᠮᠣᠩᠭᠣᠯ ᠤᠨ ᠰᠤᠷᠭᠠᠨ ᠬᠥᠮᠦᠵᠢᠯ ᠦᠨ ᠬᠡᠪᠯᠡᠯ, 2006.

ᠪᠣᠶᠠᠨᠲᠤ（宝音图）. ᠮᠣᠩᠭᠣᠯ ᠠᠨᠠᠭᠠᠬᠤ ᠤᠬᠠᠭᠠᠨ ᠤ ᠮᠠᠨᠪᠠ ᠷᠠᠴᠠᠩ ᠤᠨ ᠰᠤᠳᠤᠯᠤᠯ（蒙医曼巴札仓研究）. ᠬᠥᠬᠡᠬᠣᠲᠠ: ᠥᠪᠥᠷ ᠮᠣᠩᠭᠣᠯ ᠤᠨ ᠠᠷᠠᠳ ᠤᠨ ᠬᠡᠪᠯᠡᠯ, 2009.

ᠪᠦᠷᠢᠨᠲᠡᠭᠦᠰ（布仁特古斯）. ᠮᠣᠩᠭᠣᠯ ᠵᠠᠩ ᠦᠢᠯᠡ ᠶᠢᠨ ᠨᠡᠪᠲᠡᠷᠬᠡᠢ ᠲᠣᠯᠢ · ᠠᠵᠤ ᠠᠬᠤᠢ ᠶᠢᠨ ᠪᠣᠲᠢ（蒙古习俗全书 · 经济卷）. ᠬᠥᠬᠡᠬᠣᠲᠠ: ᠥᠪᠥᠷ ᠮᠣᠩᠭᠣᠯ ᠤᠨ ᠰᠢᠨᠵᠢᠯᠡᠬᠦ ᠤᠬᠠᠭᠠᠨ ᠮᠡᠷᠭᠡᠵᠢᠯ ᠦᠨ ᠬᠡᠪᠯᠡᠯ, 1997.

ᠪᠦᠬᠡᠬᠣᠲᠠ（布赫浩特）. ᠦᠵᠦᠮᠦᠴᠢᠨ ᠦ ᠠᠳᠤᠭᠤ ᠮᠣᠷᠢ（乌珠穆沁马）. ᠬᠥᠬᠡᠬᠣᠲᠠ: ᠥᠪᠥᠷ ᠮᠣᠩᠭᠣᠯ ᠤᠨ ᠠᠷᠠᠳ ᠤᠨ ᠬᠡᠪᠯᠡᠯ, 1999.

ᠬᠠᠰᠪᠠᠭᠠᠲᠤᠷ（哈斯巴特尔）. ᠮᠣᠩᠭᠣᠯ ᠤᠨ ᠠᠳᠤᠭᠤᠨ ᠤ ᠰᠡᠭᠦᠯ ᠳᠡᠯ（蒙古马鬃尾之探究）. ᠬᠥᠬᠡᠬᠣᠲᠠ: ᠥᠪᠥᠷ ᠮᠣᠩᠭᠣᠯ ᠤᠨ ᠠᠷᠠᠳ ᠤᠨ ᠬᠡᠪᠯᠡᠯ, 2005.

ᠬᠠᠰᠪᠢᠯᠢᠭᠲᠦ（哈斯毕力格图）. ᠮᠣᠩᠭᠣᠯ ᠤᠨ ᠬᠤᠷᠢᠮ ᠤᠨ ᠵᠠᠩ ᠦᠢᠯᠡ（蒙古婚礼风俗）. ᠬᠥᠬᠡᠬᠣᠲᠠ: ᠥᠪᠥᠷ ᠮᠣᠩᠭᠣᠯ ᠤᠨ ᠠᠷᠠᠳ ᠤᠨ ᠬᠡᠪᠯᠡᠯ, 1999.

ᠬᠦᠭᠡᠬᠦ（胡格吉胡）, ᠤᠶᠤᠨᠰᠠᠩ（乌云桑）. ᠮᠣᠩᠭᠣᠯ ᠤᠨ ᠰᠢᠨᠵᠢᠯᠡᠬᠦ ᠤᠬᠠᠭᠠᠨ ᠮᠡᠷᠭᠡᠵᠢᠯ ᠦᠨ ᠰᠣᠶᠣᠯ（蒙古族科技文化）. ᠤᠯᠠᠭᠠᠨᠪᠠᠭᠠᠲᠤᠷ: ᠰᠢᠨᠵᠢᠯᠡᠬᠦ ᠤᠬᠠᠭᠠᠨ ᠤ ᠠᠺᠠᠳᠧᠮᠢ ᠶᠢᠨ ᠬᠡᠪᠯᠡᠯ, 1997.

�ᠠᠯᠵᠢᠨ（嘎林达尔）. ᠮᠣᠩᠭᠣᠯ ᠤᠨ ᠠᠢᠯ ᠦᠷᠬᠦᠭᠡ ᠶᠤᠰᠤᠨ（蒙古包风俗录）. ᠬᠥᠬᠡᠬᠣᠲᠠ: ᠥᠪᠥᠷ ᠮᠣᠩᠭᠣᠯ ᠤᠨ ᠠᠷᠠᠳ ᠤᠨ ᠬᠡᠪᠯᠡᠯ ᠦᠨ ᠬᠣᠷᠢᠶ᠎ᠠ, 1990.

ᢢᠯᠵᠢᠨ（嘎林达尔）. ᠰᠥᠨᠢᠳ ᠤᠨ ᠤᠯᠠᠮᠵᠢᠯᠠᠯᠲᠤ ᠨᠡᠭᠦᠳᠡᠯ ᠰᠤᠶᠤᠯ（苏尼特传统游牧文化）. ᠬᠥᠬᠡᠬᠣᠲᠠ: ᠥᠪᠥᠷ ᠮᠣᠩᠭᠣᠯ ᠤᠨ ᠠᠷᠠᠳ ᠤᠨ ᠬᠡᠪᠯᠡᠯ ᠦᠨ ᠬᠣᠷᠢᠶ᠎ᠠ, 2001.

ᢢᠯᠵᠢᠨ（嘎林达尔）. ᠲᠠᠮᠠᠭ᠎ᠠ ᠴᠢᠨ ᠬᠤᠷᠳᠤᠨ ᠮᠣᠷᠢ（塔木沁快马）. ᠬᠥᠬᠡᠬᠣᠲᠠ: ᠥᠪᠥᠷ ᠮᠣᠩᠭᠣᠯ ᠤᠨ ᠠᠷᠠᠳ ᠤᠨ ᠬᠡᠪᠯᠡᠯ, 2005.

ᠪᠣᠶᠠᠨᠪᠠᠲᠤ（宝音巴图）. ᠮᠣᠩᠭᠣᠯ ᠤᠨ ᠪᠥᠭᠡ ᠶᠢᠨ ᠲᠤᠬᠠᠢ（蒙古萨满教事）. ᠬᠥᠬᠡᠬᠣᠲᠠ : ᠥᠪᠥᠷ ᠮᠣᠩᠭᠣᠯ ᠤᠨ ᠠᠷᠠᠳ ᠤᠨ ᠬᠡᠪᠯᠡᠯ, 1984.

ᢢᠩᠪᠤᠵᠠᠪ（根布扎布）. ᠴᠠᠬᠠᠷ ᠱᠠᠩᠳᠤ ᠮᠣᠷᠢᠴᠢᠨ（察哈尔商都牧马人）. ᠬᠥᠬᠡᠬᠣᠲᠠ: ᠥᠪᠥᠷ ᠮᠣᠩᠭᠣᠯ ᠤᠨ ᠠᠷᠠᠳ ᠤᠨ ᠬᠡᠪᠯᠡᠯ, 2001.

ᠭᠣᠲᠤ᠋ ᠵᠦᠰᠠᠨ（后藤十三雄）. ᠮᠣᠩᠭᠣᠯ ᠤᠨ ᠨᠡᠭᠦᠳᠡᠯ ᠮᠠᠯ ᠠᠵᠤ ᠠᠬᠤᠢ（蒙古游牧社会）. ᠬᠥᠬᠡᠬᠣᠲᠠ: ᠥᠪᠥᠷ ᠮᠣᠩᠭᠣᠯ ᠤᠨ ᠠᠷᠠᠳ ᠤᠨ ᠬᠡᠪᠯᠡᠯ ᠦᠨ ᠬᠣᠷᠢᠶ᠎ᠠ, 2011.

ᠴᠡᠪᠡᠭᠮᠢᠳ（车布米德）. ᠮᠣᠷᠢ ᠰᠣᠶᠣᠯᠵᠢ ᠳᠤ ᠰᠤᠷᠭᠠᠬᠤ ᠤᠬᠠᠭᠠᠨ（相马与训马）. ᠭᠠᠷ ᠪᠢᠴᠢᠮᠡᠯ.

ᠮᠠᠩᠯᠠᠢ（芒来）, ᠸᠠᠩᠴᠢᠭ（旺其格）. ᠮᠣᠩᠭᠣᠯᠴᠤᠳ ᠪᠠ ᠮᠣᠷᠢ（蒙古人与马）. ᠬᠥᠬᠡᠬᠣᠲᠠ : ᠥᠪᠥᠷ ᠮᠣᠩᠭᠣᠯ ᠤᠨ ᠰᠢᠨᠵᠢᠯᠡᠬᠦ ᠤᠬᠠᠭᠠᠨ ᠲᠸᠭᠨᠢᠭ ᠮᠡᠷᠭᠡᠵᠢᠯ ᠦᠨ ᠬᠡᠪᠯᠡᠯ, 2002.

ᠰᠠᠶᠢᠨ ᠮᠣᠷᠢᠨ ᠤ ᠵᠢᠰᠦ ᠪᠠᠶᠢᠳᠠᠯ ᠰᠤᠷᠭᠠᠬᠤ ᠠᠷᠭ᠎ᠠ（良马相貌特征与训练方法解析篇）// ᠯᠤᠪᠰᠠᠩᠪᠠᠯᠳᠠᠨ（罗布桑巴拉丹）. ᠮᠣᠷᠢᠨ ᠤ ᠰᠤᠳᠤᠷ（相马）. ᠬᠥᠬᠡᠬᠣᠲᠠ: ᠥᠪᠥᠷ ᠮᠣᠩᠭᠣᠯ ᠤᠨ ᠠᠷᠠᠳ ᠤᠨ ᠬᠡᠪᠯᠡᠯ, 1999:20-31.

ᠮᠣᠷᠢ ᠰᠣᠶᠣᠯᠵᠢ ᠮᠣᠷᠢ ᠶᠢ ᠰᠤᠷᠭᠠᠬᠤ ᠳᠥᠬᠥᠮ ᠲᠣᠪᠴᠢ ᠠᠷᠭ᠎ᠠ ᠶᠢᠨ ᠪᠥᠯᠦᠭ（相马训马简要方法篇）// ᠯᠤᠪᠰᠠᠩᠪᠠᠯᠳᠠᠨ（罗布桑巴拉丹）. ᠮᠣᠷᠢᠨ ᠤ ᠰᠤᠳᠤᠷ（相马）. ᠬᠥᠬᠡᠬᠣᠲᠠ: ᠥᠪᠥᠷ ᠮᠣᠩᠭᠣᠯ ᠤᠨ ᠠᠷᠠᠳ ᠤᠨ ᠬᠡᠪᠯᠡᠯ, 1999:50-61.

ᠮᠣᠷᠢᠨ ᠤ ᠭᠤᠴᠢᠨ ᠨᠢᠭᠡ ᠰᠠᠶᠢᠨ ᠰᠤᠳᠤᠷ（马的三十一个良相）// ᠯᠤᠪᠰᠠᠩᠪᠠᠯᠳᠠᠨ（罗布桑巴拉丹）. ᠮᠣᠷᠢᠨ ᠤ ᠰᠤᠳᠤᠷ（相马）. ᠬᠥᠬᠡᠬᠣᠲᠠ: ᠥᠪᠥᠷ ᠮᠣᠩᠭᠣᠯ ᠤᠨ ᠠᠷᠠᠳ ᠤᠨ ᠬᠡᠪᠯᠡᠯ, 1999:125-129.

ᠮᠣᠷᠢᠨ ᠤ ᠰᠤᠳᠤᠷ ᠤᠨ ᠳᠥᠷᠪᠡᠨ ᠴᠢᠬᠤᠯᠠ（相马四要篇）// ᠯᠤᠪᠰᠠᠩᠪᠠᠯᠳᠠᠨ（罗布桑巴拉丹）. ᠮᠣᠷᠢᠨ ᠤ ᠰᠤᠳᠤᠷ（相马）. ᠬᠥᠬᠡᠬᠣᠲᠠ: ᠥᠪᠥᠷ ᠮᠣᠩᠭᠣᠯ ᠤᠨ ᠠᠷᠠᠳ ᠤᠨ ᠬᠡᠪᠯᠡᠯ, 1999:135-142.

ᠮᠣᠷᠢᠨ ᠤ ᠰᠤᠳᠤᠷ ᠤᠨ ᠲᠣᠯᠢᠪᠴᠢᠯᠠᠭᠰᠠᠨ ᠲᠡᠭᠦᠪᠦᠷᠢ ᠪᠡᠷ ᠲᠣᠯᠢᠯᠠᠭᠰᠠᠨ ᠲᠣᠯᠢᠯᠠᠭᠰᠠᠨ（相马明鉴）. ᠴᠢᠩ ᠭᠦᠷᠦᠨ ᠦ ᠦᠶ᠎ᠡ ᠶᠢᠨ ᠬᠠᠭᠤᠯᠪᠤᠷᠢ（清代抄本）, ᠥᠪᠥᠷ ᠮᠣᠩᠭᠣᠯ ᠤᠨ ᠶᠡᠬᠡ ᠰᠤᠷᠭᠠᠭᠤᠯᠢ ᠶᠢᠨ ᠨᠣᠮ ᠤᠨ ᠰᠠᠩ（收藏于内蒙古大学图书馆）.

ᠮᠣᠷᠢᠨ ᠤ ᠡᠮ ᠦᠨ ᠰᠤᠳᠤᠷ（马经医相合录）. ᠭᠠᠷᠪᠢᠴᠢ : 1749.

ᠮᠥᠩᠬᠡᠪᠠᠶᠠᠷ（孟根宝力高）. ᠬᠣᠷᠴᠢᠨ ᠮᠣᠩᠭᠣᠯ ᠤᠨ ᠲᠠᠷᠢᠶᠠᠯᠠᠩ ᠰᠤᠶᠤᠯ ᠤᠨ ᠨᠤᠲᠤᠭ ᠤᠨ ᠴᠢᠨᠠᠷᠲᠠᠢ ᠮᠡᠳᠡᠯᠭᠡ ᠶᠢᠨ ᠭᠦᠨ ᠤᠬᠠᠭᠠᠨ ᠤ ᠰᠢᠨᠵᠢᠯᠡᠭᠡ（科尔沁蒙古农耕文化之地方性知识的哲学分析）[硕士学位论文]. ᠥᠪᠥᠷ ᠮᠣᠩᠭᠣᠯ ᠤᠨ ᠶᠡᠬᠡ ᠰᠤᠷᠭᠠᠭᠤᠯᠢ, 2010.

ᠯᠤᠪᠰᠠᠩᠪᠠᠯᠳᠠᠨ（罗布桑巴拉丹）. ᠮᠣᠷᠢᠨ ᠤ ᠰᠤᠳᠤᠷ（相马）. ᠬᠥᠬᠡᠬᠣᠲᠠ: ᠥᠪᠥᠷ ᠮᠣᠩᠭᠣᠯ ᠤᠨ ᠠᠷᠠᠳ ᠤᠨ ᠬᠡᠪᠯᠡᠯ, 1999.

ᠰᠠᠶᠢᠨᠵᠢᠷᠭᠠᠯ（赛因吉日格勒）. ᠮᠣᠩᠭᠣᠯ ᠲᠠᠬᠢᠯᠭ᠎ᠠ（蒙古族祭祀）. ᠬᠥᠬᠡᠬᠣᠲᠠ: ᠮᠣᠩᠭᠣᠯ ᠤᠯᠤᠰ ᠤᠨ ᠬᠡᠪᠯᠡᠯ, 2001.

ᠵᠠᠪᠵᠢᠯᠠᠨᠣᠷᠪᠤ（赞必拉脑日布）. ᠮᠣᠩᠭᠤᠯ ᠦ ᠢᠳᠡᠭᠡᠨ ᠦ ᠰᠤᠶᠤᠯ（蒙古族饮食文化）. ᠬᠥᠬᠡ：
ᠥᠪᠥᠷ ᠮᠣᠩᠭᠤᠯ ᠤᠨ ᠠᠷᠠᠳ ᠤᠨ ᠬᠡᠪᠯᠡᠯ, 1997.

ᠰᠠᠶᠢᠨᠵᠢᠷᠭᠠᠯ（赛音吉日嘎拉），ᠱᠠᠷ（沙日勒代），ᠵᠣᠷᠢᠭᠲᠤ（卓日格图）. ᠴᠢᠩᠭᠢᠰ ᠬᠠᠭᠠᠨ ᠤ
ᠲᠠᠬᠢᠯᠭᠠ（成吉思汗祭典）. ᠬᠥᠬᠡ：ᠦᠨᠳᠦᠰᠦᠲᠡᠨ ᠦ ᠬᠡᠪᠯᠡᠯ ᠦᠨ ᠬᠣᠷᠢᠶ᠎ᠠ, 1983.

ᠰᠠᠶᠢᠨ ᠬᠣᠩ ᠲᠠᠶᠢᠵᠢ ᠶᠢᠨ ᠵᠠᠬᠢᠶ᠎ᠠ（赛音洪台吉授予的相马篇）// ᠯᠤᠪᠰᠠᠩᠪᠠᠯᠳᠠᠨ（罗布桑巴拉
丹）. ᠠᠳᠤᠭᠤ ᠶᠢᠨ ᠵᠠᠩ（相马）. ᠬᠥᠬᠡ：ᠥᠪᠥᠷ ᠮᠣᠩᠭᠤᠯ ᠤᠨ ᠠᠷᠠᠳ ᠤᠨ ᠬᠡᠪᠯᠡᠯ, 1999:62-65.

ᠮᠥᠷᠭᠡᠨ ᠬᠠᠷ᠎ᠠ ᠶᠢᠨ ᠠᠳᠤᠭᠤ ᠰᠢᠨᠵᠢᠬᠦ ᠵᠠᠩ（莫日根哈日的相马精华篇）// ᠯᠤᠪᠰᠠᠩᠪᠠᠯᠳᠠᠨ
（罗布桑巴拉丹）. ᠠᠳᠤᠭᠤ ᠶᠢᠨ ᠵᠠᠩ（相马）. ᠬᠥᠬᠡ：ᠥᠪᠥᠷ ᠮᠣᠩᠭᠤᠯ ᠤᠨ ᠠᠷᠠᠳ ᠤᠨ ᠬᠡᠪᠯᠡᠯ,
1999:75-78.

ᠷᠠᠰᠢᠶᠠᠨ ᠤ ᠪᠦᠯᠦᠭ ᠬᠡᠮᠡᠬᠦ（甘露篇）// ᠯᠤᠪᠰᠠᠩᠪᠠᠯᠳᠠᠨ（罗布桑巴拉丹）. ᠠᠳᠤᠭᠤ ᠶᠢᠨ ᠵᠠᠩ（相
马）. ᠬᠥᠬᠡ：ᠥᠪᠥᠷ ᠮᠣᠩᠭᠤᠯ ᠤᠨ ᠠᠷᠠᠳ ᠤᠨ ᠬᠡᠪᠯᠡᠯ, 1999:130-134.

ᠰᠤᠨᠤᠮ᠎ᠠ（苏努玛）. ᠮᠣᠩᠭᠤᠯ ᠵᠠᠩ ᠤᠨ ᠴᠡᠭᠡᠷᠯᠡᠯ（蒙古族忌讳）. ᠬᠥᠬᠡ：ᠥᠪᠥᠷ ᠮᠣᠩᠭᠤᠯ ᠤᠨ ᠠᠷᠠᠳ ᠤᠨ
ᠬᠡᠪᠯᠡᠯ, 2006.

ᠰᠦᠩᠳᠢ（宋迪）. ᠠᠳᠤᠭᠤ ᠶᠢᠨ ᠵᠠᠩ（相马）. ᠬᠥᠬᠡ：ᠥᠪᠥᠷ ᠮᠣᠩᠭᠤᠯ ᠤᠨ ᠠᠷᠠᠳ ᠤᠨ ᠬᠡᠪᠯᠡᠯ, 1990.

ᠰᠤᠸᠠ（苏和），ᠪᠦᠷᠢᠨᠳᠠᠯᠠᠢ（布仁达来）. ᠮᠣᠩᠭᠤᠯ ᠡᠮᠨᠡᠯᠭᠡ ᠶᠢᠨ ᠰᠤᠳᠤᠷ ᠪᠢᠴᠢᠭ（蒙医文献
学）. ᠬᠥᠬᠡ：ᠥᠪᠥᠷ ᠮᠣᠩᠭᠤᠯ ᠤᠨ ᠠᠷᠠᠳ ᠤᠨ ᠬᠡᠪᠯᠡᠯ, 2006.

ᠲᠠᠸᠠ（塔瓦）. ᠠᠳᠤᠭᠤ ᠶᠢᠨ ᠵᠠᠩ ᠤᠨ ᠡᠮᠬᠢᠳᠬᠡᠯ（马经汇编）. ᠰᠢᠯᠢ ᠶᠢᠨ ᠭᠣᠣᠯ ᠠᠶᠢᠮᠠᠭ: ᠰᠢᠯᠢ ᠶᠢᠨ
ᠭᠣᠣᠯ ᠠᠶᠢᠮᠠᠭ ᠤᠨ ᠰᠤᠷᠭᠠᠨ ᠬᠥᠮᠦᠵᠢᠯ, 2005.

ᠲᠠᠨ᠎ᠠ（塔娜）. ᠬᠣᠷᠴᠢᠨ ᠤ ᠪᠦᠭᠡ ᠮᠥᠷᠭᠦᠯ ᠦᠨ ᠨᠤᠲᠤᠭ ᠤᠨ ᠮᠡᠳᠡᠯᠭᠡ ᠶᠢᠨ（科尔沁萨满教地
方性知识的哲学分析）[硕士学位论文]. ᠬᠥᠬᠡ ᠬᠣᠲᠠ：ᠥᠪᠥᠷ ᠮᠣᠩᠭᠤᠯ ᠤᠨ ᠶᠡᠬᠡ ᠰᠤᠷᠭᠠᠭᠤᠯᠢ, 2012.

ᠴ᠊ · ᠵᠠᠪᠵᠢᠯ（煞日布）. ᠭᠡᠷ ᠦᠨ ᠲᠡᠵᠢᠭᠡᠪᠦᠷᠢ ᠶᠢᠨ ᠪᠡᠭᠡ ᠰᠢᠪᠡᠭᠡ（家畜针刺艾灸疗法）. ᠬᠥᠬᠡ ᠬᠣᠲᠠ：ᠥᠪᠥᠷ
ᠮᠣᠩᠭᠤᠯ ᠤᠨ ᠠᠷᠠᠳ ᠤᠨ ᠬᠡᠪᠯᠡᠯ ᠦᠨ ᠬᠣᠷᠢᠶ᠎ᠠ, 1986.

ᠲᠣᠣ ᠶᠦ ᠵᠢᠨ（陶友仁）. ᠥᠪᠥᠷ ᠮᠣᠩᠭᠤᠯ ᠤᠨ ᠮᠠᠯ ᠠᠵᠤ ᠠᠬᠤᠢ ᠶᠢᠨ ᠪᠢᠴᠢᠭ（内蒙古畜牧种志）.
ᠬᠥᠬᠡ：ᠥᠪᠥᠷ ᠮᠣᠩᠭᠤᠯ ᠤᠨ ᠠᠷᠠᠳ ᠤᠨ ᠬᠡᠪᠯᠡᠯ, 1987.

ᠲᠡᠮᠦᠷᠵᠢᠷᠤᠬᠤ（特木尔吉如和），ᠠᠷᠤᠨ（阿荣）. ᠨ᠊ ᠤᠨ ᠨᠠᠭᠠᠳᠤᠮ（那达慕）. ᠬᠥᠬᠡ：ᠥᠪᠥᠷ
ᠮᠣᠩᠭᠤᠯ ᠤᠨ ᠠᠷᠠᠳ ᠤᠨ ᠬᠡᠪᠯᠡᠯ, 1998.

ᠲᠡᠮᠦᠷᠬᠠᠳᠠ（铁木尔哈都日）. ᠮᠣᠩᠭᠤᠯᠴᠤᠳ ᠤᠨ ᠠᠳᠤᠭᠤ ᠰᠤᠷᠭᠠᠬᠤ ᠣᠨᠣᠯ ᠤᠨ ᠰᠠᠭᠤᠷᠢ（蒙古族
驯马理论基础）. ᠬᠥᠬᠡ ᠬᠣᠲᠠ, 2000.

ᠳᠣᠩᠰᠢᠭ（东希格）. ᠱᠢᠯᠦᠭᠦᠨᠬᠥᠬᠡ ᠶᠢᠨ ᠤᠯᠠᠮᠵᠢᠯᠠᠯᠲᠤ ᠮᠣᠩᠭᠤᠯ（正蓝旗传统蒙古马文化）.
ᠪᠡᠭᠡᠵᠢᠩ：ᠥᠪᠥᠷ ᠮᠣᠩᠭᠤᠯ ᠤᠨ ᠠᠷᠠᠳ ᠤᠨ ᠬᠡᠪᠯᠡᠯ, 2010.

ᠳᠠᠶᠠᠩᠴᠢᠨ（岱青），ᠴᠣᠭᠮᠠᠨᠳᠠ（朝克满达）. ᠠᠳᠤᠭᠤ ᠶᠢᠨ ᠤᠷᠠᠨ ᠮᠡᠷᠭᠡᠵᠢᠯ（训马师的技能）. ᠬᠥᠬᠡ ᠬᠣᠲᠠ：
ᠥᠪᠥᠷ ᠮᠣᠩᠭᠤᠯ ᠤᠨ ᠰᠤᠷᠭᠠᠨ ᠬᠥᠮᠦᠵᠢᠯ ᠦᠨ ᠬᠡᠪᠯᠡᠯ, 2007.

ᠳᠤᠮᠳᠠᠳᠤ ᠤᠯᠤᠰ ᠤᠨ ᠠᠷᠠᠳ ᠤᠨ ᠤᠯᠤᠰ ᠲᠥᠷᠦ ᠶᠢᠨ ᠵᠥᠪᠯᠡᠯᠭᠡᠨ ᠦ（中国人民政治协
商会议东乌珠穆沁旗委员会）. ᠮᠣᠩᠭᠤᠯ ᠭᠡᠷ ᠦᠨ ᠰᠤᠶᠤᠯ（蒙古包文化）. ᠬᠥᠬᠡ ᠬᠣᠲᠠ：ᠥᠪᠥᠷ

ᠬᠢᠭᠡᠳ ᠤᠨ ᠬᠡᠪᠯᠡᠯ ᠤᠨ ᠬᠣᠷᠢᠶ᠎ᠠ ᠬᠥᠬᠡᠬᠣᠲᠠ ᠰᠢᠨᠵᠢᠶᠠᠩ ᠤᠨ ᠠᠷᠠᠳ ᠤᠨ ᠬᠡᠪᠯᠡᠯ ᠤᠨ ᠬᠣᠷᠢᠶ᠎ᠠ, 1996.

ᠵ · ᠣᠳᠪᠠᠭᠮᠠᠳ（奥德巴格木德）. ᠮᠣᠩᠭᠣᠯ ᠦᠨᠳᠦᠰᠦᠲᠡᠨ ᠦ ᠰᠢᠲᠦᠯᠭᠡ ᠶᠣᠰᠤᠨ（蒙古族敬仰习俗）. ᠬᠥᠬᠡᠬᠣᠲᠠ᠄ ᠥᠪᠦᠷ ᠮᠣᠩᠭᠣᠯ ᠤᠨ ᠠᠷᠠᠳ ᠤᠨ ᠬᠡᠪᠯᠡᠯ ᠤᠨ ᠬᠣᠷᠢᠶ᠎ᠠ, 1986.

ᠵ · ᠳᠠᠮᠳᠢᠩᠰᠦ᠋ᠷᠦᠩ (策·达木丁苏荣). ᠮᠣᠩᠭᠣᠯ ᠡᠷᠲᠡᠨ ᠦ ᠤᠷᠠᠨ ᠵᠣᠬᠢᠶᠠᠯ ᠵᠠᠭᠤᠨ ᠪᠦᠯᠦᠭ (蒙古古代文学一百篇). ᠬᠥᠬᠡᠬᠣᠲᠠ᠄ ᠥᠪᠦᠷ ᠮᠣᠩᠭᠣᠯ ᠤᠨ ᠠᠷᠠᠳ ᠤᠨ ᠬᠡᠪᠯᠡᠯ ᠤᠨ ᠬᠣᠷᠢᠶ᠎ᠠ, 2009.

ᠽ ᠰᠢᠶᠠᠩ ᠴᠢᠶᠠᠨ（齐向前）. ᠮᠠᠯ ᠡᠮᠨᠡᠯᠭᠡ ᠶᠢᠨ ᠤᠯᠠᠮᠵᠢᠯᠠᠯᠲᠤ ᠵᠠᠰᠠᠯ（兽医传统疗法）. ᠬᠥᠬᠡᠬᠣᠲᠠ᠄ ᠥᠪᠦᠷ ᠮᠣᠩᠭᠣᠯ ᠤᠨ ᠰᠢᠨᠵᠢᠯᠡᠬᠦ ᠤᠬᠠᠭᠠᠨ ᠲᠧᠭᠨᠢᠭ ᠮᠡᠷᠭᠡᠵᠢᠯ ᠦᠨ ᠬᠡᠪᠯᠡᠯ ᠤᠨ ᠬᠣᠷᠢᠶ᠎ᠠ, 1990.

ᠭ · ᠭᠡᠩᠭᠡᠵᠠᠪ（根其格扎布）. ᠮᠠᠯ ᠠᠵᠤ ᠠᠬᠤᠢ（畜牧业）. ᠬᠥᠬᠡᠬᠣᠲᠠ᠄ ᠥᠪᠦᠷ ᠮᠣᠩᠭᠣᠯ ᠤᠨ ᠠᠷᠠᠳ ᠤᠨ ᠬᠡᠪᠯᠡᠯ ᠤᠨ ᠬᠣᠷᠢᠶ᠎ᠠ, 1987.

ᠵᠠᠩᠭᠠᠷ（江嘎尔史诗）. ᠬᠥᠬᠡᠬᠣᠲᠠ᠄ ᠥᠪᠦᠷ ᠮᠣᠩᠭᠣᠯ ᠤᠨ ᠠᠷᠠᠳ ᠤᠨ ᠬᠡᠪᠯᠡᠯ ᠤᠨ ᠬᠣᠷᠢᠶ᠎ᠠ, 1957.

ᠵᠤᠤ ᠾᠦᠩ ᠢᠩ（赵红英）. ᠮᠣᠩᠭᠣᠯᠴᠤᠳ ᠤᠨ ᠲᠠᠬᠢᠯᠭ᠎ᠠ ᠲᠠᠬᠢᠯᠭ᠎ᠠ ᠶᠢᠨ ᠵᠠᠩ ᠵᠠᠩᠰᠢᠯ ᠳᠠᠬᠢ ᠣᠷᠣᠨ ᠨᠤᠲᠤᠭ ᠤᠨ ᠴᠢᠨᠠᠷᠲᠠᠢ ᠮᠡᠳᠡᠯᠭᠡ ᠶᠢᠨ ᠰᠤᠳᠤᠯᠤᠯ（蒙古族祭祀习俗中的地方性知识研究）[硕士学位论文]. ᠥᠪᠦᠷ ᠮᠣᠩᠭᠣᠯ ᠤᠨ ᠶᠡᠬᠡ ᠰᠤᠷᠭᠠᠭᠤᠯᠢ, 2009.

ᠪᠠᠶᠠᠷ · ᠪᠠᠶᠠᠷ（巴雅尔）. ᠮᠣᠩᠭᠣᠯ ᠮᠣᠷᠢᠨ ᠦ ᠰᠤᠶᠤᠯ ᠤᠨ ᠰᠤᠳᠤᠯᠤᠯ（蒙古马文化研究）. ᠬᠥᠬᠡᠬᠣᠲᠠ᠄ ᠥᠪᠦᠷ ᠮᠣᠩᠭᠣᠯ ᠤᠨ ᠠᠷᠠᠳ ᠤᠨ ᠬᠡᠪᠯᠡᠯ ᠤᠨ ᠬᠣᠷᠢᠶ᠎ᠠ, 2001.

ᠪᠠᠶᠠᠷ · ᠪᠠᠶᠠᠷ（巴雅尔）. ᠮᠣᠩᠭᠣᠯ ᠠᠷᠠᠳ ᠤᠨ ᠤᠷᠠᠨ ᠵᠣᠬᠢᠶᠠᠯ ᠤᠨ ᠦᠨᠳᠦᠰᠦᠨ ᠲᠥᠷᠥᠯ ᠵᠦᠢᠯ ᠪᠠ ᠮᠣᠷᠢᠨ ᠦ ᠳᠦᠷᠢ ᠶᠢᠨ ᠰᠤᠶᠤᠯ ᠤᠨ ᠰᠤᠳᠤᠯᠤᠯ（蒙古民间文学基本体裁与马形象文化学研究）. ᠬᠥᠬᠡᠬᠣᠲᠠ᠄ ᠥᠪᠦᠷ ᠮᠣᠩᠭᠣᠯ ᠤᠨ ᠠᠷᠠᠳ ᠤᠨ ᠬᠡᠪᠯᠡᠯ ᠤᠨ ᠬᠣᠷᠢᠶ᠎ᠠ, 2005.

ᠶᠤᠸᠠᠨ ᠳᠠᠨ ᠭᠦᠩᠪᠦ（元丹贡布）ᠭᠦᠷᠪᠡᠯ ᠰᠤᠳᠤᠷ ᠤᠷᠠᠯᠢᠭ（四部医典）. ᠬᠥᠬᠡᠬᠣᠲᠠ᠄ ᠥᠪᠦᠷ ᠮᠣᠩᠭᠣᠯ ᠤᠨ ᠠᠷᠠᠳ ᠤᠨ ᠬᠡᠪᠯᠡᠯ ᠤᠨ ᠬᠣᠷᠢᠶ᠎ᠠ, 2010.

ᠺᠦᠪᠢᠶᠠ（库吞比亚）. ᠡᠷᠲᠡ ᠶᠢᠨ ᠡᠨᠡᠳᠬᠡᠭ ᠤᠨ ᠠᠨᠠᠭᠠᠬᠤ ᠤᠬᠠᠭᠠᠨ（古代印度医学）. ᠴᠡᠷᠢᠩ ᠣᠷᠴᠢᠭᠤᠯᠪᠠ. ᠬᠥᠬᠡᠬᠣᠲᠠ᠄ ᠥᠪᠦᠷ ᠮᠣᠩᠭᠣᠯ ᠤᠨ ᠰᠢᠨᠵᠢᠯᠡᠬᠦ ᠤᠬᠠᠭᠠᠨ ᠲᠧᠭᠨᠢᠭ ᠮᠡᠷᠭᠡᠵᠢᠯ ᠦᠨ ᠬᠡᠪᠯᠡᠯ ᠤᠨ ᠬᠣᠷᠢᠶ᠎ᠠ, 2008.

ᠮᠠᠩᠯᠠᠢ（芒来）, ᠤᠨᠢᠷᠡᠯᠪᠠ（乌尼尔夫）. ᠦᠵᠦᠮᠦᠴᠢᠨ ᠴᠠᠭᠠᠨ ᠮᠣᠷᠢ（乌珠穆沁白马）. ᠬᠥᠬᠡᠬᠣᠲᠠ᠄ ᠥᠪᠦᠷ ᠮᠣᠩᠭᠣᠯ ᠤᠨ ᠠᠷᠠᠳ ᠤᠨ ᠬᠡᠪᠯᠡᠯ ᠤᠨ ᠬᠣᠷᠢᠶ᠎ᠠ, 2012.

ᠰᠤ · ᠵᠠᠨᠪᠠᠯᠳᠣᠷᠵᠢ（苏·赞布勒道尔吉）. ᠮᠣᠩᠭᠣᠯ ᠮᠣᠷᠢ（蒙古马）. ᠬᠥᠬᠡᠬᠣᠲᠠ᠄ ᠥᠪᠦᠷ ᠮᠣᠩᠭᠣᠯ ᠤᠨ ᠰᠤᠷᠭᠠᠨ ᠬᠥᠮᠦᠵᠢᠯ ᠦᠨ ᠬᠡᠪᠯᠡᠯ ᠤᠨ ᠬᠣᠷᠢᠶ᠎ᠠ, 2014.

附录： 马体各部位名称

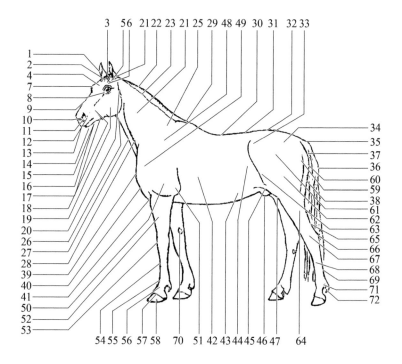

标号	汉文	蒙古文	日文	英文
1	耳	ᠴᠢᡂᡈ	耳	Ear
2	鬃毛	（两耳之间的鬃毛）（后脑勺上的鬃毛）	まえがみ	Forelock,Foretop
3	顶		頂、うなじ	Poll
4	额		額(ひたい)	Forehead
5	颞颥		こめかみ	Temple
6	眼盂		眼盂	Super‑orbit
7	眉		眉	Eyebrow
8	眼		眼	Eye
9	鼻梁		鼻梁	Bridge of the nose
10	鼻端		鼻端	Nasal end
11	鼻孔		鼻孔	Nostril
12	鼻翼		鼻翼(こばな)	Nosewing
13	上唇		上唇	Upper lip
14	下唇		下唇	Lower lip

标号	汉文	蒙古文	日文	英文
15	颐	ᠬᠠᠭᠠ	下顎	Chin
16	颐凹	ᠬᠠᠭᠠᠵᠢᠯᠠᠬᠤ ᠤᠨ ᠬᠣᠭᠣᠯᠠᠢ	下顎間	Mandibular space
17	颚凹	ᠬᠠᠭᠠ ᠤᠨ ᠬᠣᠭᠣᠯᠠᠢ · ᠬᠠᠭᠠ ᠤᠨ ᠬᠣᠭᠣᠯᠠᠢ	下顎間	Mandibular space
18	颊 面嶂	ᠬᠠᠴᠠᠷ ᠬᠠᠴᠠ	頬（ほお）	Cheek
19	下颚	ᠲᠠᠲᠠᠭᠤᠷ	ほほ	Jaw
20	耳下	ᠴᠢᠬᠢᠨ ᠳᠣᠤᠷᠠ	耳下	Wing of atlas
21	项	ᠵᠣᠭᠳᠣᠷ · ᠵᠣᠯᠠᠢ	後頭	Poll
22	鬣毛	ᠳᠡᠯ	たてがみ	Mane
23	颈脊	ᠳᠡᠯ	頸床	Crest
24	颈	ᠬᠦᠵᠦᠭᠦᠦ ᠳᠡᠭᠡᠷᠡ ᠬᠦᠵᠦᠭᠦᠦ（颈上半部） ᠳᠣᠣᠷᠠ ᠬᠦᠵᠦᠭᠦᠦ（颈下半部）	頸（くび）	Neck
25	颈础	ᠬᠦᠵᠦᠭᠦᠨ ᠦ	頸部	Neck base
26	咽部	ᠬᠣᠭᠣᠯᠠᠢ	咽	Pharynx

标号	汉文	蒙古文	日文	英文
27	喉部		喉	Throat
28	颈静脉沟、颈沟		頸静脈溝	Jugular groove
29	鬐甲		き甲	Withers
30	背		背	Bock
31	腰		腰	Loin
32	荐 腰椎		仙骨 腰接	Sacrum Sacroiliac joint
33	腰角		腰角	Point of hip
34	尻		尻(しり)	Haunch
35	尾根		尾根	Dock
36	尾		尾	Tail
37	肛门		肛門	Anus
38	会阴部		股間	Crotch
39	前胸		胸前	Breast

标号	汉文	蒙古文	日文	英文
40	胸骨		胸部	Chest
41	腋下		腋間	Aampit
42	肋		肋（あばら）	Ribs
43	腹		腹	Belly, Abdomen
44	胁（膁）、腰凹		膁（ひばら）	Flank
45	鼠蹊部		鼠蹊部	Groin
46	阴筒		陰筒	Sheath
47	阴囊（种马） 乳房（母马）		陰囊 乳房	Scrotum Breast
48	肩		肩	Shoulder
49	肩端 肩关节		肩端 肩関節	Point of shoulder Shoulder joint
50	上膊		上膊	Arm
51	肘		肘	Elbow

续　表

标号	汉文	蒙古文	日文	英文
52	前膊		前膊	Forearm
53	前膝		膝	Knee
54	管		管，中手骨	Cannon
55	球节		球節	Fetlock
56	系		繋（つなぎ）	Pastern
57	蹄冠		蹄冠	Coronet
58	蹄 蹄叉		蹄 蹄叉	Hoof Frog
59	臀		臀	Buttock，Croup
60	臀端		臀端	Point of buttock
61	髋		寛骨	Hip
62	股		股（また）	Thigh
63	后膝		後膝，膝蓋	Stifle，Patella
64	胫		脛（すね）	Gaskin，Leg

续　表

标号	汉文	蒙古文	日文	英文
65	飞索	ᠬᠦᠯᠦ ᠶᠢᠨ ᠰᠢᠷᠪᠦᠰᠦ	跟腱	Heel tendon
66	飞端	ᠬᠦᠯᠦ	飛端	Point of hock
67	飞节	ᠬᠥᠯᠥ ᠶᠢᠨ ᠪᠠᠭᠤ	飛節	Hock
68	后管	ᠬᠣᠶᠢᠲᠤ ᠰᠢᠭᠢᠷ᠂ ᠰᠢᠭᠢᠷ ᠶᠠᠰᠤ	管	Cannon bone
69	跟腱	ᠰᠢᠷᠪᠦᠰᠦ ᠶᠢᠨ ᠰᠢᠷᠪᠦᠰᠦ	跟腱	Tendon
70	附蝉	ᠰᠢᠷᠪᠦᠰᠦ ᠶᠢᠨ ᠬᠠᠪᠲᠠᠰᠤ᠂ ᠬᠠᠪᠲᠠᠰᠤ	夜目	Chestnut
71	距	ᠲᠠᠬᠠᠢ ᠶᠢᠨ ᠪᠤᠳᠤᠷᠭᠤ	距(けずめ)	Ergot
72	距毛	ᠬᠤᠷᠤᠭᠤᠨ ᠦ᠋᠂ ᠤᠰᠤᠨ	距毛	Footlock

后　记

　　本书的思考和写作，开始于在清华大学科学技术与社会研究中心读博士研究生时期。在研究中心学习期间，获得导师刘兵教授的辛勤教导，还有吴彤、杨舰、王巍、李正风、鲍鸥、雷毅、洪伟、张成岗、刘钝、曾国屏、肖广岭、蒋劲松、高亮华、刘立、吴金希、王程韡等多位老师的指点迷津，还有很多同学和朋友的热忱帮助。如果没有这段学习历程，就很难有这本书。

　　本书的顺利出版，还得益于内蒙古师范大学科学技术史研究院、山东大学动物保护研究中心以及上海三联书店的大力支持。在本书修改和出版过程中，内蒙古师范大学科学技术史研究院多位老师和同事提供了非常重要的支持和帮助，并且学院还提供了出版资金支持；山东大学动物保护研究中心和上海三联书店，把本书收入他们合作出版的"共生文丛"，并且动物保护研究中心的郭鹏、顾旋等老师，还有出版社的王赟老师都提出了非常宝贵的修改意见。如果没有各位的大力支持，这本书很难以这样的面貌与读者相见。

　　另外，在开展本书相关的田野调查、材料搜集过程中，获得了记者额尔德尼、马文化研究者布仁毕力格、旅日学者阿拉坦宝力高以及多位驯马手朋友的大力帮助。大家的帮助使本书增色不少。

最后我要感谢家人，父亲牧仁先生、母亲乌力吉玛女士、妻子吴海霞女士、女儿呼晨。感谢你们一直以来对我的鼓励和支持。

图力古日

2024 年 7 月 10 日

于草原城市呼和浩特

图书在版编目（CIP）数据

知识的地方性：蒙古传统马学与日本现代马学之比较/图力古日著. —上海：上海三联书店，2025.7.

ISBN 978-7-5426-8913-9

Ⅰ.S821

中国国家版本馆 CIP 数据核字第 2025P2Q191 号

知识的地方性——蒙古传统马学与日本现代马学之比较

著　　者/图力古日

责任编辑/王　赟
装帧设计/徐　徐
监　　制/姚　军
责任校对/王凌霄

出版发行/上海三联書店

　　　　　（200041）中国上海市静安区威海路 755 号 30 楼
邮　　箱/sdxsanlian@sina.com
联系电话/编辑部：021-22895517
　　　　　发行部：021-22895559
印　　刷/上海惠敦印务科技有限公司

版　　次/2025 年 7 月第 1 版
印　　次/2025 年 7 月第 1 次印刷
开　　本/890mm×1240mm　1/32
字　　数/260 千字
印　　张/10.625
书　　号/ISBN 978-7-5426-8913-9/S·7
定　　价/88.00 元

敬启读者，如发现本书有印装质量问题，请与印刷厂联系 13917066329